普通高等教育土建学科专业"十一五"规划教材

砌 体 结 构

（第二版）

施楚贤 主编

施楚贤 赵均 刘桂秋 董宏英 黄靓 编著

中国建筑工业出版社

图书在版编目（CIP）数据

砌体结构/施楚贤主编 .—2 版 .—北京：中国建筑工业出版社，2007

普通高等教育土建学科专业"十一五"规划教材

ISBN 978-7-112-09677-0

Ⅰ．砌… Ⅱ．施… Ⅲ．砌体结构-高等学校-教材
Ⅳ．TU36

中国版本图书馆 CIP 数据核字（2007）第 178927 号

本书为普通高等教育土建学科专业"十一五"规划教材，根据我国土木工程专业本科的培养目标和"砌体结构"教学大纲编写，重点论述现代砌体结构的基本理论和设计方法。全书内容有：绪论，砌体的物理力学性能，砌体结构可靠度设计方法，无筋砌体结构构件承载力计算，墙体设计，墙梁和挑梁设计，配筋砌体结构设计，砌体结构房屋抗震设计，以及公路桥涵工程砌体结构设计原理。

本书为土木工程专业本科教材，也可作土木工程技术人员的参考书。

责任编辑：王 跃 吉万旺
责任设计：董建平
责任校对：陈晶晶

普通高等教育土建学科专业"十一五"规划教材
砌 体 结 构
（第二版）
施楚贤 主编
施楚贤 赵均 刘桂秋 董宏英 黄靓 编著

*

中国建筑工业出版社出版、发行（北京西郊百万庄）
各地新华书店、建筑书店经销
北京红光制版公司制版
北京建筑工业印刷厂印刷

*

开本：787×960 毫米 1/16 印张：18 字数：373 千字
2008 年 2 月第二版 2011 年 11 月第十五次印刷
定价：33.00 元
ISBN 978-7-112-09677-0
（21662）

版权所有 翻印必究
如有印装质量问题，可寄本社退换
（邮政编码 100037）

第二版前言

本书在普通高等教育土建学科专业"十一五"规划教材《砌体结构》(第一版)的基础上,并按照普通高等教育土建学科专业"十一五"规划教材《砌体结构》申请书的立项目标和建设部教材选题通知的要求进行编著,保持了原书体系合理、重点突出、内容精练、实用性强的特点,并作了以下改进。

1. 突出现代砌体材料的性能和应用,加强了对符合我国墙体材料革新和产业政策要求的砌体材料的论述,改变了以黏土实心砖砌体材料为主线的编写方式,并为了解墙体节能增写砌体的热工性能。

2. 融入《砌体结构设计规范》(GB 50003—2001)和《建筑抗震设计规范》(GB 50011—2001)施行以来的实践经验和反馈的信息,使本书砌体结构基本原理和设计的论述更为准确、全面。第 8 章按照新颁布的公路桥涵规范进行编写和修改。

3. 为有利于学生加强创新能力的学习,书中增加了基本知识的信息量;我们尝试从现有砌体结构理论与设计方法中选择一些重要问题,论述对其提高和改进的思考,或点评;修改了书中部分例题,使之更加具有代表性和符合工程实际;各章、节、小节标题后增写相应的英文。

4. 对书中插图作了一次全面的校核、挑选和细节上的修改,插图质量有进一步提高。本书采用了较多的砌体及构件受力性能的试验照片和典型工程图像,这些图片大多系作者自己进行的试验研究和拍摄的,有助于提高读者对砌体结构的学习兴趣和感性认识,亦为本书版面增色。

本书由湖南大学施楚贤、刘桂秋、黄靓和北京工业大学赵均、董宏英编著,具体分工如下:绪论、第 1 章,施楚贤、黄靓;第 2 章,施楚贤;第 3 章,赵均、董宏英、施楚贤;第 4、5 章,刘桂秋;第 6 章,施楚贤;第 7、8 章,赵均、董宏英。全书由施楚贤主编。

本书第一版得到广大读者的厚爱,这次修订中我们特地就读者对原书提出的存在问题进行了认真分析和改正。还望读者继续提出宝贵意见,在此深致谢意!我们诚愿为提高我国高等教育教学质量而不断努力。

第一版前言

"砌体结构"为土木工程专业的一门必修专业课。本书根据我国土木工程专业本科的培养目标和新修订的"砌体结构"课程教学大纲编写,以适应21世纪土木工程人才的培育要求。

本书在编著中力求反映砌体结构的新成果和新技术;突出砌体结构的特点及其与建筑材料、建筑力学和其他建筑结构的内在联系,并紧密结合工程实际;努力做到"少而精",并写有一定数量的计算例题、思考题和习题,以有利于学生创造性的学习,亦便于自学。书内配有较珍贵的试验和工程应用图片,力求版面较为生动、新颖。

鉴于各校在本课程的学时和内容上有所不同;且根据《砌体结构》课程教学大纲,在该课程完成后安排有2周混合结构课程设计,建议第1章至第4章为重点教学内容,其他各章可根据各校的情况适当讲授,或结合课程设计或其他课程进行讲授,或指定学生自学。

本书绪论、第1、2、6章由湖南大学施楚贤编著,第4、5章由湖南大学刘桂秋编著,第3、7、8章由北京工业大学赵均和董宏英编著。全书由施楚贤主编。

因作者水平有限,敬请广大读者对书中错误和欠妥之处提出批评和指正。此外,我们将公路、桥梁中的砌体结构设计原理编入本书是一个尝试,亦有待进一步改进。

目 录

绪论 ·· 1
  0.1 砌体结构发展简史 ·· 1
  0.2 砌体结构类型 ··· 5
  0.3 现代砌体结构的特点及展望 ·· 8
  思考题与习题 ·· 10
第1章 砌体物理力学性能 ·· 11
  1.1 材料强度等级 ··· 11
  1.2 砌体的受压性能 ·· 18
  1.3 砌体的局部受压性能 ··· 26
  1.4 砌体的受剪性能 ·· 29
  1.5 砌体的受拉、受弯性能 ·· 35
  1.6 砌体的变形性能 ·· 37
  1.7 砌体的热工性能 ·· 43
  思考题与习题 ·· 46
第2章 砌体结构可靠度设计方法 ·· 48
  2.1 砌体结构可靠度设计方法的沿革 ··· 48
  2.2 我国砌体结构设计的发展 ·· 50
  2.3 以概率理论为基础的极限状态设计法 ·· 52
  2.4 各类砌体的强度设计值 ·· 56
  思考题与习题 ·· 63
第3章 无筋砌体结构构件承载力计算 ·· 64
  3.1 受压构件 ·· 64
  3.2 局部受压 ·· 73
  3.3 受剪构件 ·· 80
  3.4 受拉和受弯构件 ·· 81
  3.5 计算例题 ·· 82
  思考题与习题 ·· 89
第4章 墙体设计 ·· 91
  4.1 房屋墙柱内力分析方法 ·· 91
  4.2 墙、柱计算高度及计算截面 ··· 98

4.3　房屋墙柱构造要求 99
　4.4　刚性方案房屋墙、柱的计算 111
　4.5　弹性与刚弹性方案房屋墙、柱的计算 118
　4.6　刚性基础计算 121
　4.7　计算例题 126
　　思考题与习题 141

第5章　墙梁、挑梁及过梁设计 142
　5.1　墙梁 142
　5.2　挑梁 156
　5.3　过梁 160
　5.4　计算例题 163
　　思考题与习题 179

第6章　配筋砌体结构设计 180
　6.1　网状配筋砖砌体构件 180
　6.2　组合砖砌体构件 183
　6.3　配筋混凝土砌块砌体剪力墙 192
　6.4　计算例题 205
　　思考题与习题 213

第7章　砌体结构房屋抗震设计 214
　7.1　砌体结构房屋的受震破坏 214
　7.2　砌体结构房屋抗震设计的一般规定 216
　7.3　砌体结构房屋抗震计算 218
　7.4　砌体房屋抗震构造要求 225
　7.5　配筋混凝土砌块砌体剪力墙结构抗震设计 230
　7.6　计算例题 236
　　思考题与习题 242

第8章　公路桥涵工程砌体结构设计原理 243
　8.1　《公路桥规》的可靠度设计方法 244
　8.2　砌体结构构件承载力计算 249
　8.3　拱桥 252
　8.4　墩台 260
　8.5　涵洞 268
　8.6　挡土墙 270
　8.7　计算例题 277
　　思考题与习题 281

参考文献 282

绪　论
Introduction

学习提要　在土木工程中砌体和砌体结构是一种主要的建筑材料和承重结构，被广为使用。应了解砌体结构的发展简史、砌体结构的种类、现代砌体结构的特点及我国对墙体材料革新的要求。

0.1　砌体结构发展简史
Historical Bakground of Masonry Structures

由砖砌体、石砌体或砌块砌体建造的结构，称为砌体结构。它在铁路、公路、桥涵等工程中又称为圬工结构。

石材和砖是两种古老的土木工程材料，因而石结构和砖结构的历史悠久。如我国早在5000年前就建造有石砌祭坛和石砌围墙。埃及在公元前约3000年在吉萨采用块石建成三座大金字塔，工程浩大。罗马在公元75～80年采用石结构建成罗马大角斗场，至今仍供人们参观。我国隋代开皇十五年至大业元年，即公元595～605年由李春建造的河北赵县安济桥（赵州桥），是世界上最早建造的空腹式单孔圆弧石拱桥并保留至今。据记载我国长城始建于公元前7世纪春秋时期的楚国，在秦代用乱石和土将秦、燕、赵北面的城墙连成一体并增筑新的城墙，建成闻名于世的万里长城（图1）。人们生产和使用烧结砖也有3000年以上的历史。我国在战国

图1　长城

时期（公元前 475 年～前 221 年）已能烧制大尺寸空心砖。南北朝以后砖的应用更为普遍。建于公元 523 年（北魏时期）的河南登封嵩岳寺塔，平面为十二边形，共 15 层，总高 43.5m，为砖砌单筒体结构，是中国最古密檐式砖塔（图 2）。公元 6 世纪在君士坦丁堡建成的圣索菲亚大教堂，为砖砌大跨结构，具有很高的技术水平。

砌块中以混凝土砌块的应用较早，混凝土砌块于 1882 年问世，因此砌块的生产和应用仅百余年的历史。混凝土小型空心砌块起源于美国，第二次世界大战后混凝土砌块的生产和应用技术传至美洲和欧洲的一些国家，继而又传至亚洲、非洲及大洋洲。

图 2　嵩岳寺塔

20 世纪上半叶我国砌体结构的发展缓慢，建国以来，砌体结构得到迅速发展，取得了显著的成绩。前些年，砖的年产量曾达到世界其他各国砖年产量的总和，90% 以上的墙体均采用砌体材料。我国已从过去用砖石建造低矮的民房，发展到现在建造大量的多层住宅、办公楼等民用建筑和中、小型单层工业厂房、多层轻工业厂房以及影剧院、食堂、仓库等建筑，此外还可用砖石建造各种砖石构筑物，如烟囱、筒仓、拱桥、挡土墙等。20 世纪 60 年代以来，我国小型空心砌块和多孔砖的生产及应用有较大发展，近十余年砌块与砌块建筑的年递增量均在 20% 左右。2006 年我国房屋建筑用普通混凝土砌块的产量为 1000 万 m^3、自承重混凝土砌块（包括轻集料混凝土砌块）为 6300 万 m^3、混凝土多孔砖为 1300 万 m^3、混凝土实心砖为 1000 万 m^3，混凝土路面砖为 2.2 亿 m^2，混凝土水工、护坡砌块为 700 万 m^3。20 世纪 60 年代末我国已提出墙体材料革新，1988 年至今我国墙体材料革新已迈入第三个重要的发展阶段。2000 年我国新型墙体材料占墙体材料总量的 28%，超过"九五"计划 20% 的目标，新型墙体材料产量达到 2100 亿块标准砖，共完成新型墙体材料建筑面积 3.3 亿 m^2，完成节能建筑 7470 万 m^2，累计节约耕地 4 万 hm^2，节约燃煤 6000 万 t 标准煤，利用工业废渣 3.2 亿 t，减少了二氧化硫和氮氧化物等有害气体排放，并淘汰了一批小型砖瓦企业。"十五"期间，我国人均占有耕地不足 533.3m^2 的城市和省会城市禁止使用黏土实心砖，全国黏土实心砖的总量在 4500 亿块以内，节约土地 7.33 万

hm², 节能 8000 万 t 标煤, 利用工业废渣 3 亿 t, 新型墙体材料占墙体材料总量的比重达到 40%。20 世纪 90 年代以来, 在吸收和消化国外配筋砌体结构成果的基础上, 建立了具有我国特点的配筋混凝土砌块砌体剪力墙结构体系, 大大拓宽了砌体结构在高层房屋及其在抗震设防地区的应用。在辽宁盘锦、上海、黑龙江哈尔滨与大庆、北京、吉林长春以及湖南株州等城市先后建成许多幢配筋混凝土砌块砌体剪力墙结构的高层房屋, 如图 3 所示。图 3 (a) 为 1997 年建成的辽宁

(a)

(b)

(c)

(d)

图 3 配筋砌块砌体剪力墙结构高层房屋

盘锦国税局15层住宅，图3（b）为1998年建成的上海园南四街坊18层住宅，图3（c）为2003年建成的哈尔滨18层阿继科技园（其中1~5层为钢筋混凝土框剪结构，6层为钢筋混凝土剪力墙结构，7~18层为配筋混凝土砌块砌体剪力墙结构），图3（d）为2007年建成的湖南株州地上19层、地下2层国脉家园小区住宅。配筋混凝土砌块砌体剪力墙结构以其比现浇钢筋混凝土剪力墙结构造价低、施工速度快、用钢量省和抗震性能好等优势，已为中高层住宅开发商和业主青睐。还应指出20世纪60年代初至今，在有关部门的领导和组织下，在全国范围内对砌体结构作了较为系统的试验研究和理论探讨，总结了一套具有我国特色、比较先进的砌体结构理论、计算方法和应用经验。《砖石结构设计规范》（GBJ 3—73）是我国根据自己研究的成果而制定的第一部砌体结构设计规范。《砌体结构设计规范》（GBJ 3—88）在采用以概率理论为基础的极限状态设计方法、多层砌体结构中考虑房屋的空间工作以及考虑墙和梁的共同工作设计墙梁等方面已达世界先进水平。现行的《砌体结构设计规范》（GB 50003—2001）标志着我国建立了较为完整的砌体结构设计的理论体系和应用体系。这部标准既适用于砌体结构的静力设计又适用于抗震设计，既适用于无筋砌体结构的设计又适用于较多类型的配筋砌体结构设计，既适用于多层砌体结构房屋的设计又适用于高层砌体结构房屋的设计。

  前苏联是世界上最先较完整地建立砌体结构理论和设计方法的国家。20世纪60年代以来欧美等许多国家加强了对砌体材料的研究和生产，在砌体结构理论、计算方法以及应用上也取得了许多成果，推动了砌体结构的发展。如在意大利全国有800多个生产性能好、强度高的砖和砌块的工厂。在瑞士空心砖的产量占砖总产量的97%。美国商品砖的抗压强度为17.2~140MPa，最高可达230MPa。在国外，砌块的发展相当迅速，如在美国、法国和加拿大，砌块的产量已远远超过普通黏土砖的产量。世界上发达国家20世纪60年代已完成了从黏土实心砖向各种轻板、高效高功能墙材的转变，形成以新型墙体材料为主、传统墙体材料为辅的产品结构，走上现代化、产业化和绿色化的发展道路。在国外还采用砌体作承重墙建造了许多高层房屋，在瑞士这种房屋一般可达20层（图4）。引人注目的是在美国和新西兰等国，采用配筋砌体在地震区建造高层房屋，层数可达13~28层（图5）。许多国家正在改变长期沿用的按弹性理论的允许应力

图4　采用砌体承重墙建于瑞士的高层房屋

设计法的传统，积极采用极限状态设计法。从国际建筑研究与文献委员会承重墙工作委员会（GIB·W23）于 1980 年编写的《砌体结构设计和施工的国际建议》（CIB58），以及国际标准化组织砌体结构技术委员会 ISO/TC 179 编制的国际砌体结构设计规范来看，世界上砌体结构的设计方法正跃进到一个新的水平。

图 5 采用配筋砌体承重墙建于美国的高层房屋
(a) Marina Condominiums. Marina, Delaware;
(b) Park Lane Tower. Denver, Colorado;
(c) Excalibur Hotel. Las Vegas, Nevada

纵观历史，尤其是 20 世纪 60 年代以来，砌体结构在不断发展，成为世界上重视的一种建筑结构体系。

0.2 砌体结构类型
Types of Masonry Structures

由块体和砂浆砌筑而成的整体材料称为砌体。根据砌体的受力性能分为无筋砌体结构、约束砌体结构和配筋砌体结构。

0.2.1 无筋砌体结构
Unreinforced Masonry Structures

常用的无筋砌体结构有砖砌体、砌块砌体和石砌体结构。

1. 砖砌体结构

它是由砖砌体制成的结构，视砖的不同分为烧结普通砖、烧结多孔砖、混凝土多孔砖和非烧结硅酸盐砖砌体结构。

砖砌体结构的使用面广。根据现阶段我国墙体材料革新的要求，实行限时、限地禁止使用黏土实心砖。对于烧结黏土多孔砖，应认识到它是墙体材料革新中的一个过渡产品，其生产和使用亦将逐步受到限制。

2. 砌块砌体结构

它是由砌块砌体制成的结构。我国主要采用普通混凝土小型空心砌块砌体和轻骨料混凝土小型空心砌块砌体，是替代黏土实心砖砌体的主要承重砌体材料。当其采用混凝土灌孔后，又称为灌孔混凝土砌块砌体。在我国，混凝土砌块砌体结构有较大的应用空间和发展前途。

3. 石砌体结构

它是由石砌体制成的结构，根据石材的规格和砌体的施工方法的不同分为料石砌体、毛石砌体和毛石混凝土砌体。石砌体结构主要在石材资源丰富的地区采用。

0.2.2 配筋砌体结构
Reinforced Masonry Structures

它是由配置钢筋的砌体作为主要受力构件的结构，即通过配筋使钢筋在受力过程中强度达到流限的砌体结构。国内外普遍认为配筋砌体结构构件的竖向和水平方向的配筋率均不应小于 0.07%。如配筋混凝土砌块砌体剪力墙，具有和钢筋混凝土剪力墙类似的受力性能。有的还提出竖向和水平方向配筋率之和不小于 0.2%，可称为全配筋砌体结构。配筋砌体结构具有较高的承载力和延性，改善了无筋砌体结构的受力性能，扩大了砌体结构的应用范围。

0.2.3 约束砌体结构
Confined Masonry Structures

通过竖向和水平钢筋混凝土构件约束砌体的结构，称为约束砌体结构。最为典型的是在我国广为应用的钢筋混凝土构造柱-圈梁形成的砌体结构体系。它在抵抗水平作用时使墙体的极限水平位移增大，从而提高墙的延性，使墙体裂而不倒。其受力性能介于无筋砌体结构和配筋砌体结构之间，或者相对于配筋砌体结构而言,是配筋加强较弱的一种配筋砌体结构。如果按照提高墙体的抗压强度或抗剪强度要求设置加密的钢筋混凝土构造柱,则属配筋砌体结构,这是近年来我国对构造柱作用的一种新发展。

0.2.4 我国采用的配筋砌体结构
Reinforced Masonry Structures used in China

在我国得到广泛应用的配筋砌体结构有下列三类。

1. **网状配筋砖砌体构件**

在砖砌体的水平灰缝中配置钢筋网片的砌体承重构件,称为网状配筋砖砌体构件,亦称为横向配筋砖砌体构件(图6a),主要用作承受轴心压力或偏心距较小的受压的墙、柱。

2. **组合砖砌体构件**

由砖砌体和钢筋混凝土或钢筋砂浆组成的砌体承重构件,称为组合砖砌体构件。工程上有两种形式,一种是采用钢筋混凝土作面层或钢筋砂浆作面层的组合砌体构件(图6b),可用作偏心距较大的偏心受压墙、柱。另一种是在墙体的转角、交接处并沿墙长每隔一定的距离设置钢筋混凝土构造柱而形成的组合墙(图6c),构造柱除约束砌体,还直接参与受力,较无筋墙体的受压、受剪承载力有一定程度的提高,可用作一般多层房屋的承重墙。

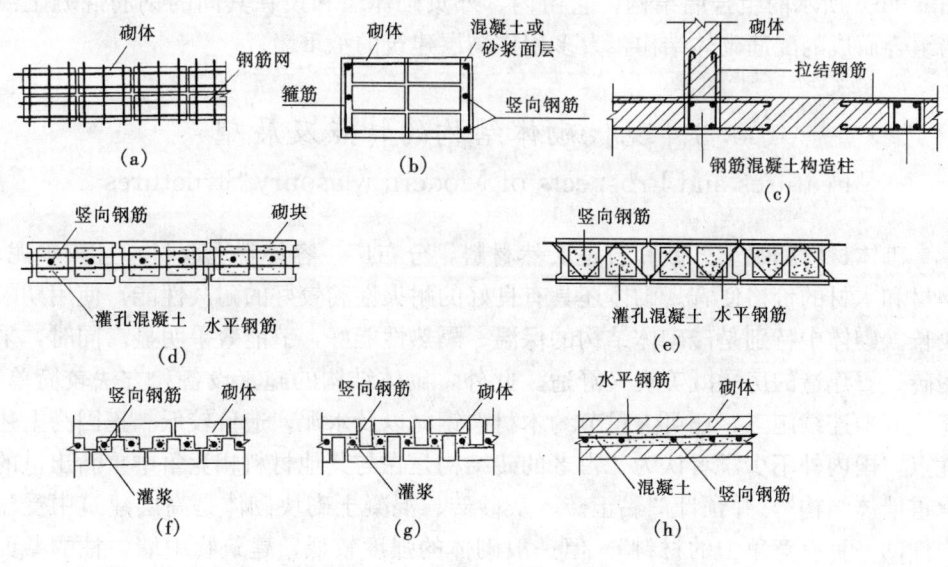

图6 配筋砌体结构类型

3. **配筋混凝土砌块砌体构件**

在混凝土小型空心砌块砌体的孔洞内设置竖向钢筋和在水平灰缝或砌块内设

置水平钢筋并用灌孔混凝土灌实的砌体承重构件，称为配筋混凝土砌块砌体构件（图6d），对于承受竖向和水平作用的墙体，又称为配筋混凝土砌块砌体剪力墙。其砌体采用专用砂浆——混凝土小型空心砌块砌筑砂浆砌筑，在砌体的水平灰缝（水平钢筋直径较细时）或凹槽砌块内（水平钢筋直径较粗时）设置水平钢筋，在砌体的竖向孔洞内插入竖向钢筋，最后在设置钢筋处采用专用混凝土——混凝土小型空心砌块灌孔混凝土灌实。配筋混凝土砌块砌体剪力墙具有良好的静力和抗震性能，是多层和中高层房屋中一种有竞争力的承重结构。

0.2.5 国外采用的配筋砌体结构
Reinforced Masonry Structures used in foreign Countries

国外的配筋砌体结构类型较多，除用作承重墙和柱外，还在楼面梁、板中得到一定的应用。此外，对预应力砌体结构的研究和应用也取得了许多成绩。用于墙、柱的配筋砌体结构可概括为两类。由于国外空心砖和砌块的种类多、应用较普及，除采用上述配筋混凝土砌块砌体结构（图6d）外，还可在由块体组砌的空洞内设置竖向钢筋，并灌注混凝土，如图6(f)、(g)所示。其水平钢筋除采用直钢筋外，还有的在水平灰缝内设置桁架形状的钢筋（如图6e所示）。上述图6(d)～(g)所示的配筋砌体结构可划为一类，它是在块体的孔洞内或由块体组砌成的空洞内配置竖向钢筋并灌注混凝土而形成的配筋砌体结构。另一类是如图6(h)所示的组合墙结构，它由内、外页砌体墙和设在其间的钢筋混凝土薄墙组合而成的配筋砌体结构，大多用作高层建筑的承重墙。

0.3 现代砌体结构的特点及展望
Features and Prospects of Modern Masonry Structures

砌体材料如黏土、砂和石是天然材料，分布广，容易就地取材，且较水泥、钢材和木材的价格便宜。砌体还具有良好的耐火性和较好的耐久性能，使用期限较长。砌体中特别是砖砌体结构的保温、隔热性能好，节能效果明显。同时，采用砖、石建造的房屋既美观又舒适。此外，砌体结构的施工设备和方法较简单，能较好地连续施工，还可大量节约木材、钢材以及水泥，造价较低。正因为上述优点，国内外不少学者认为"古老的砖结构是在与其他材料相竞争中重新出世的承重墙体结构"，并预计"黏土砖、灰砂砖、混凝土砌块砌体是高层建筑中受压构件的一种有竞争力的材料"。但一般砌体的强度较低，建筑物中墙、柱的截面尺寸较大，材料用量较多，因而结构自重大。砌体的抗拉、弯、剪的强度又较其抗压强度低，抗震性能差，砌体结构的应用受到限制。此外，砌体基本采用手工方式砌筑，劳动量大，生产率较低。还值得注意的是黏土是制造黏土砖的主要原材料，要增加砖产量，势必过多占用农田，不但严重影响农业生产，对保持生态环境平衡也是很不利的。我国是一个土地资源非常紧缺的国家，人均耕地占有量只有 $1006.7m^2$，仅为世界人均水平的 45%。我国黏土实心砖的年产量曾高达 7000 亿块，不仅严重毁田，且每年生产能耗 7000 多万 t 标煤，与此同时年排放 2 亿多 t 煤矸石和粉煤灰，不仅占用大量土地而且严重污染环境。

今后应加强对现代砌体结构的研究和应用。现代砌体结构的特点在于：采用节能、环保、轻质、高强且品种多样的砌体材料；工程上有较广的应用领域，在高层建筑尤其是中高层建筑结构中较之其他结构有较强的竞争力；具有先进、高效的建造技术，为舒适的居住和使用环境提供良好的条件。

为此砌体结构今后首先要积极发展新材料。在我国要求到 2010 年底，所有城市禁止使用黏土实心砖，全国黏土实心砖年产量控制在 4000 亿块以下；新型墙体材料产量占墙体材料总量的比重达到 55% 以上，建筑应用比例达到 65% 以上；全国城镇新建筑实现节能 50%，到 2020 年我国北方和沿海经济发达地区和特大城市新建建筑实现节能 65%。这表明，墙体材料革新不仅是改善建筑功能、提高住房建设质量和施工效率，满足住宅产业现代化的需要，还能达到节约能源、保护土地、有效利用资源、综合治理环境污染的目的，是促进我国经济、社会、环境、资源协调发展的大事，是实施我国可持续发展战略的一项重大举措。要坚持以节能、节地、利废、保护环境和改善建筑功能为发展方针，以提高生产技术水平、加强产品配套和应用为重点，因地制宜发展与建筑体系相适应，符合国家产业政策，能够提升房屋建筑功能，适应住宅产业化要求的优质新型墙体材料。在努力研究和生产轻质、高强的砌块和砖的同时，还应注重对高粘结强度砂浆的研制和开发。

要深化对配筋砌体结构的研究，扩大其应用范围。尤其是要进一步研究配筋混凝土砌块砌体剪力墙结构的抗震性能，使该结构体系在我国抗震设防地区有更大的适用高度，并对框支配筋混凝土砌块砌体剪力墙结构进行系统研究，将我国配筋砌体结构的研究和应用提高到一个新的水平。

应加强对砌体结构基本理论的研究。进一步研究砌体结构的受力性能和破坏机理，通过物理或数学模式，建立精确而完整的砌体结构理论，是世界各国所关注的课题。我国的研究有较好的基础，继续加强这方面的工作十分有利，对促进砌体结构的发展有着深远意义。这其中包括深入、系统的进行砌体结构可靠性鉴定与加固理论的研究。目前我国城乡既有建筑面积超过 420 亿 m^2，其中砌体结构房屋所占比例大，使用年限长，有的已产生不同程度的损伤，建立科学、适用的砌体结构可靠性鉴定与加固理论体系，有重要指导意义。对于耗能高及未达节能要求的砌体结构，在进行可靠性鉴定、加固与改造中尚应与建筑节能的改造相结合。建立既有建筑节能改造评估体系，研发、推广针对不同地区、不同结构、不同构造既有建筑的节能改造技术的任务也十分迫切。

还应提高砌体施工技术的工业化水平。国外在砌体结构的预制、装配化方面做了许多工作，积累了不少经验，我国在这方面有较大差距。发达国家预制板材产量已占墙体材料总量的40%，而我国目前板材产量只占墙体材料总量的2%。我国对预应力砌体结构的研究相当薄弱，大型预制墙板和振动砖墙板的应用也极少。为此，有必要在我国较大范围内改变砌体结构传统的建造方式。研究和提高砌体结构的标准化、部品部件生产工业化、施工安装装配化的水平，有十分重要意义。

我国幅员辽阔，砌体材料资源分布较广，在社会主义初级阶段，以及今后一个相当长的时期内，无疑在许多建筑乃至其他土木工程中砌体和砌体结构仍然是一种主要的材料和承重结构体系。

思 考 题 与 习 题
Questions and Exercises

0-1 何谓砌体结构？
0-2 简述我国《砌体结构设计规范》（GB 50003—2001）的特点。
0-3 何谓配筋砌体结构？
0-4 现代砌体结构的特点有哪些？
0-5 "十一五"期间我国墙体材料革新的主要目标是什么？
0-6 您对砌体结构今后的发展有何设想？

第1章 砌体物理力学性能
Physical and Mechanical Properties of Masonry

学习提要 本章论述砌体的强度、变形性能及有关的物理性能。应熟悉砌体材料的选择;掌握影响砌体抗压、抗剪强度的主要因素及其强度的确定方法;了解砌体受拉和受弯的破坏特征及其强度的确定方法;在了解砌体受压应力-应变关系及砌体的温度和干缩变形的基础上,熟悉砌体的弹性模量、泊松比和剪变模量等变形性能;对砌体的热工性能有基本了解。

1.1 材料强度等级
Strength Grades of Materials

前面已指出,砌体是由块体和砂浆砌筑而成的整体材料。块体和砂浆的强度等级是根据其抗压强度而划分的级别,是确定砌体在各种受力状态下强度的基础数据。块体强度等级以符号"MU"(Masonry Unit)表示,砂浆强度等级以符号"M"(Mortar)表示。对于混凝土小型空心砌块砌体,砌筑砂浆的强度等级以符号"Mb"表示,灌孔混凝土的强度等级以符号"Cb"表示,其符号b意指block。

1.1.1 砖
Brick

它包括烧结普通砖、烧结多孔砖、混凝土多孔砖和非烧结硅酸盐砖,通常可简称为砖。

1. 烧结普通砖

按《烧结普通砖》(GB 5101—2003),以黏土、页岩、煤矸石、粉煤灰为主要原料经焙烧而成的普通砖,称为烧结普通砖。它根据抗压强度分为MU30、MU25、MU20、MU15和MU10五个强度等级,详见表1-1的规定。砖的外形尺寸为240mm×115mm×53mm。

烧结普通砖、烧结多孔砖强度等级(MPa)　　　　　表1-1

强度等级	抗压强度平均值 $f_m \geq$	变异系数 $\delta \leq 0.21$ 抗压强度标准值 $f_k \geq$	变异系数 $\delta > 0.21$ 单块最小抗压强度值 $f_{min} \geq$
MU30	30.0	22.0	25.0
MU25	25.0	18.0	22.0

续表

强度等级	抗压强度平均值 $f_m \geqslant$	变异系数 $\delta \leqslant 0.21$ 抗压强度标准值 $f_k \geqslant$	变异系数 $\delta > 0.21$ 单块最小抗压强度值 $f_{min} \geqslant$
MU20	20.0	14.0	16.0
MU15	15.0	10.0	12.0
MU10	10.0	6.5	7.5

2. 烧结多孔砖

按《烧结多孔砖》（GB 13544—2000），以黏土、页岩、煤矸石、粉煤灰为主要原料，经焙烧而成主要用于承重部位的多孔砖，称为烧结多孔砖。这种砖的特点在于孔洞率应等于或大于25%，孔的尺寸小而数量多，且孔型、孔的大小和排列有规定，为提高产品等级宜采用矩形条孔或矩形孔的多孔砖（图1-1a）。砖的外型尺寸应符合290，190，140，90（mm）；240，180（175），115（mm）的要求。主要尺寸为240mm×115mm×90mm和240mm×190mm×90mm。它根据抗压强度分为MU30、MU25、MU20、MU15和MU10五个强度等级，应符合表1-1的规定。顺便指出，在我国，以黏土、页岩、煤矸石、粉煤灰为主要

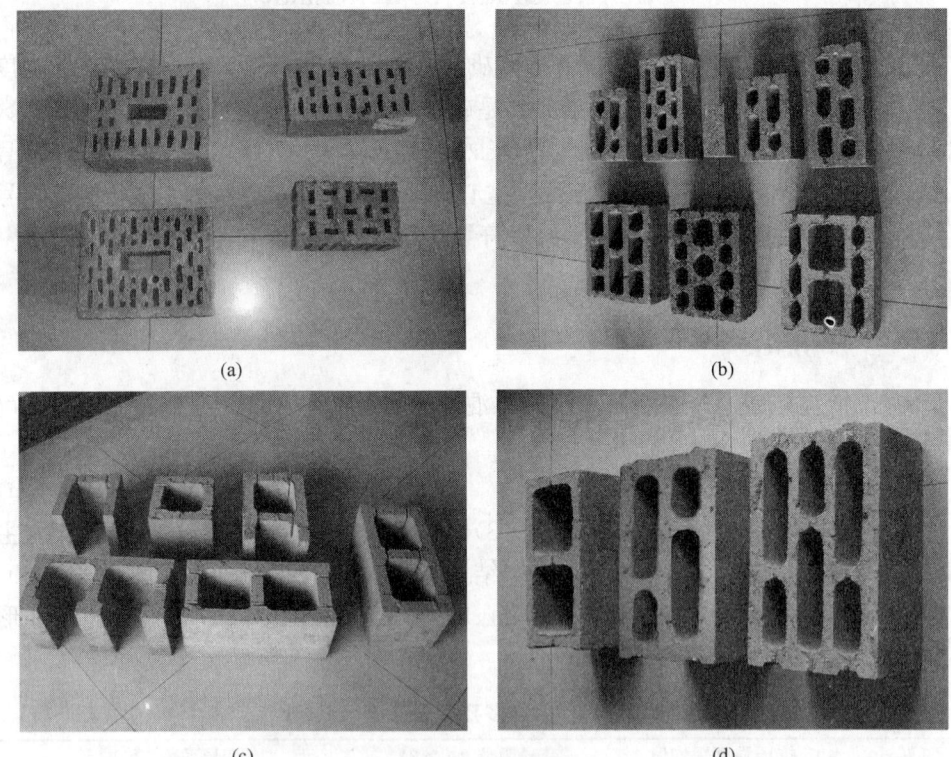

图1-1 块体型式
(a) 烧结多孔砖；(b) 混凝土多孔砖；
(c) 普通混凝土小型空心砌块；(d) 轻集料混凝土小型空心砌块

原料，经焙烧而成，孔洞率等于或大于40%，且主要用于非承重部位的砖，称为烧结空心砖，简称为空心砖。

3. 混凝土多孔砖

按《混凝土多孔砖》（JC 943—2004），以水泥为胶结材料，以砂、石为主要集料，加水搅拌、成型、养护制成的一种多排小孔的半盲孔混凝土砖，称为混凝土多孔砖（图1-1b）。其孔洞率应等于或大于30%。砖的主规格尺寸为240mm×115mm×90mm、190mm×190mm×90mm，其他规格尺寸的长度、宽度、高度应符合240，190，180；240，190，115，90；115，90，53（mm）的要求。根据抗压强度，砖分为MU30、MU25、MU20、MU15和MU10五个强度等级，应符合表1-2的规定。近几年，混凝土多孔砖在我国得到迅速推广应用，湖南、江苏、上海、浙江、武汉等省市已相继颁布混凝土多孔砖建筑技术规程，有的地方标准指出，混凝土多孔砖砌体的抗压、抗剪强度及其结构的静力和抗震设计，可按烧结普通砖砌体结构设计的规定采用。目前，我国正在抓紧制订混凝土多孔砖的国家材料标准及结构设计规程。

混凝土多孔砖强度等级（MPa） 表 1-2

强度等级	抗压强度	
	平均值 $f_m \geqslant$	单块最小值 $f_{min} \geqslant$
MU30	30.0	24.0
MU25	25.0	20.0
MU20	20.0	16.0
MU15	15.0	12.0
MU10	10.0	8.0

4. 蒸压灰砂砖和蒸压粉煤灰砖

蒸压砖是一种硅酸盐制品，常用的含硅原料主要是天然砂子及工业废料粉煤灰、煤矸石、炉渣等。生产和推广应用这类砖，可大量利用工业废料，减少环境污染。蒸压灰砂砖和蒸压粉煤灰砖的砖型和规格与烧结砖的相同，也可制成普通砖与多孔砖。其强度等级有MU25、MU20、MU15和MU10。确定蒸压粉煤灰砖的强度等级时，应考虑碳化影响，其抗压强度应乘以自然碳化系数，当无自然碳化系数时，应取人工碳化系数的1.15倍。

1.1.2 砌块
Concrete Block

承重用的砌块主要是普通混凝土小型空心砌块和轻集料（骨料）混凝土小型空心砌块。

1. 普通混凝土小型空心砌块

按《普通混凝土小型空心砌块》（GB 8239—1997），其主规格尺寸为390mm×190mm×90mm，空心率不小于25%，通常为45%～50%（图1-1c）。砌块强度划分为MU20、MU15、MU10、MU7.5、MU5和MU3.5六个等级，详见表1-3的规定。

普通混凝土小型空心砌块强度等级（MPa）　　　　　表1-3

强度等级	砌块抗压强度	
	平均值不小于	单块最小值不小于
MU20	20.0	16.0
MU15	15.0	12.0
MU10	10.0	8.0
MU7.5	7.5	6.0
MU5	5.0	4.0
MU3.5	3.5	2.8

2. 轻集料混凝土小型空心砌块

按《轻集料混凝土小型空心砌块》（GB/T 15229—2002》，轻集料混凝土小型空心砌块的主规格尺寸亦为390mm×190mm×90mm；按孔的排数有单排孔、双排孔、三排孔和四排孔等四类，如图1-1（d）所示。砌块强度划分为MU10、MU7.5、MU5、MU3.5、MU2.5和MU1.5六个等级，详见表1-4的规定。对于掺有粉煤灰等火山灰质掺合料15%以上的混凝土砌块，在确定强度等级时，其抗压强度应乘以自然碳化系数（碳化系数不应小于0.8），当无自然碳化系数时，应取人工碳化系数的1.15倍。

轻集料混凝土小型空心砌块强度等级（MPa）　　　　　表1-4

强度等级	砌块抗压强度		密度等级范围
	平均值	最小值	（kg/m³）
MU10	≥10.0	8.0	≤1400
MU7.5	≥7.5	6.0	
MU5	≥5.0	4.0	≤1200
MU3.5	≥3.5	2.8	
MU2.5	≥2.5	2.0	≤800
MU1.5	≥1.5	1.2	≤600

1.1.3 石材
Stone

用作承重砌体的石材主要来源于重质岩石和轻质岩石。重质岩石的抗压强度高,耐久,但导热系数大。轻质岩石的抗压强度低,耐久性差,但易开采和加工,导热系数小。石砌体中的石材,应选用无明显风化的石材。在产石地区充分利用这一天然资源比较经济。

石材按其加工后的外形规则程度,分为料石和毛石。料石中又分有细料石、半细料石、粗料石和毛料石。毛石的形状不规则,但要求毛石的中部厚度不小于200mm。

如上所述,石材的大小和规格不一,石材的强度等级通常用3个边长为70mm的立方体试块进行抗压试验,按其破坏强度的平均值而确定。石材的强度划分为MU100、MU80、MU60、MU50、MU40、MU30和MU20七个等级。试件也可采用表1-5所列边长尺寸的立方体,但考虑尺寸效应的影响,应将破坏强度的平均值乘以表内相应的换算系数,以此确定石材的强度等级。

石材强度等级的换算系数　　　　　表1-5

立方体边长(mm)	200	150	100	70	50
换算系数	1.43	1.28	1.14	1	0.86

1.1.4 砂浆
Mortar

砂浆是由胶结料、细集料、掺合料加水搅拌而成的混合材料,在砌体中起粘结、衬垫和传递应力的作用。砌体中常用的砂浆有水泥混合砂浆和水泥砂浆,其稠度、分层度和强度均需达到规定的要求。砂浆稠度是评判砂浆施工时合易性(流动性)的主要指标,砂浆的分层度是评判砂浆施工时保水性的主要指标。为改善砂浆的和易性可加入石灰膏、电石膏、粉煤灰及黏土膏等无机材料的掺合料。为提高或改善砂浆的力学性能或物理性能,还可掺入外加剂。国外在砂浆中掺入聚合物(如聚氯乙烯乳胶)获得良好效果,如美国DOW化学公司研制的掺合料"Sarabond",可使砂浆的抗压强度和粘结强度提高3倍以上。砂浆中掺入外加剂是一个发展方向,但为了确保砌体的质量,使用外加剂应具有法定检测机构出具的该产品的砌体强度形式检测报告,并经砂浆性能试验合格后方可采用。

砂浆的强度等级用边长为70.7mm的立方体试块进行抗压试验,每组为6块,按其破坏强度的平均值而确定。砂浆的强度划分为M15、M10、M7.5、M5和M2.5五个等级。工程上由于块体的种类较多,确定砂浆强度等级时应采用同类块体作砂浆强度试块底模。如蒸压灰砂砖砌体和蒸压粉煤灰砖砌体的抗压强度指标系采用同类砖为砂浆试块底模时所得砂浆强度而确定的,当采用黏土砖作底模时,其砂浆强度提高,实际上砌体的抗压强度约低10%左右。对于多孔砖砌体，应采用同类多孔砖侧面作砂浆强度试块底模。这种规定给工程应用带来诸多不便，甚至产生安全隐患，有改进的必要，如统一采用钢底模制作砂浆试块，但要分析由此对砌体强度产生的影响。

砌体结构施工中很易产生砂浆强度低于设计强度等级的现象，它所带来的后果有时十分严重，应予高度重视。其中砂浆材料配合比不准确、使用过期水泥等，是砂浆达不到设计强度等级和砂浆强度离散性大的主要原因。此外还应注意，脱水硬化的石灰膏不但起不到塑化作用，还会影响砂浆强度，消石灰粉是未经熟化的石灰，颗粒太粗，起不到改善和易性的作用，均应禁止在砂浆中使用。

1.1.5 混凝土小型空心砌块砌筑砂浆和灌孔混凝土
Mortar and Grout for Concrete Small Hollow Block

以往，混凝土小型空心砌块墙体采用普通砂浆砌筑，采用普通混凝土灌孔，砌体质量难以得到保证，如墙体易开裂、渗漏，整体性较差。为进一步提高砌块建筑的质量，根据我国砌块建筑设计、施工实践经验和研究成果，并参考《ASTMC270—1991砌筑用砂浆标准》、《ASTMC476—1995砌体灌注料标准》等规定，现已颁布《混凝土小型空心砌块砌筑砂浆》（JC 860—2000）和《混凝土小型空心砌块灌孔混凝土》（JC 861—2000）两个标准。

1. 混凝土小型空心砌块砌筑砂浆

它是砌块建筑专用的砂浆。即由水泥、砂、水以及根据需要掺入的掺合料和外加剂等组分，按一定比例，采用机械拌合制成，用于砌筑混凝土小型空心砌块的砂浆。其掺合料主要采用粉煤灰，外加剂包括减水剂、早强剂、促凝剂、缓凝剂、防冻剂、颜料等。与使用传统的砌筑砂浆相比，专用砂浆可使砌体灰缝饱满、粘结性能好，减少墙体开裂和渗漏，提高砌块建筑质量。这种砂浆的强度划分为 Mb30、Mb25、Mb20、Mb15、Mb10、Mb7.5 和 Mb5 七个等级，其抗压强度指标相应于 M30、M25、M20、M15、M10、M7.5 和 M5 等级的一般砌筑砂浆抗压强度指标。通常 Mb5~Mb20 采用 32.5 级普通水泥或矿渣水泥，Mb25 和 Mb30 则采用 42.5 级普通水泥或矿渣水泥。砂浆的稠度为 50~80mm，分层度为 10~30mm。

2. 混凝土小型空心砌块灌孔混凝土

它是砌块建筑灌注芯柱、孔洞的专用混凝土。即由水泥、集料、水以及根据需要掺入的掺合料和外加剂等组分，按一定比例，采用机械搅拌后，用于浇筑混凝土小型空心砌块砌体芯柱或其他需要填实孔洞部位的混凝土。其掺合料亦主要采用粉煤灰，外加剂包括减水剂、早强剂、促凝剂、缓凝剂、膨胀剂等。它是一种高流动性和低收缩的细石混凝土，是保证砌块建筑整体工作性能、抗震性能、承受局部荷载的重要施工配套材料。混凝土小型空心砌块灌孔混凝土的强度划分为 Cb40、Cb35、Cb30、Cb25 和 Cb20 五个等级，相应于 C40、C35、C30、C25 和 C20 混凝土的抗压强度指标。这种混凝土的拌合物应均匀、颜色一致，且不离析、不泌水，其坍落度不宜小于 180mm。

1.1.6 其他材料
Orther Materials

砌体结构、配筋砌体结构中采用的钢筋和混凝土材料的强度等级和相应的强度指标，可在《混凝土结构设计规范》中查到。

1.1.7 材料最低强度等级的选择
Minimum Strength Grades for Masonry Matherials

为了增大砌体结构的可靠性，不断提高我国建筑材料的质量，砌体结构所用材料的最低强度等级，应符合下列要求：

1) 五层及五层以上房屋的墙，以及受振动或层高大于 6m 的墙、柱所用材料的最低强度等级：

①砖采用 MU10；
②砌块采用 MU7.5；
③石材采用 MU30；
④砂浆采用 M5。

对安全等级为一级或设计使用年限大于 50 年的房屋，墙、柱所用材料的最低强度等级应比上述规定至少提高一级。

对于强度等级低于 MU7.5 的砌块，由于国家材料标准（如表 1-3、表 1-4）与砌体结构设计规范的上述规定有不一致之处，在材料强度等级的应用上尚有待进一步研究并加以统一的必要。

2) 地面以下或防潮层以下的砌体，潮湿房间的墙，所用材料的最低强度等级应符合表 1-6 的要求。

地面以下或防潮层以下的砌体及潮湿房间墙所用材料的最低强度等级　　表 1-6

基土的潮湿程度	烧结普通砖、蒸压灰砂砖		混凝土砌块	石　材	水泥砂浆
	严寒地区	一般地区			
稍潮湿的	MU10	MU10	MU7.5	MU30	M5
很潮湿的	MU15	MU10	MU7.5	MU30	M7.5
含水饱和的	MU20	MU15	MU10	MU40	M10

注：1. 在冻胀地区，地面以下或防潮层以下的砌体，当采用多孔砖时，其孔洞应用水泥砂浆灌实；当采用混凝土砌块砌体时，其孔洞应采用强度等级不低于 Cb20 的混凝土灌实。
2. 对安全等级为一级或设计使用年限大于 50 年的房屋，表中材料强度等级应至少提高一级。

1.2 砌体的受压性能
Compressive Behavior of Masonry

1.2.1 砌体受压破坏特征
Failure Characteristic of Axially Compressive Masonry

1. 普通砖砌体

砖砌体轴心受压时，按照裂缝的出现、发展和破坏特点，可划分为三个受力阶段。图 1-2 为砖强度 $f_1=25.5\text{MPa}$，砂浆强度 $f_2=12.8\text{MPa}$ 的页岩粉煤灰砖砌体的轴心受压破坏情况。

第一阶段：从砌体开始受压，随压力的增大至出现第一条裂缝（有时有数条，称第一批裂缝）。其特点是仅在单块砖内产生细小的裂缝（图 1-2a），如不增加压力，该裂缝亦不发展。砌体处于弹性受力阶段。根据大量的试验结果，砖砌体内产生第一批裂缝时的压力约为破坏压力的 50%～70%。

第二阶段：随压力的增大，砌体内裂缝增多，单块砖内裂缝不断发展，并沿竖向通过若干皮砖，逐渐形成一段一段的裂缝（图 1-2b）。其特点在于砌体进入弹塑性受力阶段，即使压力不再增加，砌体压缩变形增长快，砌体内裂缝继续加长增宽。此时的压力约为破坏压力的 80%～90%，表明砌体已临近破坏。砌体结构在使用中，若出现这种状态是十分危险的，应立即采取措施或进行加固处理。

第三阶段：压力继续增加至砌体完全破坏。其特点是砌体中裂缝急剧加长增宽，个别砖被压碎或形成的小柱体失稳破坏（图 1-2c）。此时砌体的强度称为砌体的破坏强度。图 1-2 中实测的砌体抗压强度为 6.79MPa。

分析上述试验结果可看出，砖砌体在受压破坏时，有一个重要的特征是单块

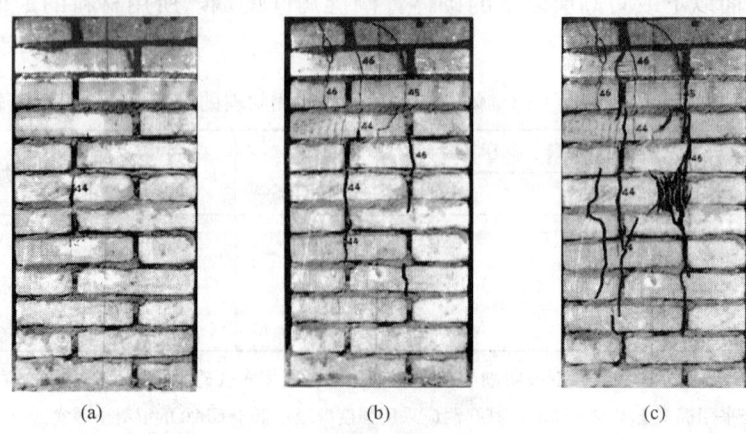

图 1-2 砖砌体轴心受压破坏

砖先开裂，且砌体的抗压强度总是低于它所采用砖的抗压强度。这是因为砌体内的单块砖受到复杂应力作用的结果，如图1-3所示。

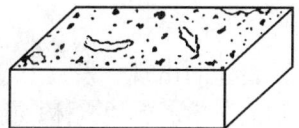 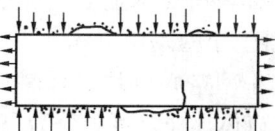

图1-3 砌体内砖的复杂受力状态

复杂应力状态是砌体自身性质决定的。首先，由于砌体内灰缝的厚薄不一，砂浆难以饱满、均匀密实，砖的表面又不完全平整和规则，砌体受压时，砖并非如想象的那样均匀受压，而是处于受拉、受弯和受剪的复杂应力状态。砖和砂浆这两种材料的弹性模量和横向变形的不相等，亦增大了上述复杂应力。砂浆的横向变形一般大于砖的横向变形，砌体受压后，它们相互约束，使砖内产生拉应力。砌体内的砖又可视为弹性地基（水平缝砂浆）上的梁，砂浆（基底）的弹性模量愈小，砖的变形愈大，砖内产生的弯、剪应力也愈高。此外，砌体内竖缝的砂浆往往不密实，砖在竖缝处易产生一定的应力集中。上述种种原因均导致砌体内的砖受到较大的弯曲、剪切和拉应力的共同作用。由于砖是一种脆性材料，它的抗弯、抗剪和抗拉强度很低。因而砌体受压时，首先是单块砖在复杂应力作用下开裂，破坏时砌体内砖的抗压强度得不到充分发挥。这是砌体受压性能不同于其他建筑材料受压性能的一个基本特点。还需指出，砌体的抗压强度远低于它所采用砖的抗压强度，也与砖的抗压强度的确定方法有关。如在测定烧结普通砖的抗压强度时，试块尺寸为115mm×115mm×120mm，试块中仅有一道经仔细抹平的水平灰缝砂浆，其受压工作情况远比砌体中砖的工作情况有利。

2. 多孔砖砌体

烧结多孔砖和混凝土多孔砖砌体的轴心受压试验表明，砌体内产生第一批裂缝时的压力较上述普通砖砌体产生第一批裂缝时的压力高，约为破坏压力的70%。在砌体受力的第二阶段，出现裂缝的数量不多，但裂缝竖向贯通的速度快，且临近破坏时砖的表面普遍出现较大面积的剥落（如图1-4所示）。

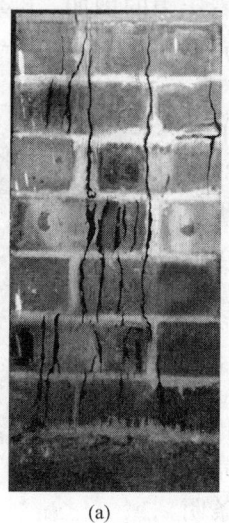 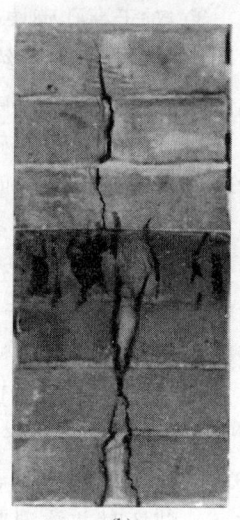

(a)   (b)

图1-4 页岩粉煤灰多孔砖砌体轴心受压破坏

多孔砖砌体轴心受压时,自第二至第三个受力阶段所经历的时间亦较短。上述现象是由于多孔砖的高度比普通砖的高度大,且存在较薄的孔壁,致使多孔砖砌体较普通砖砌体具有更为显著的脆性破坏特征。

3. 混凝土小型砌块砌体

混凝土小型空心砌块砌体轴心受压时,按照裂缝的出现、发展和破坏特点,也如普通砖砌体那样,可划分为三个受力阶段。但对于空心砌块砌体,由于孔洞率大、砌块各壁较薄,对于灌孔的砌块砌体,还涉及块体与芯柱的共同作用,使其砌体的破坏特征较普通砖砌体的破坏特征仍有所区别,主要表现在以下几方面:

1)在受力的第一阶段,砌体内往往只产生一条裂缝,且裂缝较细。由于砌块的高度较普通砖的高度大,第一条裂缝通常在一块砌块的高度内贯通。

2)对于空心砌块砌体,第一条竖向裂缝常在砌体宽面上沿砌块孔边产生,即砌块孔洞角部肋厚度减小处产生裂缝①(图1-5)。随着压力的增加,沿砌块孔边或沿砂浆竖缝产生裂缝②,并在砌体窄面(侧面)上产生裂缝③,裂缝③大多位

图1-5 混凝土空心砌块砌体轴心受压破坏

于砌块孔洞中部,也有的发生在孔边。最终往往因裂缝③骤然加宽而破坏。砌块砌体破坏时裂缝数量较普通砖砌体破坏时的裂缝数量要少得多。

3)对于灌孔砌块砌体,随着压力的增加,砌块周边的肋对混凝土芯体有一定的横向约束。这种约束作用与砌块和芯体混凝土的强度有关,当砌块抗压强度远低于芯体混凝土的抗压强度时,第一条竖向裂缝常在砌块孔洞中部的肋上产生,随后各肋均有裂缝出现,砌块先于芯体开裂。当砌块抗压强度与芯体混凝土抗压强度接近时,砌块与芯体均产生竖向裂缝,表明砌块与芯体共同工作较好。随着芯体混凝土横向变形的增大,砌块孔洞中部肋上的竖向裂缝加宽,砌块的肋向外崩出,导致砌体完全破坏,破坏时芯体混凝土有多条明显的纵向裂缝,如图1-6所示。

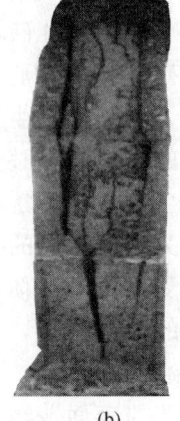

图1-6 灌孔混凝土砌块砌体轴心受压破坏

试验表明，其开裂荷载与破坏荷载之比，无论灌孔与否均约为0.5。空心砌块砌体与灌孔砌块砌体在弹性阶段的受力性能完全相同。但也有的试验结果，对于空心砌块砌体其平均比值约为0.5，对于灌孔砌块砌体其平均比值约为0.7，这可能与砌块、灌孔混凝土的强度的匹配程度有关。二者的抗压强度相接近，对于发挥它们的共同工作最为有利。

4. 毛石砌体

毛石砌体受压时，由于毛石和灰缝形状不规则，砌体的匀质性较差，砌体的复杂应力状态更为不利，因而产生第一批裂缝时的压力与破坏压力的比值，相对于普通砖砌体的比值更小，约为0.3，且毛石砌体内产生的裂缝不如普通砖砌体那样分布有规律。

1.2.2 砌体抗压强度的影响因素
Influence Factors of Compressive Strength of Masonry

砌体是一种各向异性的复合材料，受压时具有一定的塑性变形能力。影响砌体抗压强度的因素较多，现归纳为下列三个大的方面来论述。

1. 砌体材料的物理、力学性能

(1) 块体和砂浆的强度

国内外大量的试验证明，块体和砂浆的强度是影响砌体抗压强度的主要因素。块体和砂浆的强度高，其砌体的抗压强度亦高，反之其砌体的抗压强度低。工程上应合理的选择块体和砂浆的强度等级，使砌体的受力性能较佳，又较为经济。以MU10和M10、MU15和M5、MU20和M2.5的砖砌体为例，它们的砌体抗压强度相接近，采用强度等级高的砖较有利。对于混凝土砌块砌体的抗压强度，提高砌块强度等级比提高砂浆强度等级的影响则更为明显，但就砂浆的粘结强度而言，则应选择较高强度等级的砂浆。对于灌孔的混凝土砌块砌体，砌块和灌孔混凝土的强度是影响砌体强度的主要因素，砌筑砂浆强度的影响不明显，为了充分发挥材料强度，应使砌块强度与灌孔混凝土的强度相匹配。

(2) 块体的规整程度和尺寸

块体表面的规则、平整程度对砌体抗压强度有一定的影响，块体的表面愈平整，灰缝的厚度愈均匀，越有利于改善砌体内的复杂应力状态，使砌体抗压强度提高。块体的尺寸，尤其是块体高度（厚度）对砌体抗压强度的影响较大，高度大的块体的抗弯、抗剪和抗拉能力增大。根据试验研究，砖的尺寸对砌体抗压强度的影响系数 ψ_d，可按式（1-1）计算：

$$\psi_d = 2\sqrt{\frac{h+7}{l}} \tag{1-1}$$

式中　h——砖的高度（mm）；
　　　l——砖的长度（mm）。

按公式 (1-1)，当砖的尺寸由 240mm×115mm×53mm 改变为 240mm×115mm×90mm 时，对于前者 $\psi_d=1.0$，对于后者 $\psi_d=1.27$。可见当砖的高度由 53mm 增加至 90mm，砌体抗压强度有明显的提高。但应注意，块体高度增大后，砌体受压时的脆性亦有增大。

(3) 砂浆的变形与和易性

低强度砂浆的变形率较大，在砌体中随着砂浆压缩变形的增大，块体受到的弯、剪应力和拉应力也增大，砌体抗压强度降低。和易性好的砂浆，施工时较易铺砌成饱满、均匀、密实的灰缝，可减小砌体内的复杂应力状态，砌体抗压强度提高。采用水泥砂浆时，砂浆的保水性与和易性差，砌体抗压强度平均降低 10%。

2. 砌体工程施工质量

砌体工程施工质量综合了砌筑质量、施工管理水平和施工技术水平等因素的影响，从本质上来说，它较全面反映了对砌体内复杂应力作用的不利影响的程度。细分起来上述因素有水平灰缝砂浆饱满度、块体砌筑时的含水率、砂浆灰缝厚度、砌体组砌方法以及施工质量控制等级。这些也是影响砌体工程各种受力性能的主要因素。

(1) 灰缝砂浆饱满度

试验表明，水平灰缝砂浆愈饱满，砌体抗压强度愈高。当水平灰缝砂浆饱满度为 73% 时，砌体抗压强度可达到规范规定的强度值。砌体施工中，要求砖砌体水平灰缝的砂浆饱满度不得小于 80%，竖向灰缝不得出现透明缝、瞎缝和假缝；对混凝土小型砌块砌体，水平灰缝的砂浆饱满度不得低于 90%（按净面积计算），竖向灰缝饱满度不得小于 80% 且不得出现透明缝和瞎缝；对石砌体，砂浆饱满度不应小于 80%。

(2) 块体砌筑时的含水率

砌体抗压强度随块体砌筑时的含水率的增大而提高，但它对砌体抗剪强度的影响则不同，且施工中既要保证砂浆不至失水过快又要避免砌筑时产生砂浆流淌，因而应采用适宜的含水率。对烧结普通砖、多孔砖，含水率宜控制为 10%～15%，对灰砂砖、粉煤灰砖，含水率宜为 8%～12%，且应提前 1～2d 浇水湿润。对普通混凝土小型砌块，它具有饱和吸水率低和吸水速度迟缓的特点，一般情况下施工时可不浇水（在天气干燥炎热的情况下可提前浇水湿润）。轻骨料混凝土小型砌块的吸水率较大，可提前浇水湿润。

(3) 灰缝厚度

砂浆灰缝过厚或过薄均能加剧砌体内的复杂应力状态，对砌体抗压强度产生不利影响。灰缝横平竖直，适宜的均匀厚度，既有利于砌体均匀受力，又保证了对砌体表面美观的要求。对砖砌体和砌块砌体，灰缝厚度宜为10mm，但不应小于8mm，亦不应大于12mm；对毛料石和粗料石砌体，灰缝厚度不宜大于20mm；对细料石砌体，不宜大于5mm。

（4）砌体组砌方法

砌体的组砌方法直接影响到砌体强度和结构的整体受力性能，不可忽视。应采用正确的组砌方法，上、下错缝，内外搭砌。尤其是砖柱不得采用包心砌法，否则其强度和稳定性严重下降，以往曾发生多起整幢房屋突然倒塌事故，应引以为戒。对砌块砌体应对孔、错缝和反砌。所谓反砌，要求将砌块生产时的底面朝上砌筑于墙体上，有利于铺砌砂浆和保证水平灰缝砂浆的饱满度。

（5）施工质量控制等级

它是根据施工现场的质量管理、砂浆和混凝土的强度、砌筑工人技术等级的综合水平而划分的砌体施工质量控制级别。我国砌体工程施工质量控制等级分为A、B、C三级（详见表1-7），它们决定了砌体强度取值的大小。早在20世纪80年代，许多国家的结构设计和施工规范中就作出了相应的规定。我国首先是在《砌体工程施工及验收规范》（GB 50203—98）中提出了符合我国工程实际的砌体工程施工质量控制等级和划分方法，现在被纳入《砌体结构设计规范》（GB 50003—2001），无疑对确保和提高我国砌体结构的设计和施工质量有着积极的意义和重要作用。

在表1-7中，砂浆、混凝土强度有离散性小、离散性较小和离散性大之分，这是对应于我们通常所说砂浆、混凝土施工质量为优良、一般和差三个水平，具体划分方法见表1-8和表1-9的规定。

施工质量控制等级在砌体结构设计中的具体应用，请阅第2章2.3节和2.4节所述。

砌体施工质量控制等级　　　　　　表1-7

项 目	施工质量控制等级		
	A	B	C
现场质量管理	制度健全，并严格执行；非施工方质量监督人员经常到现场，或现场设有常驻代表；施工方有在岗专业技术管理人员，人员齐全，并持证上岗	制度基本健全，并能执行；非施工方质量监督人员间断地到现场进行质量控制；施工方有在岗专业技术管理人员，并持证上岗	有制度；非施工方质量监督人员很少作现场质量控制；施工方有在岗专业技术管理人员
砂浆、混凝土强度	试块按规定制作，强度满足验收规定，离散性小	试块按规定制作，强度满足验收规定，离散性较小	试块强度满足验收规定，离散性大

续表

项目	施工质量控制等级		
	A	B	C
砂浆拌合方式	机械拌合；配合比计量控制严格	机械拌合；配合比计量控制一般	机械或人工拌合；配合比计量控制较差
砌筑工人	中级工以上，其中高级工不于 20%	高、中级工不少于 70%	初级工以上

砌筑砂浆质量水平 表 1-8

强度标准差 σ(MPa) / 质量水平 \ 强度等级	M2.5	M5	M7.5	M10	M15	M20
优良	0.5	1.00	1.50	2.00	3.00	4.00
一般	0.62	1.25	1.88	2.50	3.75	5.00
差	0.75	1.50	2.25	3.00	4.50	6.00

混凝土质量水平 表 1-9

评定指标	生产单位 \ 强度等级 \ 质量水平	优良		一般		差	
		<C20	≥C20	<C20	≥C20	<C20	≥C20
强度标准差（MPa）	预拌混凝土厂	≤3.0	≤3.5	≤4.0	≤5.0	>4.0	>5.0
	集中搅拌混凝土的施工现场	≤3.5	≤4.0	≤4.5	≤5.5	>4.5	>5.5
强度等于或大于混凝土强度等级值的百分率（%）	预拌混凝土厂、集中搅拌混凝土的施工现场	≥95		>85		≤85	

3. 砌体强度试验方法及其他因素

砌体抗压强度是按照一定的尺寸、形状和加载方法等条件，通过试验确定的。如果这些条件不一致，所测得的抗压强度显然是不同的。在我国，砌体抗压强度及其他强度是按《砌体基本力学性能试验方法标准》（GBJ 129—90）的要求来确定的。如外形尺寸为 240mm×115mm×53mm 的普通砖，其砌体抗压试件的标准尺寸（厚度×宽度×高度）为 240mm×370mm×720mm，试件厚度和宽度的制作允许误差为±5mm，试件高度按高厚比为 3 确定。非普通砖砌体抗压试件中的截面尺寸可稍作调整。当砖砌体的截面尺寸与 240mm×370mm 不符时，其抗压强度修正系数，按下式计算：

$$\psi = \frac{1}{0.72 + \dfrac{20s}{A}} \tag{1-2}$$

式中　s——试件的截面周长（mm）；

　　　A——试件的截面面积（mm²）。

砌体强度随龄期的增长而提高，主要是因砂浆强度随龄期的增长而提高。但龄期超过 28d 后，砌体强度增长缓慢。另一方面，结构在长期荷载作用下，砌体强度有所降低。对于工程结构中的砌体与实验室中的砌体，一般认为前者的砌体抗压强度略高于后者。在我国的砌体结构设计中，现均未考虑这些方面的影响。

1.2.3　砌体抗压强度表达式
Equations of Compressive Strength of Masonry

国内外对砌体抗压强度表达式的研究主要有两个途径，一是在试验的基础上，经统计分析建立经验公式，另一种是根据弹性分析，建立理论模式。由于影响砌体抗压强度的因素众多，如何考虑砌体材料的弹塑性性质及各向异性，仅靠弹性分析是远远不够的，现有的理论模式尚很不完善。当今国际上多以影响砌体抗压强度的主要因素为参数，根据试验结果，经统计分析建立实用的表达式，其数量有几十个之多。在我国，采用的也是这个方法，但建立的表达式适用于确定各类砌体的抗压强度，是一个比较完整且统一的计算模式。即

$$f_m = k_1 f_1^\alpha (1 + 0.07 f_2) k_2 \tag{1-3}$$

式中　f_m——砌体轴心抗压强度平均值（MPa）；

　　　k_1——与砌体类别有关的参数（见表 1-10）；

　　　f_1——块体的抗压强度等级或平均值（MPa）；

　　　α——与块体类别有关的参数；

　　　f_2——砂浆抗压强度平均值（MPa）；

　　　k_2——砂浆强度影响的修正系数。

由于块体和砂浆的抗压强度（f_1 和 f_2）显著影响砌体抗压强度，因而成为公式（1-3）中的主要变量。对于不同的砌体，为了反映块体种类、块体尺寸等因素的影响，引入了上述参数。施工质量的影响，则另行考虑。

公式 (1-3) 中的计算参数　　　　　表 1-10

砌体种类	k_1	α	k_2
烧结普通砖、烧结多孔砖、蒸压灰砂砖、蒸压粉煤灰砖	0.78	0.5	当 $f_2<1$ 时，$k_2=0.6+0.4f_2$
混凝土砌块	0.46	0.9	当 $f_2=0$ 时，$k_2=0.8$
毛料石	0.79	0.5	当 $f_2<1$ 时，$k_2=0.6+0.4f_2$
毛石	0.22	0.5	当 $f_2<2.5$ 时，$k_2=0.4+0.24f_2$

注：1. k_2 在表列条件以外时均等于 1。
　　2. 混凝土砌块砌体的轴心抗压强度平均值，当 $f_2>10$MPa 时，应乘系数 $1.1-0.01f_2$，MU20 的砌体应乘系数 0.95，且满足 $f_1 \geqslant f_2$，$f_1 \leqslant 20$MPa。

随着砌块建筑的发展，近年来的试验和研究表明，当 $f_1 \geqslant 20$MPa、$f_2 > 15$MPa 以及当 $f_2 > f_1$ 时，按公式（1-3）的计算值高于试验值，因而确定混凝土砌块砌体的抗压强度时提出了表 1-10 注 2 的要求。

对于单排孔混凝土砌块、对孔砌筑并灌孔的砌体，空心砌块砌体与芯柱混凝土共同工作，砌体的抗压强度有较大幅度的提高。现取芯柱混凝土的受压应力-应变（σ-ε）关系为：

$$\sigma = \left[2\left(\frac{\varepsilon}{\varepsilon_0}\right) - \left(\frac{\varepsilon}{\varepsilon_0}\right)^2\right] f_{c,m} \tag{1-4}$$

式中　ε_0——芯柱混凝土的峰值应变，可取 0.002；
　　　$f_{c,m}$——灌孔混凝土轴心抗压强度平均值。

由于空心砌块砌体与芯柱混凝土的峰值应力在不同应变下产生，空心砌块砌体的峰值应变可取 0.0015，当公式（1-4）中取 $\varepsilon=0.0015$，$\varepsilon_0=0.002$，可得 $\sigma=0.94f_{c,m}$。按应力叠加方法并考虑灌孔率的影响，灌孔砌块砌体抗压强度平均值，可按式（1-5）计算：

$$f_{g,m} = f_m + 0.94 \frac{A_c}{A} f_{c,m} \tag{1-5}$$

式中　$f_{g,m}$——灌孔砌块砌体抗压强度平均值；
　　　f_m——空心砌块砌体抗压强度平均值；
　　　A_c——灌孔混凝土截面面积；
　　　A——砌体截面面积。

当取 $f_{c,m}=0.67f_{cu,m}$ 时，可得另一表达式

$$f_{g,m} = f_m + 0.63 \frac{A_c}{A} f_{cu,m} \tag{1-6}$$

式中　$f_{cu,m}$——灌孔混凝土立方体抗压强度平均值。

1.3　砌体的局部受压性能
Local Bearing Behavior of Masonry

局部受压是砌体结构中常见的一种受力状态，其特点在于轴向压力仅作用于

砌体的部分截面上。如砌体结构房屋中，承受上部柱或墙传来的压力的基础顶面，在梁或屋架端部支承处的截面上，均产生局部受压。视局部受压面积上压应力分布的不同，分为局部均匀受压和局部不均匀受压。当砌体局部截面上受均匀压应力作用，称为局部均匀受压，如图1-7所示。当砌体局部截面上受不均匀压应力作用，称为局部不均匀受压，如图1-8所示。

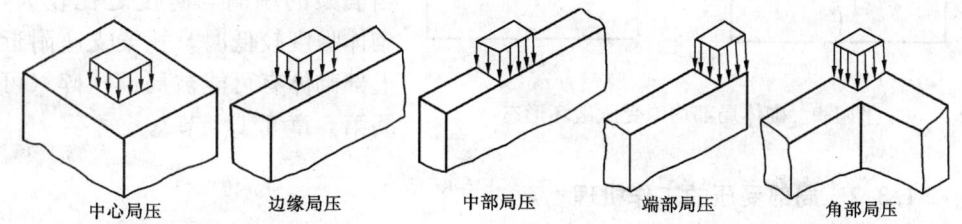

中心局压　　边缘局压　　中部局压　　端部局压　　角部局压

图1-7　砌体局部均匀受压

1.3.1　砌体局部受压破坏特征
Failure Characteristic of local Bearing of Masonry

根据试验结果，砌体局部受压有三种破坏形态。

1. 因竖向裂缝的发展而破坏

图1-9为中部作用局部压力的墙体。施加局部压力后，第一批裂缝并不在与钢垫板直接接触的砌体内出现，而大多是在距钢垫板1～2皮砖以下的砌体内产生，裂缝细而短小。随着局部压力的继续增加，裂缝数量增多，既产生竖向裂缝，还产生自局部压力位置向两侧发展的斜裂缝。这些裂缝有的延伸加长，最终往往因一条上下贯通且较宽（裂缝上、下较细，中间较宽）的裂缝产生而完全破坏，如图1-9（a）所示。这是砌体局部受压中的一种基本破坏形态。

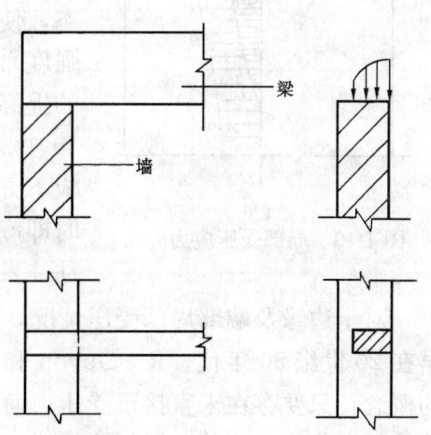

图1-8　砌体局部不均匀受压

2. 劈裂破坏

在局部压力作用下，这种破坏的特征是，竖向裂缝少而集中，初裂荷载与破坏荷载很接近，即一旦砌体内产生竖向裂缝，便犹如刀劈那样立即破坏，如图1-9（b）所示。试验表明，在砌体面积大而局部受压面积很小时，有可能产生这种破坏形态。

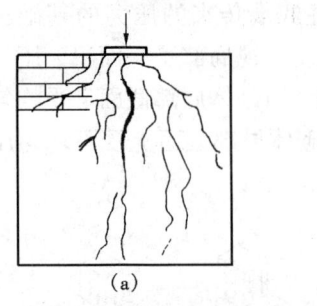
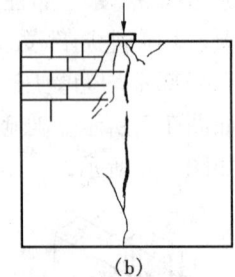

图 1-9 砌体局部均匀受压破坏形态

3. 局部受压面积附近的砌体压坏

这种破坏较少见，尤其在试验时极少发生与钢垫板接触附近的砌体被压坏的现象。但工程上当墙梁的墙高与跨度之比较大，砌体强度较低时，托梁支座附近上部砌体有可能被局部压碎（可阅第 5 章 5.1.1 节）。

1.3.2 局部受压的工作机理
Mechanisms of Local Bearing

一般墙体在中部局部压力作用下，沿该压力的竖向截面上的横向应力 σ_x 与竖向应力 σ_y 的分布如图 1-10 所示（图中＋号为拉应力，－号为压应力）。在局

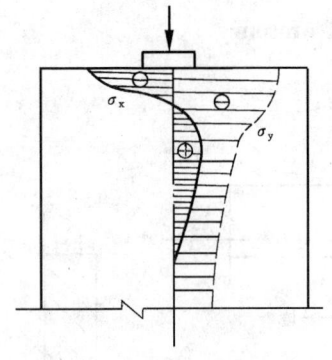

图 1-10 局部受压应力分布

部压力作用下，局部受压区的砌体在产生竖向压缩变形的同时还产生横向受拉变形，而周围未直接承受压力的砌体像套箍一样阻止该横向变形，且与垫板接触的砌体处于双向受压或三向受压状态，使得局部受压区砌体的抗压能力（局部抗压强度）较一般情况下的砌体抗压强度有较大程度的提高，这是"套箍强化"作用的结果。从图 1-10 中 σ_x 的分布可看出，最大横向拉应力产生在垫板下方的一个区段上，当其值超过砌体抗拉强度时即产生竖向裂缝，这是局部受压时第一批裂缝往往发生在距钢垫板数皮砖以下砌体的原因。

对于边缘及端部局部受压情况，上述"套箍强化"作用不明显甚至不存在。早在 20 世纪 50 年代，R. Guyon 和 С. А. Семенцов 等人提出了"力的扩散"的概念，只要存在未直接承受压力面积，就有力的扩散，能在不同程度上提高砌体的抗压强度。此外，局部受压时，由于未直接承受局部压力的截面的变形小于直接承受局部压力的截面的变形，即在边缘及端部局部受压情况下，仍将提供一定的侧压力，这也有利于局部受压。因此，从力的扩散和侧压力的综合影响来解释砌体局部抗压强度提高的原因是恰当的。

由上述分析可看出，砌体局部受压时，尽管砌体局部抗压强度得到提高，但局部受压面积往往很小，这对于工程结构是很不利的。如因砌体局部受压承载力不足曾发生过多起房屋倒塌事故，对此不可掉以轻心。

1.4 砌体的受剪性能
Shear Behavior of Masonry

1.4.1 砌体受剪破坏特征
Failure Characteristic of Masonry in Shear

对于一个材料单元（图 1-11），只作用有剪应力 τ 时，属纯剪受力状态（图 1-11a）。若该材料单元作用有压应力 σ_x 和 σ_y 时，即在双轴应力作用下（图 1-11b），在一定的斜截面上（其夹角为 θ）承受法向压应力 σ_θ 和剪应力 τ_θ（图 1-11c），属剪-压复合受力状态。当 $\sigma_x = -\sigma_y$ 时，单元中最大剪应力产生在 $\theta = 45°$ 的斜面上。上述纯剪是剪-压复合受力的一种特定状态。

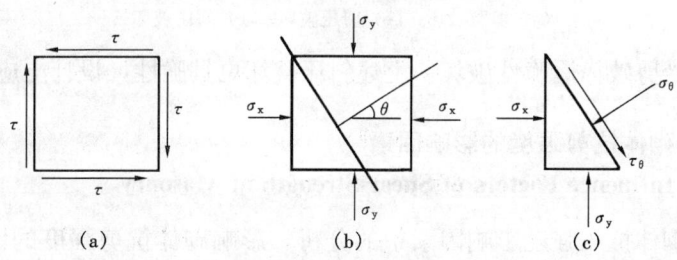

图 1-11　材料单元的受剪

如果砌体只在剪力作用下，将沿灰缝截面破坏，破坏很突然，称为沿通缝截面破坏。当砌体截面上受剪应力（τ）和垂直压应力（σ_y）同时作用时，其受力性能和破坏特征与上述纯剪情况有较大差别，即在剪-压复合受力状态下，随 σ_y/τ 的不同，将产生三种破坏形态。

1. 剪摩破坏

为了反映砌体的剪-压复合受力，将砌体的通缝方向与竖向砌筑成不同的夹角 θ，然后在试件顶面施加竖向压力，如图 1-12 所示。试验表明，当 σ_y/τ 较小，即通缝方向与竖向的夹角 $\theta \leqslant 45°$ 时，砌体沿通缝截面受剪，当其摩擦力不足以抗剪时，将产生滑移而破坏（图 1-12a），称为剪摩破坏。

2. 剪压破坏

当 σ_y/τ 较大，即 $45° < \theta \leqslant 60°$ 时，砌体将产生阶梯形裂缝（齿缝）而破坏（图 1-12b），称为剪压破坏。这种破坏实质上是因截面上的主拉应力超过砌体的抗拉强度所致。

3. 斜压破坏

当 σ_y/τ 更大，即 $60° < \theta < 90°$ 时，砌体将基本沿压应力作用方向产生裂缝而破坏（图 1-12c），称为斜压破坏。

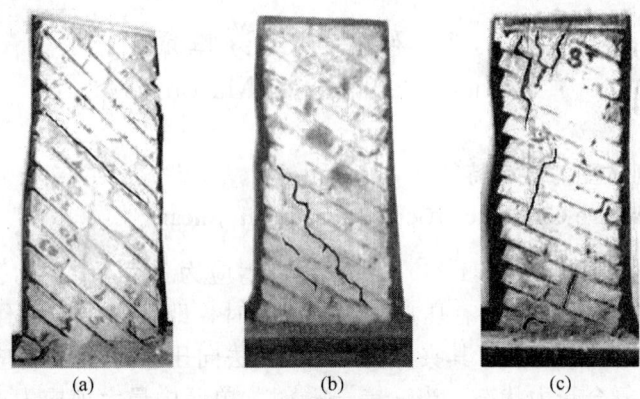

图 1-12 砌体的剪-压破坏形态
(a) 剪摩破坏；(b) 剪压破坏；(c) 斜压破坏

砌体的受剪破坏属脆性破坏，上述斜压破坏更具脆性，设计上应予避免。

1.4.2 砌体抗剪强度的影响因素
Influence Factors of Shear Strength of Masonry

如同在砌体抗压强度影响因素中的分析，影响砌体抗剪强度的因素亦较多。主要有以下几点。

1. 砌体材料强度

视砌体受剪破坏形态的不同，块体和砂浆强度对砌体抗剪强度影响的程度不一。在剪摩和剪压情况下，块体的强度几乎对砌体抗剪强度不产生影响，但对于斜压情况，由于砌体基本上沿压力作用方向开裂，块体强度增大可显著提高砌体抗剪强度。砂浆强度无论针对哪一种破坏形态对砌体抗剪强度均有直接影响，特别是对于剪摩和剪压情况，砂浆强度的增大对提高砌体抗剪强度更为明显。

在灌孔混凝土砌块砌体中，还有芯柱混凝土的影响，由于芯柱混凝土自身抗剪强度和芯柱在砌体中的"销栓"作用，因而随灌孔混凝土强度的增大，灌孔砌块砌体的抗剪强度有较大幅度的提高。

2. 垂直压应力

上面已指出砌体受剪破坏与垂直压应力（σ_y）密切相关，表明它直接影响砌体的抗剪强度。在剪摩情况下，水平灰缝中砂浆产生较大的剪切变形，此时垂直压应力产生的摩擦力可阻止或减小剪切面的水平滑移。因而随垂直压应力（σ_y）的增大，砌体抗剪强度（f_v）提高，如图 1-13 中线 A 所示。随着 σ_y 的增加，σ_y/f 约在 0.6 左右，砌体斜截面上将因抗主拉应力的强度不足而产生剪压破坏，此时垂直压应力的增大对砌体抗剪强度的影响不大，如图 1-13 中曲线 B 和 C 的交叉区段，砌体抗剪强度的变化趋于平缓。当 σ_y 更大时，砌体产生斜压破坏，

随 σ_y 的增大砌体抗剪强度迅速降低直至为零，其变化如图 1-13 中曲线 C 所示。

3. 砌体工程施工质量

砌筑质量对砌体抗剪强度的影响，主要与砂浆的饱满度和块体在砌筑时的含水率有关，其中竖向灰缝砂浆饱满度的影响不可忽视。如多孔砖砌体沿齿缝截面受剪的试验表明，当砌体水平灰缝砂浆饱满度大于 92% 而竖向灰缝未灌砂浆，

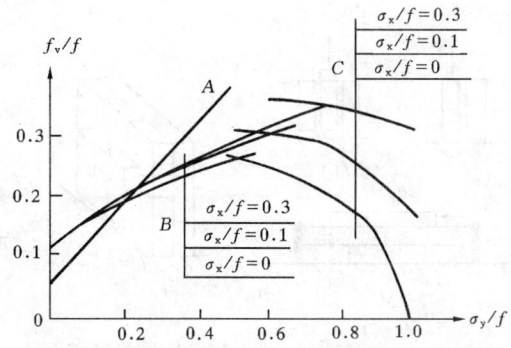

图 1-13 垂直压应力对砌体抗剪强度的影响

或当水平灰缝砂浆饱满度大于 62%，而竖向灰缝内砂浆饱满，或当水平灰缝砂浆饱满度大于 80% 而竖向灰缝砂浆饱满度大于 40%，砌体抗剪强度可达规范规定值。但当水平灰缝砂浆饱满度为 70%～80% 而竖向灰缝内未灌砂浆，砌体抗剪强度较规定值降低 20%～30%。对于块体砌筑时的含水率，有的试验研究认为，随其含水率的增加砌体抗剪强度相应提高，与它对砌体抗压强度的影响规律一致。但较多的试验结果与此不同，如砖的含水率对砌体抗剪强度的影响，存在一个较佳含水率，当砖的含水率约为 10% 时砌体的抗剪强度最高。

施工质量控制等级的影响如同 1.2 节中所述，详见表 1-7 和第 2 章 2.3 和 2.4 节的规定。

4. 试验方法

砌体的抗剪强度与试件的形式、尺寸以及加载方式有关，试验方法不同，所测得的抗剪强度亦不相同。国内外砌体抗剪强度的试验方法多种多样，如为了测定砌体沿通缝截面的抗剪强度，有如图 1-14 所示方法；为了测定砌体截面上有垂直压应力作用时的抗剪强度，有如图 1-15 所示方法。上述试验方法各有优缺点，如图 1-14（a），试件制作和试验方法均很简单，但因只单块砖受剪，试验结果的离散性大。我国按《砌体基本力学性能试验方法标准》（GBJ 129—90）的规定，对于砖砌体采用图 1-14（d）所示由 9 块砖组砌成的双剪试件。根据我们的经验，对于小型砌块砌体可采用图 1-14（e）所示方法试验。图 1-15（a）所示对角加载的试验方法，砌体沿齿缝截面受剪。对于工程中的砌体，其竖向灰缝砂浆往往不饱满，竖向灰缝砂浆的抗剪强度很低，当忽略不计该强度时，可认为砌体沿齿缝截面的抗剪强度等于沿通缝截面的抗剪强度。砌体截面上有垂直压应力作用时，一般认为采用图 1-15（f）所示试验方法比较能反映砌体的实际情况，但试验时试件底面垂直压应力的分布不明确，为了克服试件整体弯曲的影响，可采用图 1-15（g）、（h）的试验方法。

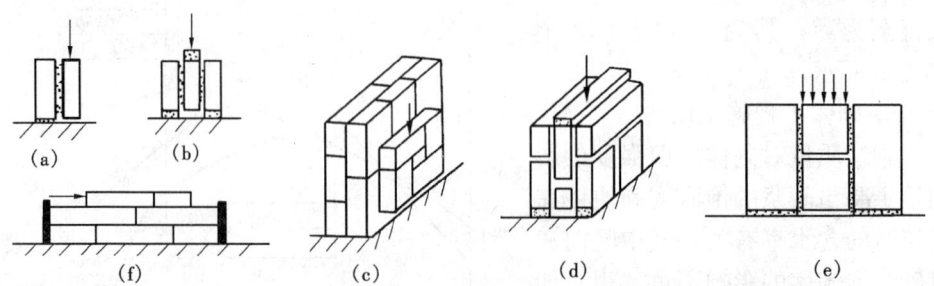

图 1-14 砌体沿通缝截面抗剪强度试验方法

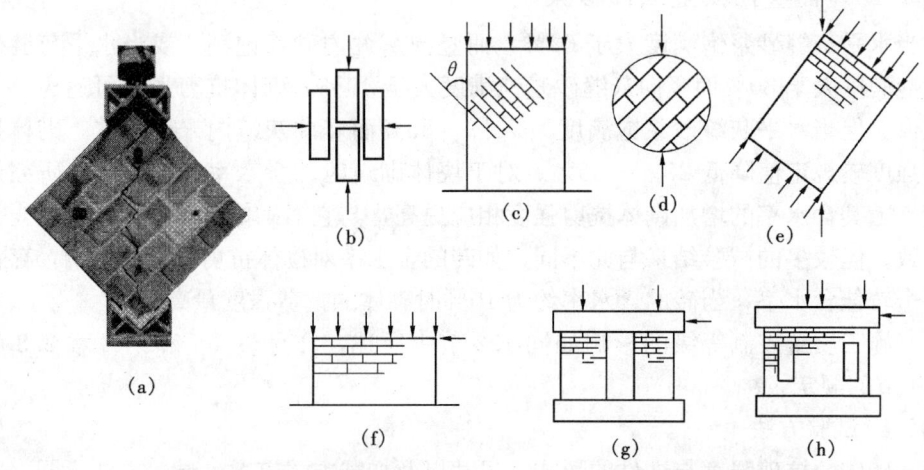

图 1-15 有垂直压应力作用时砌体抗剪强度试验方法

1.4.3 砌体抗剪强度表达式
Equations of Shear Strength of Masonry

为了建立砌体抗剪强度表达式，自 20 世纪 60 年代以来国内外主要采用主拉应力破坏理论和库仑破坏理论。近年来我国研究了剪-压复合受力模式的计算方法。

1. 主拉应力破坏理论

砌体材料在双轴应力（σ_y 和 σ_x）作用下（如图 1-11b 所示），主拉应力 σ_1 为：

$$\sigma_1 = \frac{-(\sigma_x + \sigma_y)}{2} + \sqrt{\left(\frac{\sigma_x - \sigma_y}{2}\right)^2 + \tau_{xy}^2}$$

当 $\sigma_x = 0$ 或忽略 σ_x 的影响时，得：

$$\sigma_1 = -\frac{\sigma_y}{2} + \sqrt{\left(\frac{\sigma_y}{2}\right)^2 + \tau_{xy}^2} \tag{1-7}$$

此理论认为砌体的剪切破坏是由于主拉应力超过砌体的抗主拉应力强度,为此要求:

$$\sigma_1 \leqslant f_{v0} \tag{1-8}$$

由公式 (1-7) 和式 (1-8) 可得:

$$\tau_{xy} \leqslant f_{v0}\sqrt{1 + \frac{\sigma_y}{f_{v0}}} \tag{1-9}$$

式中,f_{v0} 为砌体截面上无垂直荷载 ($\sigma_y = 0$) 时的抗剪强度;τ_{xy} 为剪应力,其最大值可达砌体抗剪强度 f_v。因而根据主拉应力理论,砌体抗剪强度的一般表达式为:

$$f_v = f_{v0}\sqrt{1 + \frac{\sigma_y}{f_{v0}}} \tag{1-10}$$

我国《建筑抗震设计规范》依据震害统计分析的结果,一直采用此方法来确定砖砌体的抗震抗剪强度。对于工程结构中的墙体在斜裂缝出现乃至裂通以后仍能继续整体受力,仍具有一定的抗剪能力,难以用主拉应力破坏理论进行解释,这显现出该理论的不足之处。

2. 库仑破坏理论

上面已指出,垂直压应力产生的摩擦力可以抗剪。库仑理论表明,当砌体摩擦系数为 μ' 时,砌体抗剪强度可采用下列表达式:

$$f_v = f_{v0} + \mu'\sigma_y \tag{1-11}$$

这一方法为许多国家的砌体结构设计采用,有较大的影响。我国《建筑抗震设计规范》在确定砌块砌体的抗震抗剪强度时,至今仍采用这个方法。

3. 剪-压相关破坏模式

我国原砌体结构设计规范在确定砌体抗剪强度时,曾长期采用库仑破坏理论。近几年来通过较大量的试验和分析,提出了剪-压复合受力模式的计算方法,即

$$f_{v,m} = f_{v0,m} + \alpha\mu\sigma_{0k} \tag{1-12}$$

式中 $f_{v,m}$ ——受压应力作用时砌体抗剪强度平均值;

$f_{v0,m}$ ——无压应力作用时砌体抗剪强度平均值;

α ——不同种类砌体的修正系数;

μ ——剪压复合受力影响系数;

σ_{0k} ——竖向压应力标准值。

对于砖砌体:

当 $\sigma_{0k}/f_m \leqslant 0.8$ 时

$$\mu = 0.83 - 0.7\frac{\sigma_{0k}}{f_m} \tag{1-13}$$

当 $0.8 < \sigma_{0k}/f_m \leqslant 1.0$ 时

$$\mu = 1.690 - 1.775\frac{\sigma_{0k}}{f_m} \tag{1-14}$$

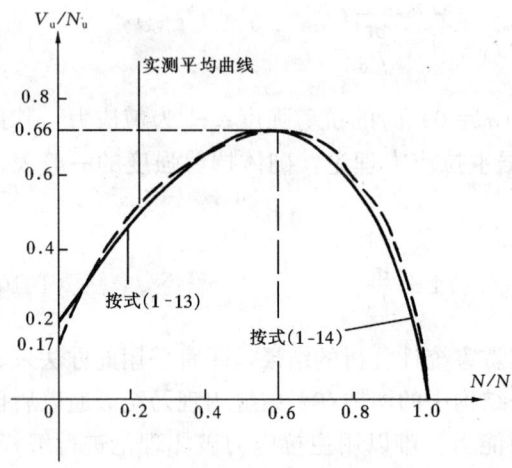

图 1-16 砌体剪-压相关曲线

其相关曲线如图 1-16 所示。根据试验结果，当 $\sigma_{0k}/f_m \leqslant 0.32$ 时，砌体产生剪摩破坏，随 σ_{0k} 的增大，砌体抗剪强度有较大的提高；当 $0.32 < \sigma_{0k}/f_m \leqslant 0.67$ 时，砌体产生剪压破坏，随 σ_{0k} 的增大，砌体抗剪强度提高的幅度不大，且当 σ_{0k}/f_m 在 $0.6 \sim 0.67$ 时，砌体抗剪强度略有下降；当 $\sigma_{0k}/f_m > 0.8$ 时，砌体产生斜压破坏，随 σ_{0k} 的增大，砌体抗剪强度迅速降低，直至为零。可见这一方法能较好地用来确定砌体在不同受剪破坏形态下的抗剪强度。它对完善砌体结构受剪构件承载力的计算是一项大的改进。该方法为我国现行砌体结构设计规范采纳。

应当看到，公式（1-12）借用了公式（1-11）的形式，由于引入了 μ，它们有实质上的区别。而公式（1-12）要提升为"剪-压相关破坏理论"还有许多工作要做。一方面是因为公式（1-12）主要依据试验结果进行拟合而得，并未通过应力分析建立理论上的破坏机理。另一方面，如何基于公式（1-12）合理确定砌体的抗震抗剪强度，亦有待研究。

4. f_{v0} 的取值

上述分析中多次提到 f_{v0}，它是指在竖向压应力等于零时砌体的抗剪强度（我国砌体结构设计规范中以 f_v 表示并定名为砌体抗剪强度，现为了区别，本书引入符号 f_{v0}）。试验和研究表明，砌体仅受剪应力作用时，其抗剪强度（f_{v0}）主要取决于水平灰缝砂浆的粘结强度，且砌体沿齿缝截面与沿通缝截面的抗剪强度差异很小，可统称为砌体抗剪强度。砂浆粘结强度的高低可直接由砂浆抗压强度的大小来衡量。因此，砌体抗剪强度平均值（$f_{v0,m}$），采用下列统一形式的表达式：

$$f_{v0,m} = k_5 \sqrt{f_2} \tag{1-15}$$

式中，k_5 是针对不同种类的砌体而采取的系数，见表 1-11 的规定。

砌体轴心抗拉、弯曲抗拉和抗剪强度计算系数　　　表 1-11

砌 体 种 类	k_3	k_4		k_5
		沿齿缝	沿通缝	
烧结普通砖、烧结多孔砖	0.141	0.250	0.125	0.125
蒸压灰砂砖、蒸压粉煤灰砖	0.09	0.18	0.09	0.09
混凝土砌块	0.069	0.081	0.056	0.069
毛 石	0.075	0.113	—	0.188

对于灌孔混凝土砌块砌体，除与砂浆强度有关，还受到灌孔混凝土强度的影响。根据试验结果，灌孔混凝土砌块砌体抗剪强度平均值 $f_{vg,m}$ 以灌孔混凝土砌块砌体抗压强度来表达。取

$$f_{vg,m} = 0.32 f_{g,m}^{0.55} \tag{1-16}$$

式中，灌孔混凝土砌块砌体抗压强度平均值（$f_{g,m}$）按公式（1-5）计算。

1.5　砌体的受拉、受弯性能
Tensile and Flexural Behavior of Masonry

1.5.1　砌体轴心受拉
Axially Tensile Behavior of Masonry

1. 砌体轴心受拉破坏特征

砌体轴心受拉时，视拉力作用的方向，有三种破坏形态。当轴心拉力与砌体的水平灰缝平行作用时（图 1-17a），砌体可能沿灰缝截面Ⅰ-Ⅰ破坏（图 1-17b），破坏面呈齿状，称为砌体沿齿缝截面轴心受拉。砌体亦可能沿块体和竖向灰缝截面Ⅱ-Ⅱ破坏（图 1-17c），破坏面较整齐，称为砌体沿块体截面（往往包括竖缝截面）轴心受拉。当轴心拉力与砌体的水平灰缝垂直作用时（图 1-17d），砌体可能沿通缝截面Ⅲ-Ⅲ破坏（图 1-17e），称为砌体沿水平通缝截面轴心受拉。砌体轴心受拉的破坏均较突然，属脆性破坏。在上述各种受力状态下，砌体抗拉强度取决于砂浆的粘结强度，该粘结强度包括切向粘结强度和法向粘结强度。对于图 1-17（a）的情况，砌体的抗拉强度主要受砂浆的切向粘结强度控制。一般情况下，当砖的强度较高，而砂浆强度较低时，砂浆与块体间的切向粘结强度低于砖的抗拉强度，砌体将产生沿齿缝截面破坏。当砖的强度较低，而砂浆的强度较高时，砂浆的切向粘结强度大于砖的抗拉强度，砌体将产生沿砖截面破坏。在工程结构中，要求砖的强度等级不低于 MU10，故不致产生沿砖截面的轴心受拉破坏（图 1-17c）。对于其他块材的砌体，由于块体强

度等级较高,受拉时裂缝一般亦不沿块体截面,而是产生沿齿缝截面的破坏。对于图 1-17 (d) 情况,砌体抗拉强度由砂浆的法向粘结强度控制。由于砂浆的法向粘结强度极低,砌体很易产生沿水平通缝截面的轴心受拉破坏。此外,受砌筑质量等因素的影响,该强度往往得不到保证,因此在结构中不允许采用沿水平通缝截面的轴心受拉构件。

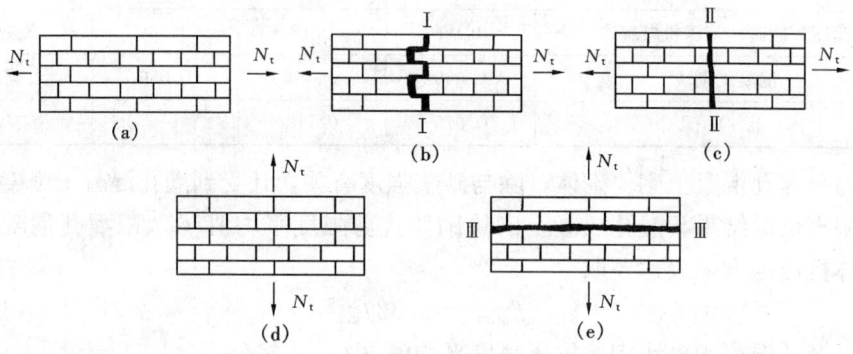

图 1-17 砌体轴心受拉破坏形态

2. 砌体轴心抗拉强度表达式

如同上述砂浆强度对砌体抗剪强度影响的分析,这里亦直接由砂浆强度表达,即砌体轴心抗拉强度平均值 $f_{t,m}$,按式(1-17)计算:

$$f_{t,m} = k_3 \sqrt{f_2} \tag{1-17}$$

式中,k_3 是针对不同种类砌体而采取的系数,按表 1-11 确定。

砌体施工时竖向灰缝中的砂浆往往不饱满,且因干缩易与块体脱开。因此当砌体沿齿缝截面轴心受拉时,全部拉力只考虑由水平灰缝砂浆承担。其抵抗的拉力不仅与水平灰缝的面积有关,还与砌体的组砌方法有关。因而用形状规则的块体砌筑的砌体,其轴心抗拉强度尚应考虑砌体内块体的搭接长度与块体高度之比值的影响。

1.5.2 砌体弯曲受拉
Flexural Tensile Behavior of Masonry

1. 砌体弯曲受拉破坏特征

砌体弯曲受拉(图 1-18)亦有三种破坏形态。当截面内的拉应力使砌体沿齿缝截面破坏,称为砌体沿齿缝截面弯曲受拉(图 1-18a);如使砌体沿块体截面破坏,称为砌体沿块体截面弯曲受拉(图 1-18b);如使砌体沿通缝截面破坏,称为砌体沿通缝截面弯曲受拉(图 1-18c)。与上述轴心受拉的分析类同,砌体弯曲抗拉强度亦主要取决于砂浆与砌体之间的粘结强度,且工程结构中沿块体截面的弯曲受拉破坏(图 1-18b)可予避免。

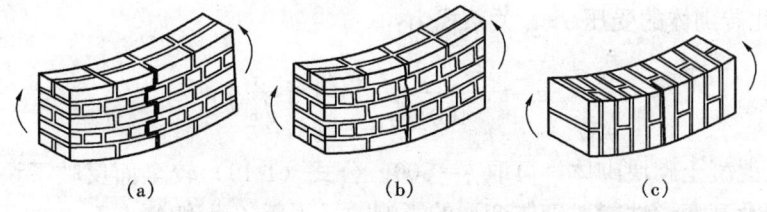

图 1-18 砌体弯曲受拉破坏形态

2. 砌体弯曲抗拉强度表达式

如同上述理由，砌体沿齿缝截面和沿通缝截面的弯曲抗拉强度平均值 $f_{tm,m}$ 按式（1-18）表达：

$$f_{tm,m} = k_4 \sqrt{f_2} \tag{1-18}$$

式中，系数 k_4 按表 1-11 的规定采用。由该表可知，砌体沿通缝截面的弯曲抗拉强度远低于沿齿缝截面的弯曲抗拉强度。

对于砌体沿齿缝截面和沿通缝截面的弯曲抗拉强度，同样应考虑砌体内块体搭接长度与块体高度比值的影响。对于毛石砌体，因毛石外形不规则，弯曲受拉时只可能产生沿齿缝截面的破坏，因此表 1-11 中未给出沿通缝时的 k_4 值。

1.6 砌体的变形性能
Deformation of Masonry

1.6.1 砌体受压应力-应变关系
Stress-Strain Relationships for Axially Compressive Masonry

砌体的本构关系是砌体结构破坏机理、内力分析、承载力计算乃至进行非线性全过程分析的重要依据。至今，对砌体本构关系的研究相当不完善，大多集中于探讨砌体受压应力-应变关系，而对于砌体的受剪、受拉及复合受力变形等性能的研究涉及很少，这影响到砌体结构理论和应用研究向深层次的发展。

砌体受压时，随着应力的增加应变增加，且随后应变增长的速度大于应力增长的速度，砌体具有一定的塑性变形能力，其应力-应变呈曲线关系。根据众多研究，砌体受压应力-应变关系的表达式有对数函数型、指数函数型、多项式型及有理分式型等，多达十余种。

较有代表性且应用较多的是以砌体抗压强度平均值（f_m）为基本变量的对数型应力（σ）-应变（ε）关系式：

$$\varepsilon = -\frac{1}{\xi \sqrt{f_m}} \ln\left(1 - \frac{\sigma}{f_m}\right) \tag{1-19}$$

式中，ξ 为不同种类砌体的系数。根据砖砌体轴心受压试验结果的统计，$\xi =$

460。因此砖砌体的受压 σ-ε 关系式为：

$$\varepsilon = -\frac{1}{460\sqrt{f_m}}\ln\left(1-\frac{\sigma}{f_m}\right) \tag{1-20}$$

对于灌孔混凝土砌块砌体，可取 ξ=500。公式（1-19）较全面反映了块体强度、砂浆强度及其变形性能对砌体变形的影响，适用于各类砌体。

按公式（1-19），当 $\sigma = f_m$ 时，$\varepsilon \to \infty$，本曲线无下降段。但根据砌体轴心受压破坏特征和试验结果，可取 $\sigma = 0.9 f_m$ 时的应变作为砌体的极限压应变。则由公式（1-20），砖砌体轴心受压的极限压应变为：

$$\varepsilon_u = \frac{0.005}{\sqrt{f_m}} \tag{1-21}$$

国内外加强了对带有下降段的砌体受压应力-应变全曲线的试验和研究，如图 1-19 所示的试验结果。砌体受压应力-应变全曲线可分为四个明显不同的阶段，如图 1-19a 所示。

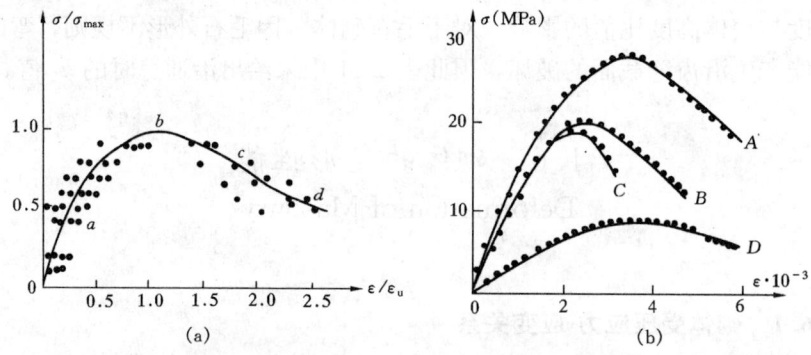

图 1-19 砖砌体受压应力-应变全曲线试验结果

1）在初始阶段，即 $\sigma \leqslant (0.40 \sim 0.5)\sigma_{max}$，压力作用下积蓄的弹性应变能较小，不足以使受力前砌体内的局部微裂缝扩展，砌体处于弹性阶段，σ-ε 基本上呈线性变化，一般可取 $\sigma = 0.43 f_m$ 时的割线模量作为砌体弹性模量。此阶段的特征点为比例极限点 a。

2）继续增加压力至应力峰值（$\sigma_{max} = f_m$），砌体内微裂缝扩展，出现肉眼可见的裂缝并不断发展延伸，σ-ε 呈现较大的非线性。此阶段的特征点为应力峰值点 b。

以上 1）和 2）阶段（0→a→b）为 σ-ε 曲线的上升段。

3）压力达峰值以后，随着砌体应变的增加，砌体内积蓄的能量不断以出现新的裂缝表面能形式释放，砌体承载压力迅速下降，应力随应变的增加而降低，σ-ε 曲线由凹向应变轴转变为凸向应变轴，此时曲线上有一个反弯点，标志着砌体已基本丧失承载力。此阶段的特征点为反弯点 c。

4）随着应变的进一步增加，应力降低的幅度减缓，最后至极限压应变，对应的应力为残余强度，系破碎砌体间的咬合力和摩擦力所致。此阶段的特征点为极限压应变点 d。因试验方法和砌体材料的不同，砌体的极限压应变（ε_u）的变化幅度大，可达 $1.5 \sim 3$ 倍峰值应变（ε_0）。

以上 3）和 4）阶段（$b \to c \to d$）为 σ-ε 曲线的下降段。

下列 σ-ε 全曲线（图 1-20）公式可供计算分析时参考。

对图 1-20（a）：

$$\frac{\sigma}{\sigma_{max}} = 2\left(\frac{\varepsilon}{\varepsilon_0}\right) - \left(\frac{\varepsilon}{\varepsilon_0}\right)^2 \qquad \left(0 \leqslant \frac{\varepsilon}{\varepsilon_0} \leqslant 1.0\right) \qquad (1\text{-}22a)$$

$$\frac{\sigma}{\sigma_{max}} = 1.2 - 0.2\left(\frac{\varepsilon}{\varepsilon_0}\right) \qquad \left(1 < \frac{\varepsilon}{\varepsilon_0} \leqslant 1.6\right) \qquad (1\text{-}22b)$$

对图 1-20（b）：

$$\frac{\sigma}{\sigma_{max}} = 6.4\left(\frac{\varepsilon}{\varepsilon_0}\right) - 5.4\left(\frac{\varepsilon}{\varepsilon_0}\right)^{1.17} \qquad \left(0 \leqslant \frac{\varepsilon}{\varepsilon_0} \leqslant 1.6\right) \qquad (1\text{-}23)$$

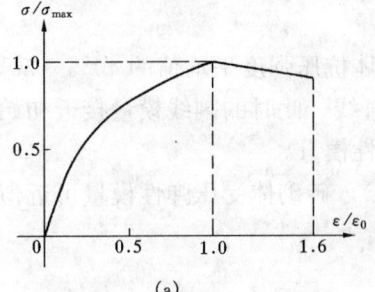
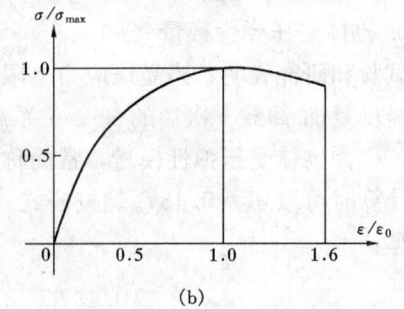

图 1-20 砌体受压应力-应变全曲线

1.6.2 砌体变形模量
Deformation Modulus of Masonry

砌体变形模量是指它受力后应力与应变的比值。

1. 砌体变形模量的表示方法

根据应力与应变取值的不同，砌体受压变形模量有下列三种表示方法（图 1-21）。

（1）初始弹性模量（E_0）

如图 1-21 所示，在 σ-ε 曲线的原点 O 作曲线的切线，其斜率称为初始弹性模量：

$$E_0 = \frac{\sigma_A}{\varepsilon_e} = \tan\alpha_0 \qquad (1\text{-}24)$$

式中，α_0 为曲线上原点切线与横坐标的夹角。

（2）割线模量（E_s）

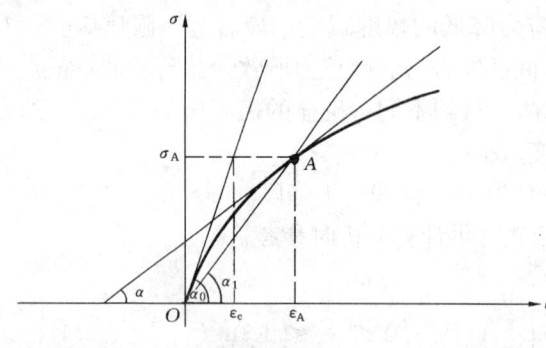

图 1-21 砌体受压变形模量

在 σ-ε 曲线上原点 O 与某点 A（应力为 σ_A）的割线的正切，称为割线模量：

$$E_s = \frac{\sigma_A}{\varepsilon_A} = \tan\alpha_1 \quad (1-25)$$

式中 α_1——该割线与横坐标的夹角。

(3) 切线模量 (E_t)

在 σ-ε 曲线上某点 A 作曲线的切线，其应力增量与应变增量之比称为该点的切线模量。

$$E_t = \frac{d\sigma_A}{d\varepsilon_A} = \tan\alpha \quad (1-26)$$

式中 α——点 A 处曲线的切线与横坐标的夹角。

2. 砌体受压弹性模量 (E)

试验和研究表明，当受压应力上限为砌体抗压强度平均值的 40%～50%时，砌体经反复加-卸载 5 次后的 σ-ε 关系趋于直线。此时的割线模量接近初始弹性模量，称为砌体受压弹性模量，常简称为弹性模量。

计算时可取 $\sigma_A = 0.43 f_m$。按公式 (1-20)，砖砌体受压弹性模量可近似按下式计算：

$$E = \frac{0.43 f_m}{-\dfrac{1}{460\sqrt{f_m}} \ln(1-0.43)} = 351.9 f_m \sqrt{f_m}, \text{取}$$

$$E = 370 f_m \sqrt{f_m} \quad (1-27)$$

同理，对于灌孔混凝土砌块砌体，可取

$$E = 380 f_{g,m} \sqrt{f_{g,m}} \quad (1-28)$$

如以砌体抗压强度设计值 f 来表达，则公式 (1-27) 转换为：

$$E = 1200 f \sqrt{f} \quad (1-29)$$

公式 (1-28) 转换为：

$$E = 1260 f_g \sqrt{f_g} \quad (1-30)$$

在上述结果的基础上，《砌体结构设计规范》采用了更为简化的方法，即按不同强度等级的砂浆，以砌体弹性模量与砌体抗压强度成正比的关系来确定砌体弹性模量。但对于毛石砌体，由于石材的强度和弹性模量均远大于砂浆的强度和弹性模量，其砌体的受压变形主要取决于水平灰缝砂浆的变形，因此仅按砂浆强度等级确定石砌体的弹性模量。各类砌体的受压弹性模量按表 1-12 采用。

砌体的弹性模量（MPa） 表 1-12

砌 体 种 类	砂浆强度等级			
	≥M10	M7.5	M5	M2.5
烧结普通砖、烧结多孔砖砌体	1600f	1600f	1600f	1390f
蒸压灰砂砖、蒸压粉煤灰砖砌体	1060f	1060f	1060f	960f
混凝土砌块砌体	1700f	1600f	1500f	—
粗料石、毛料石、毛石砌体	7300	5650	4000	2250
细料石、半细料石砌体	22000	17000	12000	6750

注：1. 轻骨料混凝土砌块砌体的弹性模量，可按表中混凝土砌块砌体的弹性模量采用。
2. 对混凝土砌块砌体，表中砂浆强度等级为≥Mb10、Mb7.5、Mb5、Mb2.5。

应注意表 1-12 中的混凝土砌块砌体是指混凝土空心砌块砌体。对于灌孔混凝土砌块砌体，由于芯体混凝土共同受力，砂浆对灌孔砌体变形的影响没有对上述砌体变形的影响那么明显，因此单排孔混凝土砌块对孔砌筑并灌孔的砌体，其弹性模量按式（1-31）计算：

$$E = 1700 f_g \tag{1-31}$$

3. 砌体剪变模量（G_m）

国内外对砌体剪变模量的试验极少，通常按材料力学方法予以确定，即

$$G = \frac{E}{2(1+\nu)} \tag{1-32}$$

式中　ν——泊松比。

对于弹性材料，泊松比为常数。由于砌体是一种各向异性的复合材料，其泊松比为变值，且查看其试验资料，泊松比的实测值变化较大。根据对国内外试验结果的统计分析，当 $\sigma/f_m \leqslant 0.5$ 时，砖砌体的泊松比为 0.1～0.2，其平均值可取 $\nu=0.15$；当 $\sigma/f_m=0.6$、0.7 及 ≥0.8 时，ν 值可分别取 0.2、0.25 和 0.3～0.35。砌体结构在使用阶段，由公式（1-32），砌体剪变模量可近似按式（1-33）计算：

$$G_m = \frac{E}{2(1+0.15)} = 0.43E，取$$

$$G_m = 0.4E \tag{1-33}$$

1.6.3　砌体的线膨胀系数和收缩率
Coefficient of Thermal Expansion and Shrinkage for Masonry

试验表明，砖在受热状态下，随温度的增加，其抗压强度提高。砂浆在受热作用时，如温度不超过 400℃，其抗压强度不降低，但当温度达 600℃时，其强度降低约 10%。砂浆受冷却作用时，其强度则显著降低，如当温度自 400℃冷却，其抗压强度降低约 50%。工程结构中的砌体将受到冷热循环的作用，因此

在计算受热砌体时一般不考虑砌体抗压强度的提高。砌体在高温（400～600℃）作用时，由于砂浆在冷却状态下抗压强度急剧降低，将导致砌体结构整体破坏。因此采用普通黏土砖和普通砂浆的砌体，在一面受热状态下（如砖烟囱，内壁温度高）的最高受热温度应限制在400℃以内。

砌体的线膨胀系数与砌体的种类有关，可按表1-13采用。

砌体的线膨胀系数和收缩率　　　　　　　表1-13

砌 体 类 别	线膨胀系数 （10^{-6}/℃）	收缩率 （mm/m）
烧结黏土砖砌体	5	−0.1
蒸压灰砂砖、蒸压粉煤灰砖砌体	8	−0.2
混凝土砌块砌体	10	−0.2
轻骨料混凝土砌块砌体	10	−0.3
料石和毛石砌体	8	—

注：表中的收缩率系由达到收缩允许标准的块体砌筑28d的砌体收缩率，当地方有可靠的砌体收缩试验数据时，亦可采用当地的试验数据。

砌体在浸水时体积膨胀，在失水时体积收缩。收缩变形又称为干缩变形，它较膨胀变形大得多。其中烧结普通砖砌体的干缩变形较小，而混凝土砌块以及蒸压灰砂砖、蒸压粉煤灰砖等硅酸盐块材砌体，其干缩变形较大，在结构墙体中产生的裂缝有时相当严重。因此工程中对砌体的干缩变形应予足够的重视。不同种类砌体的收缩率，可按表1-13采用。

1.6.4　砌体摩擦系数
Coefficient of Friction

砌体截面上的法向压应力产生摩擦力，它可阻止或减小砌体剪切面的滑移。该摩擦阻力的大小与法向压应力和摩擦系数有关。砌体沿不同材料滑动及摩擦面处于干燥或潮湿状况下的摩擦系数，可按表1-14采用。

摩　擦　系　数　　　　　　　　　　　表1-14

材　料　类　别	摩擦面情况	
	干燥的	潮湿的
砌体沿砌体或混凝土滑动	0.70	0.60
砌体沿木材滑动	0.60	0.50
砌体沿钢滑动	0.45	0.35
砌体沿砂或卵石滑动	0.60	0.50
砌体沿粉土滑动	0.55	0.40
砌体沿黏性土滑动	0.50	0.30

1.7 砌体的热工性能
Thermal Performance of Masonry

节约能源是我国的基本国策。为鼓励发展节能省地型住宅和公共建筑,我国相继颁布实施各气候区(严寒地区、寒冷地区、夏热冬冷地区、夏热冬暖地区和温和地区)的居住建筑节能设计标准,目前正在制订居住建筑节能设计的国家标准。

建筑节能包括建筑能耗的降低和建筑使用能量的减少。我国建材工业的能耗约占全国工业能耗的13%,其中墙体材料行业的能耗占建材工业能耗的35%左右;我国民用建筑在使用中的能耗,占全国总能耗的28%;砌体是建筑墙体的主要材料。因此,用于建筑围护结构的砌体及其墙体的节能不容忽视。

提高建筑围护结构的热工性能是建筑节能的重要工作。在节能设计时,建筑外墙可采用单一材料节能墙体(自保温墙体)和复合节能墙体。根据绝热材料在墙体中的位置,复合节能墙体又分为内保温墙体、外保温墙体和夹心保温墙体三种方式。

1.7.1 传热系数、热惰性指标
Heat Transmission Coefficents, Index of Thermal Inertia

建筑外墙的热工性能指标包括外墙主体部位的传热系数(K)、热阻(R)、热惰性指标(D)及外墙的平均传热系数和平均热惰性指标。

1. 传热系数

传热系数(K)是在稳定传热条件下,围护结构两侧空气温度差为1K,单位时间内通过1m² 面积传递的热量(W/m²·K)。它是表征围护结构传递热量能力的指标,K值越小,围护结构传递热量能力越低,其保温隔热性能越好。

单层材料围护结构的传热系数,按下列公式计算:

$$K = \frac{1}{R + R_i + R_e} \tag{1-34}$$

$$R = \frac{d}{\lambda} \tag{1-35}$$

式中　R——单层材料的热阻(m²·K/W);

　　　d——单层材料的厚度(m);

　　　λ——单层材料的导热系数[W/(m·K)];

　　　R_i——内表面的换热阻,取0.11m²K/W;

R_e——外表面的换热阻,对夏季状况取 $0.05\text{m}^2\text{K/W}$,对冬季状况取 $0.04\text{m}^2\text{K/W}$。

多层材料围护结构的传热系数,按下列公式计算:

$$K = \frac{1}{R_1 + R_2 + \cdots + R_i + 0.16} \tag{1-36}$$

$$R_i = \frac{d_i}{\lambda_i} \tag{1-37}$$

式中 R_i、d_i 和 λ_i——分别为第 i 层材料的热阻、厚度和导热系数。

在建筑中某个朝向的围护结构的传热系数,采用该朝向平均传热系数,即该朝向不同外围护结构(不含门窗)的传热系数按各自外围护结构面积(不含门窗面积)取其加权平均值:

$$K = \frac{\Sigma A_i K_i}{\Sigma A_i} \tag{1-38}$$

式中 A_i——该朝向不同外围护结构的面积;
　　　K_i——该朝向不同外围护结构的传热系数。

建筑物各朝向外围护结构(不含屋顶、门窗)的传热系数按各朝向围护结构面积加权平均,即建筑物外墙平均传热系数,按下式计算:

$$K = \frac{A_E \cdot K_E + A_S \cdot K_S + A_W \cdot K_W + A_N \cdot K_N}{A_E + A_S + A_W + A_N} \tag{1-39}$$

式中 A_E、A_S、$\cdots$——不同朝向外墙的面积(m^2);
　　　K_E、K_S、$\cdots$——不同朝向的外墙平均传热系数。

2. 热惰性指标

热惰性指标(D)是表征围护结构抵抗温度波动和热流波动的无量纲指标。单一材料的热惰性指标等于该层材料热阻与蓄热系数的乘积;多层材料的围护结构的热惰性指标等于各层材料热惰性指标之和。D 值越大,温度波动在其中的衰减越快,围护结构的热稳定性越好,愈有利于节能。

单层材料围护结构的热惰性指标,按下式计算:

$$D = R \cdot S \tag{1-40}$$

式中 S——单层围护结构材料的蓄热系数 $[\text{W}/(\text{m}^2 \cdot \text{K})]$。

多层材料围护结构的热惰性指标,按下式计算:

$$D = \Sigma R_i \cdot S_i \tag{1-41}$$

式中 S_i——第 i 层材料的蓄热系数。

同上所述,建筑物某个朝向的围护结构的热惰性指标,按下式计算:

$$D = \frac{\Sigma A_i \cdot D_i}{\Sigma A_i} \tag{1-42}$$

式中 D_i——该朝向不同外围护结构的热惰性指标。

建筑物外墙的平均热惰性指标,按下式计算:

$$D = \frac{A_E \cdot D_E + A_S \cdot D_S + A_W D_W + A_N \cdot D_N}{A_E + A_S + A_W + A_N} \quad (1-43)$$

式中 D_E、D_S、…——不同朝向的外墙平均热惰性指标。

设计时，应根据选择的外墙种类、构造和保温层的厚度等条件，使外墙的平均传热系数等指标符合规范的限值要求，或采用规定的方法进行评定或验算。

1.7.2 热工性能指标
Index of Thermal Performance

外墙几种常用砌体材料及绝热材料的热工性能指标如表 1-15。

常用砌体材料及绝热材料的热工性能指标　　　　表 1-15

砌体、绝热材料名称		干密度 (kg/m³)	外墙厚度 (mm)	外墙总厚度 (mm)	导热系数计算值 λ_c [W/(m·K)]	蓄热系数计算值 S_C [W/(m²·K)]	传热阻 R_0 (m²·K/W)	热惰性指标 D	传热系数 K [W/(m²·K)]
加气混凝土砌块墙		500	200 250	240 290	0.24	3.51	0.87 1.08	3.36 4.10	1.15 0.93
		600	200 250	240 290	0.25	3.75	0.84 1.04	3.45 4.20	1.19 0.96
		700	200 250	240 290	0.28	4.49	0.75 0.93	3.66 4.46	1.33 1.07
烧结多孔砖墙		1400	240 370	280 410	0.58	7.92	0.45 0.68	3.70 5.52	2.22 1.47
烧结页岩砖墙		1800	240	280	0.87	11.11	0.32	3.56	3.13
灰砂砖墙		1900	240	280	1.10	12.72	0.26	3.25	3.85
普通混凝土多孔砖墙		1450	240	280	0.74	7.25	0.36	2.77	2.78
陶粒混凝土多孔砖墙		1100	240	280	0.60	6.01	0.44	2.85	2.27
轻集料混凝土小型空心砌块墙		1100	190 240	230 280	0.75	6.01	0.29 0.36	1.95 2.37	3.45 4.78
普通混凝土小型空心砌块墙	单排孔	900	190	230	0.86	7.48	0.26	2.10	3.85
	双排孔	1100	190	230	0.79	8.42	0.28	2.47	3.57
	三排孔	1300	240	280	0.75	7.92	0.36	2.98	2.78

续表

砌体、绝热材料名称		干密度 (kg/m^3)	外墙厚度 (mm)	外墙总厚度 (mm)	导热系数计算值 λ_c [W/(m·K)]	蓄热系数计算值 S_c [W/(m^2·K)]	传热阻 R_0 (m^2·K/W)	热惰性指标 D	传热系数 K [W/(m^2·K)]
砂浆	水泥砂浆	1800		20	0.93	11.37	0.18	0.23	5.56
	水泥石灰砂浆	1700			0.87	10.75	0.18	0.22	
	石灰砂浆	1600			0.81	10.07	0.18	0.20	
增水型珍珠岩板		200	90		0.12	2.00	0.75	1.50	1.33
			100				0.83	1.66	1.20
膨胀聚苯板		20~30	30		0.05	0.43	0.60	0.26	1.67
			40				0.80	0.34	1.25
			50				1.00	0.43	1.00
			60				1.20	0.52	0.83
			70				1.40	0.60	0.71
			80				1.60	0.69	0.63
挤塑聚苯板		30	20		0.033	0.40	0.67	0.24	1.49
			30				1.00	0.36	1.00
			40				1.33	0.48	0.75
岩棉、矿棉、玻璃棉板		80~200	30		0.054	0.90	0.56	0.50	1.79
			40				0.74	0.67	1.35
			50				0.93	0.84	1.08

注：外墙总厚度包括内、外各20mm厚的粉刷砂浆。

思考题与习题
Questions and Exercises

1-1 砌体抗压强度是怎样通过试验确定的？

1-2 试述混凝土小型空心砌块砌筑砂浆和灌孔混凝土的主要特点。

1-3 在砌体结构中对砌体材料最低强度等级有何规定？

1-4 试比较各类砌体在轴心受压时的破坏特征。

1-5 影响砌体抗压强度的主要因素是哪些？

1-6 砌体与混凝土立方体在轴心受压时，破坏特征的主要差别在哪里，为什么？

1-7 经抽测某工程采用的砖强度为12.5MPa，砂浆强度为5.8MPa，试计算其砌体的抗压强度平均值。

1-8 为什么说式（1-3）反映了影响砌体抗压强度的主要因素且适用于各种类别的砌体？

1-9 已知混凝土小型空心砌块强度等级为MU20、砌块孔洞率45%，采用水泥混合砂浆Mb15砌筑，用Cb40混凝土全灌孔。试计算该灌孔砌块砌体抗压强度平均值（提示：对于Cb40，可取 $f_{cu,m} = 50.0$MPa）。

1-10 砌体局部受压的破坏特征有哪些？

1-11　试分析影响砌体抗剪强度的主要因素。

1-12　试计算砂浆强度为 5MPa 的混凝土小型空心砌块砌体和普通砖砌体的抗剪强度平均值，说明前者低于后者的原因，何方法能有效提交前者的抗剪强度？

1-13　工程结构中为什么不允许采用沿水平通缝截面轴心受拉的砌体构件？

1-14　砌体受压应力-应变全曲线有哪些基本特征。

1-15　砌体外墙的热工性能指标主要有哪些值，它们的物理意义是什么？

第 2 章　砌体结构可靠度设计方法
Reliability Design Methods of Masonry Structures

学习提要　工程结构的可靠度设计方法是为了处理工程结构的安全性、适用性与经济性而采用的理论和方法。应熟悉以概率理论为基础的极限状态设计方法的概念，掌握砌体结构构件按承载力极限状态设计的荷载效应和砌体强度设计值的确定方法，并应了解保证砌体结构正常使用极限状态的方法。

我国现阶段许多工程结构的可靠度采用以概率理论为基础的极限状态设计方法。为此要正确计算工程结构产生的各种作用效应和结构材料抗力，并合理运用它们之间的关系。按照整个专业教学计划，在学习砌体结构时，大家对作用效应已有相当了解，因而本章重点论述砌体强度设计值的确定方法。

2.1　砌体结构可靠度设计方法的沿革
Historical Background of Reliability Design of Masonry Structures

结构可靠度是指在规定的时间和条件下，工程结构完成预定功能的概率，是工程结构可靠性的概率度量。结构可靠度设计的目的在于将工程结构的各种作用效应与结构抗力之间建立一个较佳的平衡状态。结构可靠度设计方法随着人们实践经验的积累和工程力学、材料试验、设计理论等各种学科和技术的进步而不断地演变，与其他工程结构一样，砌体结构的可靠度设计方法亦经历了由直接经验阶段、以经验为主的安全系数阶段，直至现在进入以概率理论为基础的定量分析阶段。

1. 直接经验阶段

早期人们只是凭经验建造砖、石、土结构，认为不倒不垮就安全可靠。这个阶段主要依靠工匠们代代相传的经验，例如按不断积累的结构构件的尺寸比例进行营建活动。

2. 安全系数阶段

由于 17 世纪材料力学的兴起和相继发展，19 世纪末到 20 世纪 30 年代，将砌体视为各向同性的理想弹性体，按材料力学方法计算砌体结构的应力 σ，并要求该应力不大于材料的允许应力 $[\sigma]$，即采用线性弹性理论的允许应力设计法，

设计表达式为:
$$\sigma \leqslant [\sigma] \tag{2-1}$$
式中,$[\sigma]$以凭经验判断决定的单一安全系数来确定。

由于对结构材料与结构破坏性能研究的逐步深入,发现按上述材料力学公式计算的承载力与结构的实际承载力相差甚大。20世纪40年代初,在砌体结构中采用破坏强度设计法,即考虑砌体材料破坏阶段的工作状态进行结构构件设计的方法,又称为极限荷载设计法,设计表达式为:
$$KN_{ik} \leqslant \Phi(f_m, a) \tag{2-2}$$
式中 K——安全系数;

N_{ik}——荷载标准值产生的内力;

$\Phi(\cdot)$——结构构件抗力函数;

f_m——砌体平均极限强度;

a——截面几何特征值。

公式(2-2)仍采用凭经验判断的单一荷载系数度量结构的安全度。

20世纪50年代前苏联学者提出了极限状态设计法,前苏联《砖石及钢筋砖石结构设计标准及技术规范》(НиТУ 120—55)规定按承载能力、极限变形及按裂缝的出现和开展的极限状态设计法。对于承载能力极限状态,设计表达式为:
$$\Sigma n_i N_{ik} \leqslant \Phi(m, kf_k, a) \tag{2-3}$$
式中 n_i——荷载系数;

m——构件工作条件系数;

k——砌体匀质系数;

f_k——砌体强度标准值。

由于公式(2-3)中采用了三个系数,常通称为"三系数法"。这种方法对荷载和材料强度的标准值分别采用概率取值,远优越于上述允许应力设计法和破坏强度设计法。但它未考虑荷载效应和材料抗力的联合概率分布,未进行结构失效概率的分析,故属半概率极限状态设计法,也称"半概率法"。上述三系数本质上仍然是一种以经验确定的安全系数。我国公路、桥梁及涵洞中的圬工结构直至2004年仍采用这种设计法。

3. 以概率理论为基础设计的阶段

由于结构自设计至使用,存在各种随机因素的影响,这许多因素又存在不定性,即使采用上述定量的安全系数也达不到从定量上来度量结构可靠度的目的。为了使结构可靠度的分析有一个可靠的理论基础,早在20世纪40年代,美国A. M. Freudenthul将统计数学概念引入结构可靠度理论的研究,同时前苏联学者С. Т. Стреиецкии等也在进行类似的研究。直至20世纪60年代美国一些学者对建筑结构可靠度分析,提出了一个比较适用的方法,从而对结构可靠度进行比较科学的定量分析。该方法为国际结构安全度联合委员会(JCSS)采用。

结构的可靠度是结构在规定的时间内、在规定的条件下，完成预定功能的概率。结构可靠度愈高，表明它失效的可能性愈小，设计时要求结构的失效概率控制在可接受的概率范围内。1989年以来，我国砌体结构可靠度设计采用以概率理论为基础的极限状态设计方法。

2.2 我国砌体结构设计的发展
Development of Masonry Structure Design in China

自20世纪50年代至今，我国砌体结构可靠度的设计方法及在规范的应用和制订上可分为三个阶段。

1. 第一阶段

早在1956年12月，原国家建设委员会发文在全国推荐使用前苏联《砖石及钢筋砖石结构设计标准及技术规范》（НиТУ120—55）。1962年8月起由原建筑工程部组织成立了"砖石及钢筋砖石结构设计规范编修组"，于1963年8月编写出我国标准《砖石及钢筋砖石结构设计规范》（初稿），于1964年7月完成修订稿，后停止工作，直至1966年5月成立新的规范修订组并编写出规范初稿。1970年12月编写出《砖石结构的设计和计算》（草案），它采用总安全系数法；建立了砌体强度计算公式；提出了砌体结构房屋空间工作的新的分析方法，为此增加了刚-弹性构造方案，并建立了无筋砌体构件受压承载力计算的荷载偏心影响系数。这份资料虽是草案，但当时已在国内产生较大影响，许多设计单位自行印刷并使用，可以说它是我国自行编制第一部砌体结构设计规范的雏形。

自20世纪50年代至20世纪70年代初，我国基本上沿用前苏联的设计规范，这是我国砌体结构设计方法及在应用规范方面的第一阶段。

2. 第二阶段

这个阶段的重要标志是1973年11月由原国家基本建设委员会批准颁布的我国第一部《砖石结构设计规范》（GBJ 3—73），于1974年5月起在全国试行，直至1989年底。它保留了上述《砖石结构的设计和计算》（草案）中的特点，并有进一步的完善。该规范采用多系数分析、单一安全系数表达的半概率极限状态设计法，设计表达式为：

$$KN_k \leqslant \Phi(f_m, a) \qquad (2\text{-}4)$$

$$K = k_1 k_2 k_3 k_4 k_5 c \qquad (2\text{-}5)$$

式中 K——安全系数（见表2-1）；

k_1——砌体强度变异影响系数；

k_2——砌体因材料缺乏系统试验的变异影响系数；

k_3——砌筑质量变异影响系数;

k_4——构件尺寸偏差、计算公式假定与实际不完全相符等变异影响系数;

k_5——荷载变异影响系数;

c——考虑各种最不利因素同时出现的组合系数。

安全系数 K　　　　　表2-1

砌体种类	受力情况		
	受压	受弯、受拉和受剪	倾覆和滑移
砖、石、砌块砌体	2.3	2.5	1.5
乱毛石砌体	3.0	3.3	

注：1. 在下列情况下，表中 K 值应予提高：

　　有吊车的房屋——10%；

　　特殊重要的房屋和构筑物——10%～20%；

　　截面面积 A 小于 0.35m^2 的构件——$(0.35-A)100\%$。

2. 当验算施工中房屋的构件时，K 值可降低 10%～20%。

3. 当有可靠数值时，K 值可适当调整。

4. 网状配筋砌体构件受压安全系数采用 2.3，组合砌体构件受压安全系数采用 2.1。

3. 第三阶段

这个阶段是自1989年9月起至今，我国砌体结构设计采用以概率理论为基础的极限状态设计方法，先后颁布了《砌体结构设计规范》（GBJ 3—88）和《砌体结构设计规范》（GB 50003—2001）。《砌体结构设计规范》（GBJ 3—88）还确定了考虑空间工作的多层房屋的静力分析方法，建立了按组合作用分析的墙梁和挑梁的设计方法，提出了适用于各类砌体抗压强度的统一计算模式，改进了无筋砌体受压构件的受压和局部受压承载力的计算，并修改了配筋砖砌体构件受压承载力的计算公式。现行《砌体结构设计规范》（GB 50003—2001），集中反映了20世纪90年代以来我国在砌体结构的研究和应用上取得的成绩和发展。这部规范既适用于砌体结构的静力设计，又适用于抗震设计；既适用于无筋砌体结构的设计，又适用于配筋砌体结构设计；既适用于多层房屋的结构设计，又适用于高层房屋的结构设计。该规范使我国建立了较为完整的砌体结构设计的理论体系和应用体系，具体体现在下列方面：

1) 适当提高了砌体结构的可靠度，引入了与砌体结构设计密切相关的砌体施工质量控制等级，与国际标准接轨。

2) 增加了蒸压灰砂砖、蒸压粉煤灰砖及轻集料混凝土小型砌块等新型砌体材料，有利于推动我国墙体材料的革新。

3) 采用统一模式的砌体强度计算公式，并建立了合理反映砌块材料和灌孔影响的灌孔混凝土砌块砌体强度计算方法。

4) 完善了以剪切变形理论为依据的房屋考虑空间工作的静力分析方法。

5) 采用附加偏心距法建立砌体构件轴心受压、单向偏心受压和双向偏心受压互为衔接的承载力计算方法。

6) 建立了反映不同破坏形态下砌体构件的受剪承载力计算方法。

7) 增加了配筋砌体构件类型，符合我国工程实际，且带面层的组合砌体构件与组合墙的轴心受压承载力的计算方法相协调。

8) 比较大地加强了防止或减轻房屋墙体开裂的措施，提高了房屋的使用质量。

9) 基于带拉杆拱的组合构件的强度理论，建立了包括简支墙梁、连续墙梁和框支墙梁的设计方法。

10) 建立了较为完整且具有我国砌体结构特点的配筋混凝土砌块砌体剪力墙结构体系，极大的扩大了砌体结构的应用范围。

11) 较全面规定了砌体结构构件的抗震计算和构造措施，方便设计。

当前我国正在组织有关专家对《砌体结构设计规范》（GB 50003—2001）进行修订，以进一步提高规范的质量和水平。

2.3 以概率理论为基础的极限状态设计法
Probability Based Limit State Design Method

2.3.1 基本概念
Basic Concepts

结构的极限状态分为承载能力极限状态和正常使用极限状态。按照各种结构的特点和使用要求，以极限状态方程和具体的限值作为结构设计的依据，用结构的失效概率或可靠指标度量结构可靠度，并用概率理论使结构的极限状态方程和可靠度建立内在关系，这种设计方法称为以概率理论为基础的极限状态设计法。

当结构上仅有作用效应 S 和结构抗力 R 两个基本变量时，其功能函数为：
$$Z = g(S,R) = R - S \tag{2-6}$$

当 $Z>0$ 时，结构处于可靠状态；

当 $Z=0$ 时，结构处于极限状态；

当 $Z<0$ 时，结构处于失效状态。

因此，$Z=R-S$ 又称为安全裕度。

由结构的极限状态方程
$$Z = g(S,R) = R - S = 0$$

可知结构的失效概率为：
$$p_f = p(Z<0) \tag{2-7}$$

当 R、S 为正态分布时，Z 也为正态分布，其

平均值为：$\mu_Z = \mu_R - \mu_S$

标准差为：$\sigma_Z = \sqrt{\sigma_R^2 + \sigma_S^2}$

现取

$$\beta = \frac{\mu_Z}{\sigma_Z} = \frac{\mu_R - \mu_S}{\sqrt{\sigma_R^2 + \sigma_S^2}} \tag{2-8}$$

式中，μ_R、μ_S 和 σ_R、σ_S 分别为结构构件抗力 R 和结构构件作用效应 S 的平均值和标准差。μ_Z 和 σ_Z 又分别称为安全裕度的平均值和标准差。

由式（2-7）可得结构构件失效概率的运算值

$$p_f = \Phi\left(-\frac{\mu_Z}{\sigma_Z}\right) = \Phi(-\beta) = 1 - \Phi(\beta) \tag{2-9}$$

或

$$\beta = \Phi^{-1}(1 - p_f) \tag{2-10}$$

式中，$\Phi(\cdot)$ 为标准正态分布函数，$\Phi^{-1}(\cdot)$ 为标准正态分布函数的反函数。

如安全裕度的概率密度函数为 $f_z(Z)$，则失效概率

$$p_f = \int_{-\infty}^{0} f_z(Z) \mathrm{d}Z$$

因而 β 与 p_f 不但在数值上一一对应（如表 2-2 所示），且有明确的物理意义。如图 2-1 所示，当 β 增大，图中尾部面积（划有斜线的面积）减小，即 p_f 减小，

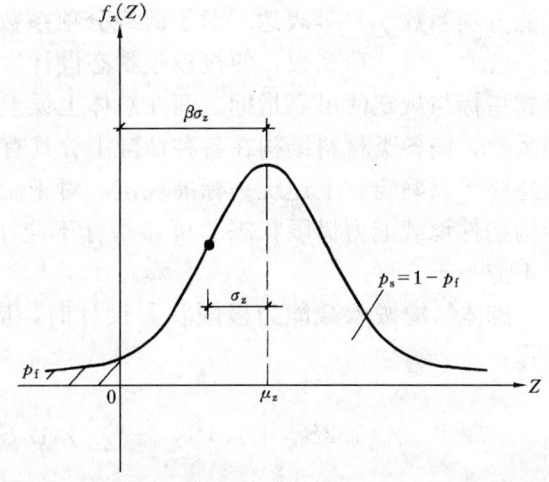

图 2-1　失效概率（p_f）与安全指标（β）的关系

亦即结构可靠度增大。因此 β 被称为结构构件的可靠指标。当已知两个正态基本变量的统计参数：平均值和标准差后，即可按上述公式直接求出 β 和 p_f 值。该方法也适用于多个正态和非正态的基本变量情况，但对非正态随机变量则需要进行当量正态化处理。

R、S 为正态分布时的 β 和 p_f 值　　　　　　　　　　表 2-2

β	1.64	2.7	3.2	3.7	4.2
p_f	0.05	3.5×10^{-3}	6.9×10^{-4}	1.1×10^{-4}	1.3×10^{-5}

上述方法只需考虑随机变量的平均值和标准差（标准差又称为二阶中心矩），并在计算中对结构功能函数取一次近似，故以概率理论为基础的极限状态设计方法，又称为考虑基本变量概率分布类型的一次二阶矩极限状态设计法。

综上所述，以概率理论为基础的极限状态设计方法是以结构失效概率来定义结构可靠度，并以与结构失效概率相对应的可靠指标 β 来度量结构可靠度，从而能较好地反映结构可靠度的实质，使设计概念更为科学和明确。

2.3.2 承载能力极限状态设计表达式
Equations of Ultimate Limit State

结构、构件达到最大承载能力，或达到不适于继续承载的变形的极限状态，称为承载能力极限状态。

由于设计上直接采用可靠指标来进行设计计算尚有许多困难，使用上也不习惯，因此《建筑结构可靠度设计统一标准》（GB 50068—2001）采用多个分项系数的极限状态设计表达式，即根据各种极限状态的设计要求，采用有关的荷载代表值、材料性能标准值、几何参数标准值以及结构重要性系数 γ_0、作用分项系数（包括荷载分项系数 γ_G、γ_Q）和结构构件抗力分项系数（或材料性能分项系数 γ_f）等表达。对于荷载分项系数，在各种荷载标准值给定的前提下，选取一组分项系数，使按极限状态设计表达式设计的各种结构构件具有的可靠指标与规定的可靠指标之间在总体上误差最小予以确定。对于材料性能分项系数，按各类材料结构在各种情况下 β 具有较一致性的原则，并适当考虑工程经验予以确定。上述统一标准规定，对于结构安全等级为二级时，脆性破坏结构构件承载能力极限状态的可靠指标不应小于3.7，延性破坏结构构件的 β 值不应小于3.2。

砌体结构按承载能力极限状态设计时，应按下列公式中最不利组合进行计算：

$$\gamma_0 \left(1.2 S_{G_k} + 1.4 S_{Q_{1k}} + \sum_{i=2}^{n} \gamma_{Q_i} \psi_{ci} S_{Q_{ik}}\right) \leqslant R(f, a_k \cdots\cdots) \tag{2-11}$$

$$\gamma_0 \left(1.35 S_{G_k} + 1.4 \sum_{i=1}^{n} \psi_{ci} S_{Q_{ik}}\right) \leqslant R(f, a_k \cdots\cdots) \tag{2-12}$$

式中 γ_0——结构重要性系数，对安全等级为一级或设计使用年限为50年以上的结构构件，不应小于1.1；对安全等级为二级或设计使用年限为50年的结构构件，不应小于1.0；对安全等级为三级或设计使用年限为1~5年的结构构件，不应小于0.9；

S_{G_k}——永久荷载标准值的效应；

$S_{Q_{1k}}$——在基本组合中起控制作用的一个可变荷载标准值的效应；

$S_{Q_{ik}}$——第 i 个可变荷载标准值的效应；

$R(\cdot)$——结构构件的抗力函数；

γ_{Q_i}——第 i 个可变荷载的分项系数；

ψ_{ci}——第 i 个可变荷载的组合值系数，一般情况下应取0.7；对书库、档案库、储藏室或通风机房、电梯机房应取0.9；

f——砌体的强度设计值，$f=f_k/\gamma_f$；

f_k——砌体的强度标准值，$f_k=f_m-1.645\sigma_f$；

γ_f——砌体结构的材料性能分项系数，一般情况下，宜按施工质量控制等级为B级考虑，取 $\gamma_f=1.6$；当为C级时，取 $\gamma_f=1.8$；

f_m——砌体的强度平均值；

σ_f——砌体强度的标准差；

a_k——几何参数标准值。

注：1. 当楼面活荷载标准值大于4kN/m² 时，式中系数1.4应为1.3；

2. 施工质量控制等级划分要求应符合表1-7～表1-9的规定。

式（2-11）系由可变荷载效应控制的组合，式（2-12）是由永久荷载效应控制的组合，这样可以保证在各种可能出现的荷载组合下，通过设计使结构维持在相同的可靠度水平上。如当结构自重占主要时，按式（2-12）计算能避免可靠度偏低的后果。

当砌体结构作为一个刚体，需验算整体稳定性时，例如倾覆、滑移、漂浮等，此时对结构构件承载能力起有利作用的永久荷载的荷载分项系数取0.8，因而应按式（2-13）验算：

$$\gamma_0 \left(1.2 S_{G_{2k}} + 1.4 S_{Q_{1k}} + \sum_{i=2}^{n} S_{Q_{ik}}\right) \leqslant 0.8 S_{G_{1k}} \qquad (2-13)$$

式中　$S_{G_{1k}}$——起有利作用的永久荷载标准值的效应；

$S_{G_{2k}}$——起不利作用的永久荷载标准值的效应。

2.3.3 正常使用极限状态
Serviceability Limite State

结构或构件达到使用功能上允许的某一限值的极限状态，称为正常使用极限状态。

由于砌体结构自身的特性，尤其无筋砌体是一种脆性材料，且主要用作受压的墙和柱，因此在一般情况下，砌体结构或构件的正常使用极限状态由相应的构造措施或规定加以保证。这在以后的学习特别是第4章的学习中要引起注意，例如要验算墙、柱的高厚比，控制横墙的最大水平位移，采取保证耐久性和正常使用的构造措施，以及使无筋砌体受压构件的轴向力的偏心距符合限值的规定等。

对于砌体结构，建立一套明确、自成体系和科学的计算或验算其满足正常使用极限状态要求的方法，是一项十分有意义的研究。

2.4 各类砌体的强度设计值
Design Values of Masonry Strengths

2.4.1 基本规定
Basic Rules

按式 (2-11) 和式 (2-12) 的要求,各类砌体的强度标准值 (f_k)、设计值 (f) 的确定方法如下:

$$f_k = f_m - 1.645\sigma_f = (1 - 1.645\delta_f)f_m \qquad (2\text{-}14)$$

$$f = \frac{f_k}{\gamma_f} \qquad (2\text{-}15)$$

式中 δ_f ——砌体强度的变异系数,按表 2-3 的规定采用。

我国砌体施工质量控制等级分为 A、B、C 三级 (表 1-7),在结构设计中通常按 B 级考虑,即取 $\gamma_f=1.6$;当为 C 级时,取 $\gamma_f=1.8$,即砌体强度设计值的调整系数 $\gamma_a=1.6/1.8=0.89$;当为 A 级时,取 $\gamma_f=1.5$,可取 $\gamma_a=1.05$。砌体强度与施工质量控制等级的上述规定,旨在保证相同可靠度的要求下,反映管理水平、施工技术和材料消耗水平的关系。工程施工时,施工质量控制等级由设计方和建设方商定,并应明确写在设计文件和施工图纸上。

不同受力状态下各类砌体强度标准值、设计值及与平均值 (f_m) 的关系,如表 2-3 所示。

f_k、f 与 f_m 的相互关系 表 2-3

类 别	δ_f	f_k	f
各类砌体受压	0.17	$0.72f_m$	$0.45f_m$
毛石砌体受压	0.24	$0.60f_m$	$0.37f_m$
各类砌体受拉、受弯、受剪	0.20	$0.67f_m$	$0.42f_m$
毛石砌体受拉、受弯、受剪	0.26	$0.57f_m$	$0.36f_m$

注:表内 f 为施工质量控制等级为 B 级时的取值。

以下所述均指当施工质量控制等级为 B 级时,根据块体和砂浆的强度等级,且龄期为 28d 的以毛截面计算的各类砌体强度设计值的详细取值。

2.4.2 抗压强度设计值
Design Values of Compressive Strength of Masonry

1. 烧结普通砖和烧结多孔砖砌体

烧结普通砖和烧结多孔砖砌体的抗压强度设计值,应按表 2-4 采用。

烧结普通砖和烧结多孔砖砌体的抗压强度设计值（MPa） 表 2-4

砖强度等级	砂浆强度等级					砂浆强度
	M15	M10	M7.5	M5	M2.5	0
MU30	3.94	3.27	2.93	2.59	2.26	1.15
MU25	3.60	2.98	2.68	2.37	2.06	1.05
MU20	3.22	2.67	2.39	2.12	1.84	0.94
MU15	2.79	2.31	2.07	1.83	1.60	0.82
MU10	—	1.89	1.69	1.50	1.30	0.67

注：当烧结多孔砖的孔洞率大于30%时，表中数值应乘以0.9。

烧结多孔砖砌体和烧结普通砖砌体的抗压强度设计值均列在同一表内，这是因为随着多孔砖孔洞率的增大，制砖时需增大压力挤出砖坯，砖的密实性增加，它平衡或部分平衡了由于孔洞引起砖的强度的降低。另外，多孔砖的块高比普通砖的块高大，有利于改善砌体内的复杂应力状态，使砌体抗压强度提高。因而当多孔砖的孔洞率不大时，上述二者砌体抗压强度相等。但由于烧结多孔砖砌体受压破坏时脆性增大，且当砖的孔洞率大于30%时，其抗压强度设计值应乘以0.9，这种适当的降低是较为稳妥的。

2. 蒸压灰砂砖和蒸压粉煤灰砖砌体

蒸压灰砂砖和蒸压粉煤灰砖砌体的抗压强度设计值，应按表2-5采用。

根据国内较大量的试验结果，蒸压灰砂砖砌体、蒸压粉煤灰砖砌体的抗压强度与烧结普通砖砌体的抗压强度接近。因此在MU10~MU25的情况下，表2-5的值与表2-4的值相等。应当注意的是：蒸压灰砂砖砌体和蒸压粉煤灰砖砌体的抗压强度指标系采用同类砖为砂浆强度试块底模时的抗压强度指标。若采用黏土砖做底模，砂浆强度会提高，相应的砌体强度约降低10%。还应指出，表2-5不适用于蒸养灰砂砖砌体和蒸养灰煤灰砖砌体。

蒸压灰砂砖和蒸压粉煤灰砖砌体的抗压强度设计值（MPa） 表 2-5

砖强度等级	砂浆强度等级				砂浆强度
	M15	M10	M7.5	M5	0
MU25	3.60	2.98	2.68	2.37	1.05
MU20	3.22	2.67	2.39	2.12	0.94
MU15	2.79	2.31	2.07	1.83	0.82
MU10	—	1.89	1.69	1.50	0.67

3. 混凝土和轻骨料混凝土空心砌块砌体

对孔砌筑的单排孔混凝土和轻骨料混凝土空心砌块砌体的抗压强度设计值，应按表2-6采用。

单排孔混凝土和轻骨料混凝土空心砌块砌体的
抗压强度设计值（MPa）　　　　表 2-6

砌块强度等级	砂浆强度等级				砂浆强度
	Mb15	Mb10	Mb7.5	Mb5	0
MU20	5.68	4.95	4.44	3.94	2.33
MU15	4.61	4.02	3.61	3.20	1.89
MU10	—	2.79	2.50	2.22	1.31
MU7.5	—	—	1.93	1.71	1.01
MU5	—	—	—	1.19	0.70

注：1. 对错孔砌筑的砌体，应按表中数值乘以 0.8。
　　2. 对独立柱或厚度为双排组砌的砌块砌体，应按表中数值乘以 0.7。
　　3. 对 T 形截面砌体，应按表中数值乘以 0.85。
　　4. 表中轻骨料混凝土砌块为煤矸石和水泥煤渣混凝土砌块。

孔洞率不大于 35％的双排孔或多排孔轻骨料混凝土砌块砌体的抗压强度设计值，应按表 2-7 采用。

双排孔、多排孔轻骨料混凝土砌块砌体的抗压强度设计值（MPa）　　表 2-7

砌块强度等级	砂浆强度等级			砂浆强度
	Mb10	Mb7.5	Mb5	0
MU10	3.08	2.76	2.45	1.44
MU7.5	—	2.13	1.88	1.12
MU5	—	—	1.31	0.78

注：1. 表中的砌块为火山灰、浮石和陶粒轻骨料混凝土砌块。
　　2. 对厚度方向为双排组砌的轻骨料混凝土砌块砌体的抗压强度设计值，应按表中数值乘以 0.8。

空心砌块对孔砌筑的砌体的抗压强度高于错孔砌筑的砌体的抗压强度，故错孔砌筑的砌块砌体的抗压强度应予降低。对于多排孔（包括双排孔）砌块，按单排砌筑的砌体的抗压强度高于单排孔砌块砌体的抗压强度，但按双排组砌的砌体的抗压强度则低，根据试验结果，表 2-6 和表 2-7 中对此作了相应的规定。

4. 灌孔混凝土砌块砌体

单排孔混凝土砌块对孔砌筑的灌孔砌体的抗压强度设计值，应按下列方法确定：

（1）砌块砌体的灌孔混凝土强度等级不应低于 Cb20，也不应低于 1.5 倍的块体强度等级。

（2）按可靠度要求，将公式（1-5）转换为设计值，得：

$$f_g = f + 0.82\alpha f_c \tag{2-16}$$

考虑到混凝土砌块墙体中清扫孔的不利影响，将式（2-16）中第二项予以折减，灌孔混凝土砌块砌体抗压强度设计值，应按下列公式计算：

$$f_g = f + 0.6\alpha f_c \quad (2-17)$$

$$\alpha = \delta \rho \quad (2-18)$$

式中　f_g——灌孔砌体的抗压强度设计值，并不应大于未灌孔砌体抗压强度设计值的 2 倍；

　　　f——未灌孔砌体的抗压强度设计值，应按表 2-6 采用；

　　　f_c——灌孔混凝土的轴心抗压强度设计值；

　　　α——砌块砌体中灌孔混凝土面积与砌体毛面积的比值；

　　　δ——混凝土砌块的孔洞率；

　　　ρ——混凝土砌块砌体的灌孔率，系截面灌孔混凝土面积和截面孔洞面积的比值，ρ 不应小于 33%。

上述对砌体材料的许多要求，在于使它们的强度相互匹配，每种材料的强度得到较为充分的发挥。

5. 料石砌体

块体高度为 180～350mm 的毛料石砌体的抗压强度设计值，应按表 2-8 采用。

毛料石砌体的抗压强度设计值（MPa）　　　　　表 2-8

毛料石强度等级	砂浆强度等级			砂浆强度
	M7.5	M5	M2.5	0
MU100	5.42	4.80	4.18	2.13
MU80	4.85	4.29	3.73	1.91
MU60	4.20	3.71	3.23	1.65
MU50	3.83	3.39	2.95	1.51
MU40	3.43	3.04	2.64	1.35
MU30	2.97	2.63	2.29	1.17
MU20	2.42	2.15	1.87	0.95

对其他类料石砌体的抗压强度设计值，应按表 2-8 中数值分别乘以下列系数而得：

细料石砌体　　　　1.5；

半细料石砌体　　　1.3；

粗料石砌体　　　　1.2；

干砌勾缝石砌体　　0.8。

6. 毛石砌体

毛石砌体的抗压强度设计值，应按表 2-9 采用。

毛石砌体的抗压强度设计值（MPa）　　　　表 2-9

毛石强度等级	砂浆强度等级			砂浆强度
	M7.5	M5	M2.5	0
MU100	1.27	1.12	0.98	0.34
MU80	1.13	1.00	0.87	0.30
MU60	0.98	0.87	0.76	0.26
MU50	0.90	0.80	0.69	0.23
MU40	0.80	0.71	0.62	0.21
MU30	0.69	0.61	0.53	0.18
MU20	0.56	0.51	0.44	0.15

2.4.3 轴心抗拉、弯曲抗拉和抗剪强度设计值
Design Values of Masonry Strength in Axially Tension, Flexural Tension and Shear

1）砌体的轴心抗拉强度设计值、弯曲抗拉强度设计值和抗剪强度设计值，应按表 2-10 采用。

在第 1 章 1.5 节中已指出，对于用形状规则的块体砌筑的砌体，其轴心抗拉强度和弯曲抗拉强度受块体搭接长度与块体高度之比值大小的影响。不同砌筑形式时砖的搭接长度 l 与高度 h 如图 2-2 所示。采用一顺一丁、梅花丁或全部丁砌时，$l/h=1.0$，表 2-10 中的轴心抗拉强度设计值即根据这类情况的试验结果获得。当采用三顺一丁砌筑方式时，$l/h>1$，砌体沿齿缝截面的轴心抗拉强度可提高 20%，但因施工图中一般不规定砌筑方法，故表 2-10 中不考虑其提高。如采用其他砌筑方式且该比值小于 1 时，f_t 则应乘以比值予以减小。同理，对于其弯曲抗拉强度设计值也作了表 2-10 中注 1 的规定。

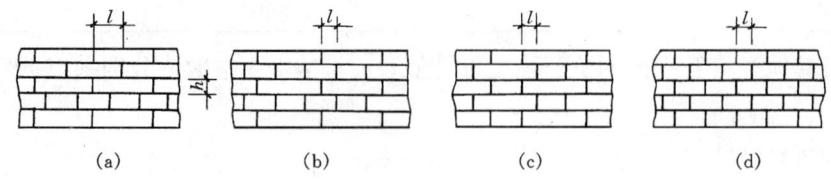

图 2-2　砖的搭接长度与高度
(a) 三顺一丁；(b) 一顺一丁；(c) 梅花丁；(d) 全丁

蒸压灰砂砖等材料有较大的地区性，如灰砂砖所用砂的细度和生产工艺不同，且砌体抗拉、抗弯、抗剪的强度较烧结普通砖砌体的强度要低，其中蒸压灰

砂砖和蒸压粉煤灰砖砌体的抗剪强度设计值为烧结普通砖砌体抗剪强度设计值的70%。表2-10中还对蒸压灰砂砖、蒸压粉煤灰砖、烧结页岩砖、烧结煤矸石砖和烧结粉煤灰砖砌体,当有可靠的试验数据时,允许其抗拉、抗弯、抗剪的强度设计值作适当调整,有利于这些地方性材料的推广应用。

沿砌体灰缝截面破坏时砌体的轴心抗拉强度设计值、
弯曲抗拉强度设计值和抗剪强度设计值(MPa) 表2-10

强度类别	破坏特征及砌体种类		砂浆强度等级			
			≥M10	M7.5	M5	M2.5
轴心抗拉	沿齿缝	烧结普通砖、烧结多孔砖	0.19	0.16	0.13	0.09
		蒸压灰砂砖、蒸压粉煤灰砖	0.12	0.10	0.08	0.06
		混凝土砌块	0.09	0.08	0.07	—
		毛石	0.08	0.07	0.06	0.04
弯曲抗拉	沿齿缝	烧结普通砖、烧结多孔砖	0.33	0.29	0.23	0.17
		蒸压灰砂砖、蒸压粉煤灰砖	0.24	0.20	0.16	0.12
		混凝土砌块	0.11	0.09	0.08	—
		毛石	0.13	0.11	0.09	0.07
	沿通缝	烧结普通砖、烧结多孔砖	0.17	0.14	0.11	0.08
		蒸压灰砂砖、蒸压粉煤灰砖	0.12	0.10	0.08	0.06
		混凝土砌块	0.08	0.06	0.05	—
抗剪	烧结普通砖、烧结多孔砖		0.17	0.14	0.11	0.08
	蒸压灰砂砖、蒸压粉煤灰砖		0.12	0.10	0.08	0.06
	混凝土和轻骨料混凝土砌块		0.09	0.08	0.06	—
	毛石		0.21	0.19	0.16	0.11

注:1. 对于用形状规则的块体砌筑的砌体,当搭接长度与块体高度的比值小于1时,其轴心抗拉强度设计值 f_t 和弯曲抗拉强度设计值 f_{tm} 应按表中数值乘以搭接长度与块体高度比值后采用。
2. 对孔洞率不大于35%的双排孔或多排孔轻骨料混凝土砌块砌体的抗剪强度设计值,应按表中混凝土砌块砌体抗剪强度设计值乘以1.1。
3. 对蒸压灰砂砖、蒸压粉煤灰砖砌体,当有可靠的试验数据时,表中强度设计值允许作适当调整。
4. 对烧结页岩砖、烧结煤矸石砖、烧结粉煤灰砖砌体,当有可靠的试验数据时,表中强度设计值允许作适当调整。
5. 对混凝土砌块体,表中砂浆强度等级相应为≥Mb10、Mb7.5、Mb5、Mb2.5。

2)灌孔混凝土砌块砌体抗剪强度设计值,应按以下方法确定。

在混凝土结构中,我国规定混凝土构件的受剪承载力以混凝土的抗拉强度 f_t 为主要参数。但对于砌体,其抗拉强度难以通过试验来测定,灌孔混凝土砌块砌体亦是如此。现以灌孔混凝土砌块砌体的抗剪强度 f_{vg} 来表达,既反映了砌体的特点,也是合理且可行的。

按可靠度要求,将公式(1-12)转换为设计值,最后取灌孔混凝土砌块砌体抗剪强度设计值为:

$$f_{vg}=0.2f_g^{0.55} \tag{2-19}$$

式中　f_{vg}——灌孔混凝土砌块砌体抗剪强度设计值(MPa);

f_g——灌孔混凝土砌块砌体抗压强度设计值(MPa)。

2.4.4 砌体强度设计值的调整
Correction of Design Values of Masonry Strengths

工程上砌体的使用情况多种多样,在某些情况下砌体强度可能降低,在有的情况下需要适当提高或降低结构构件的安全储备,因而在设计计算时需考虑砌体强度的调整,即将上述砌体强度设计值乘以调整系数 γ_a。这一点易被忽视,如只一味取砌体强度设计值为 f 而不是取 $\gamma_a f$,往往造成计算结果错误,不符合《砌体结构设计规范》规定的要求。

砌体强度设计值的调整系数,应按下列规定采用:

1)有吊车房屋砌体,跨度不小于 9m 的梁下烧结普通砖砌体,跨度不小于 7.2m 的梁下烧结多孔砖、蒸压灰砂砖、蒸压粉煤灰砖、混凝土和轻骨料混凝土砌块砌体,γ_a 为 0.9。

2)对无筋砌体构件,其截面面积小于 $0.3m^2$ 时,γ_a 为其截面面积加 0.7。对配筋砌体构件,当其中砌体截面面积小于 $0.2m^2$ 时,γ_a 为其截面面积加 0.8。构件截面面积以"m^2"计。

3)当砌体用水泥砂浆砌筑时,对表 2-4～表 2-9 中的数值,γ_a 为 0.9;对表 2-10 中的数值,γ_a 为 0.8;对配筋砌体构件,当其中的砌体采用水泥砂浆砌筑时,仅对砌体的强度设计值乘以调整系数 γ_a。

4)当施工质量控制等级为 C 级时,γ_a 为 0.89。

5)当验算施工中房屋的构件时,γ_a 为 1.1。

配筋砌体的施工质量控制等级不得采用 C 级。

施工阶段砂浆尚未硬化的新砌砌体的强度和稳定性,可按砂浆强度为零进行验算。

对于冬期施工采用掺盐砂浆法施工的砌体,砂浆强度等级按常温施工的强度等级提高一级时,砌体强度和稳定性可不另行验算。

配筋砌体不得用掺盐砂浆施工。

应当看到,上述一系列规定应用起来感到相当烦琐,稍不留神就有可能产生错误。对它们进行整合或者作出简单的规定很有必要,也是可能的。

思考题与习题

Questions and Exercises

2-1　简述我国砌体结构设计方法的发展。

2-2　试述砌体结构采用以概率理论为基础的极限状态设计方法时，其承载力极限状态设计表达式的基本概念。

2-3　计算砌体结构的承载力时，有哪几种最不利荷载效应组合，为什么？

2-4　试述砌体结构与混凝土结构在正常使用极限状态的验算上有何不同？

2-5　确定各类砌体强度设计值的基本方法是什么？

2-6　试述砌体施工质量控制等级对砌体强度设计值的影响，在砌体结构设计中对施工质量控制等级有何规定？

2-7　施工质量控制等级为 B 级时，混凝土小型空心砌块砌体抗压强度设计值、标准值与平均值之间有何关系？

2-8　按习题 1-9 的资料，试计算该灌孔混凝土砌块砌体抗压强度设计值（施工质量控制等级为 B 级）。

2-9　按公式（2-17），确定灌孔混凝土砌块砌体抗压强度时，有哪些主要规定？

2-10　按习题 1-9 的资料，试计算该灌孔混凝土砌块砌体抗剪强度设计值（施工质量控制等级为 B 级）。

2-11　为何要规定砌体强度设计值的调整系数？如何采用？

第3章 无筋砌体结构构件承载力计算
Strength of Unreinforced Masonry Members

学习提要 无筋砌体的特点是抗压能力远远超过抗拉能力,所以在工程上往往作为承重墙和柱。本章重点叙述无筋砌体结构构件受压、局部受压和受剪承载力的计算方法,同时介绍了构件轴心受拉和受弯承载力的计算。应掌握影响无筋砌体受压构件承载力、局部受压承载力和受剪构件承载力的主要因素,并熟悉这些承载力计算公式的应用。

3.1 受 压 构 件
Masonry Compressive Members

3.1.1 受压短柱的承载力分析
Resistance Analysis of Short Columns

对无筋砌体的受压短柱,当承受轴向压力 N 时,如果把砌体看作匀质弹性体,按照材料力学方法计算,则截面较大受压边缘的应力 σ(图 3-1)为:

$$\sigma = \frac{N}{A} + \frac{Ne}{I}y = \frac{N}{A}\left(1 + \frac{ey}{i^2}\right) \tag{3-1}$$

式中 A、I、i——分别为砌体的截面面积、惯性矩和回转半径;

e——轴向压力的偏心距;

y——受压边缘到截面形心轴的距离。

在偏心距不很大、全截面受压或受拉边缘尚未开裂的情况下(图 3-1b、c),当受压边缘的应力达到砌体的抗压强度 f_m 时,由上式可得该短柱所能承受的压力为:

$$N_u = \frac{1}{1+\frac{ey}{i^2}}Af_m = \alpha' A f_m \tag{3-2}$$

$$\alpha' = \frac{1}{1+\frac{ey}{i^2}} \tag{3-3}$$

对于矩形截面柱,若 h 为沿轴向力偏心方向的边长,则有:

$$\alpha' = \frac{1}{1+\frac{6e}{h}} \tag{3-4}$$

对于偏心距较大，受拉边缘已开裂的情况（图 3-1d），若不考虑砌体受拉，矩形截面受压区的高度为：

$$h' = 3\left(\frac{h}{2} - e\right) = h\left(1.5 - \frac{3e}{h}\right)$$

则

$$N_u = \frac{1}{2}bh'f_m = \frac{1}{2}bh\left(1.5 - \frac{3e}{h}\right)f_m = \left(0.75 - 1.5\frac{e}{h}\right)Af_m \quad (3-5)$$

此时

$$\alpha' = 0.75 - 1.5\frac{e}{h} \quad (3-6)$$

从上述分析可以看出，当为轴心受压时（图 3-1a），$e=0$，$\alpha'=1$；当为偏心受压时，$\alpha'<1$；α' 称为按材料力学公式计算的砌体偏心距影响系数。

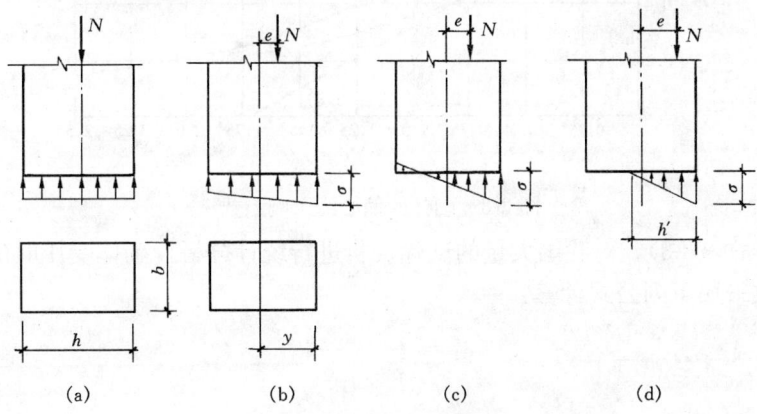

图 3-1 按材料力学确定的截面应力图

实际上，砌体受压时，随着荷载偏心距的增大，由于砌体的弹塑性性能，截面中应力由轴心受压时的均匀分布变成曲线分布（图 3-2），其丰满程度较直线分布时要大。当受拉边缘的应力大于砌体沿通缝截面的弯曲抗拉强度时，将产生水平裂缝。随着裂缝的发展，受压面积逐渐减小，荷载对实际受压面积的偏心距也逐渐变小，裂缝不至于无限制发展而导致构件破坏，而是在剩余截面和减小的

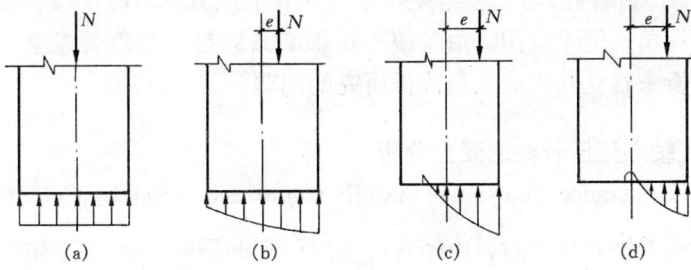

图 3-2 砌体受压时截面应力变化

偏心距的作用下达到新的平衡，此时压应力虽然增大较多，但构件承载力仍未耗尽而可以继续承受荷载。随着荷载的不断增加，裂缝不断展开，旧平衡不断被破坏而达到新的平衡，砌体所受的压应力也随着不断增大，当剩余截面减小到一定程度时，砌体受压边出现竖向裂缝，最后导致构件破坏。可见砌体在偏心受压时，其受力特征与上述将砌体视为匀质弹性体有较大差异。大量的砌体构件受压试验亦证明，按上述材料力学公式的砌体偏心距影响系数计算，其承载力远低于试验结果（图 3-3）。

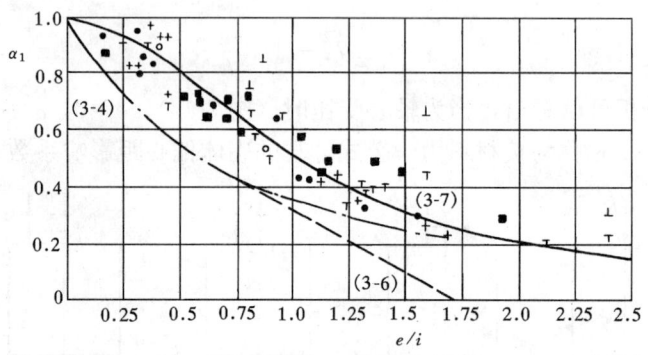

图 3-3 砌体的偏心距影响系数

基于式（3-3），对我国大量的试验资料进行统计分析，砌体受压时的偏心距影响系数采用下列公式计算：

$$\alpha_1 = \frac{1}{1+\left(\dfrac{e}{i}\right)^2} \tag{3-7a}$$

对矩形截面

$$\alpha_1 = \frac{1}{1+12\left(\dfrac{e}{h}\right)^2} \tag{3-7b}$$

对 T 形和十字形截面，可以按式（3-7a）计算，也可以采用折算厚度 $h_T = \sqrt{12}\,i \approx 3.5i$ 代替 h，仍按式（3-7b）计算。

在图 3-3 中，将偏心距影响系数按式（3-7）的计算值曲线、按式（3-4）和式（3-6）的计算值曲线与试验结果作了比较，表明式（3-7）与试验结果符合良好，且形式简单，便于应用。由于偏心距影响系数是一个重要概念和计算参数，通过理论分析来建立其表达式是值得研究的问题。

3.1.2 轴心受压长柱的受力分析
Resistance Analysis of Axially Compressive Slender Columns

长柱在承受轴心压力时，由于各种偶然因素的影响，会出现侧向变形，产生纵向弯曲破坏，因而比短柱降低了受压承载力。柱的长细比越大，这种纵向弯曲的影响就越大。在砌体构件中,数目较多的水平砂浆缝削弱了砌体的整体性,故其纵向弯曲现象较钢筋混凝土构件的纵向弯曲更为明显。图 3-4 为砖砌体长柱的纵向弯曲与破坏。

在轴心受压长柱承载力计算中一般是采用稳定系数考虑纵向弯曲的影响。根据欧拉公式,长柱发生纵向弯曲破坏的临界应力为:

$$\sigma_{cri} = \frac{\pi^2 EI}{AH_0^2} = \pi^2 E \left(\frac{i}{H_0}\right)^2 \quad (3-8)$$

式中 E——弹性模量;
H_0——柱的计算高度。

由于砌体的弹性模量随应力的增大而降低,当应力达到临界应力时,弹性模量已有较大程度的降低,此时的弹性模量可取为在临界应力处的切线模量。根据公式(1-20),取 $E = 460 f_m \sqrt{f_m} \left(1 - \frac{\sigma}{f_m}\right)$,并代入式(3-8),则相应的临界应力为:

图 3-4 砖砌体长柱的纵向弯曲与破坏

$$\sigma_{cri} = 460\pi^2 f_m \sqrt{f_m} \left(1 - \frac{\sigma_{cri}}{f_m}\right) \left(\frac{i}{H_0}\right)^2 \quad (3-9)$$

由式(3-9)可求得轴心受压时的稳定系数为:

$$\varphi_0 = \frac{\sigma_{cri}}{f_m} = 460\pi^2 \sqrt{f_m} \left(1 - \frac{\sigma_{cri}}{f_m}\right) \left(\frac{i}{H_0}\right)^2 \quad (3-10a)$$

令 $\varphi_1 = 460\pi^2 \sqrt{f_m} \left(\frac{i}{H_0}\right)^2$,当为矩形截面时,$i = \frac{h}{\sqrt{12}}$,且取 $\beta = \frac{H_0}{h}$,可得 $\varphi_1 \approx 370 \sqrt{f_m} \frac{1}{\beta^2}$;因此,式(3-10a)可表示为:

$$\varphi_0 = \frac{1}{1 + \frac{1}{\varphi_1}} = \frac{1}{1 + \frac{1}{370\sqrt{f_m}}\beta^2} = \frac{1}{1 + \eta_1 \beta^2} \quad (3-10b)$$

其中系数 $\eta_1 = \frac{1}{370\sqrt{f_m}}$,它较全面地考虑了砖和砂浆强度及其他因素对构件纵向弯曲的影响。

《砌体结构设计规范》参照式(3-10b)的形式,按式(3-11)计算轴心受压柱的稳定系数:

$$\varphi_0 = \frac{1}{1+\eta\beta^2} \tag{3-11}$$

式中 β——构件的高厚比,对矩形截面,$\beta=\dfrac{H_0}{h}$;对 T 形或十字形截面,$\beta=\dfrac{H_0}{h_T}$($h_T=3.5i$,称为折算厚度);

η——只与砂浆强度 f_2 有关的系数,当 $f_2\geqslant 5\mathrm{MPa}$ 时,$\eta=0.0015$;当 $f_2=2.5\mathrm{MPa}$ 时,$\eta=0.002$;当 $f_2=0$ 时,$\eta=0.009$。

3.1.3 偏心受压长柱的受力分析
Resistance Analysis of Eccentrically Compressive Slender Columns

长柱在承受偏心压力作用时,柱端弯矩作用导致柱侧向变形(挠度),使柱中部截面的轴向压力偏心距比初始状态时增大,即侧向变形使柱截面出现附加偏心距,并且随偏心压力的增大而不断增大。这样的相互作用加剧了柱的破坏,所以在长柱的承载力计算中应考虑这种影响。国内外提出了各种方法和计算公式,这里只介绍我国规范采用的附加偏心距法。

在图 3-5 所示的偏心受压构件中,设轴向压力的偏心距为 e,柱中截面产生的附加偏心距为 e_i。如以柱中截面总的偏心距 $e+e_i$ 代替式(3-7a)中的原偏心距 e,可得受压长柱考虑纵向弯曲和偏心距影响的系数为

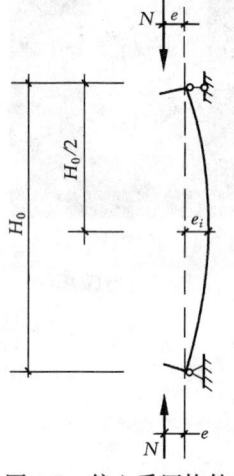

图 3-5 偏心受压构件的附加偏心距

$$\varphi = \frac{1}{1+\left(\dfrac{e+e_i}{i}\right)^2} \tag{3-12}$$

由于轴心受压时,有 $e=0$ 和 $\varphi=\varphi_0$,于是由式(3-12)可得

$$e_i = i\sqrt{\frac{1}{\varphi_0}-1} \tag{3-13}$$

对矩形截面,有

$$e_i = \frac{h}{\sqrt{12}}\sqrt{\frac{1}{\varphi_0}-1} \tag{3-14}$$

将式(3-14)代入式(3-12),则有

$$\varphi = \frac{1}{1+12\left[\dfrac{e}{h}+\sqrt{\dfrac{1}{12}\left(\dfrac{1}{\varphi_0}-1\right)}\right]^2} \tag{3-15}$$

式中 φ_0 按式(3-11)计算。对 T 形或十字形截面,以折算厚度 h_T 代替 h。

对于偏心受压短柱,可忽略附加偏心距的影响,即 $e_i=0$,于是,有:

$$\varphi = \alpha_1 = \frac{1}{1+12\left(\dfrac{e}{h}\right)^2} \qquad (3\text{-}16)$$

表 3-1、表 3-2 及表 3-3 列出了不同砂浆强度等级和不同偏心距及高厚比计算出的 φ 值,供计算时查用。

影响系数 φ(砂浆强度等级≥M5)　　　　表 3-1

β	$\dfrac{e}{h}$ 或 $\dfrac{e}{h_T}$						
	0	0.025	0.05	0.075	0.1	0.125	0.15
≤3	1	0.99	0.97	0.94	0.89	0.84	0.79
4	0.98	0.95	0.90	0.85	0.80	0.74	0.69
6	0.95	0.91	0.86	0.81	0.75	0.69	0.64
8	0.91	0.86	0.81	0.76	0.70	0.64	0.59
10	0.87	0.82	0.76	0.71	0.65	0.60	0.55
12	0.82	0.77	0.71	0.66	0.60	0.55	0.51
14	0.77	0.72	0.66	0.61	0.56	0.51	0.47
16	0.72	0.67	0.61	0.56	0.52	0.47	0.44
18	0.67	0.62	0.57	0.52	0.48	0.44	0.40
20	0.62	0.57	0.53	0.48	0.44	0.40	0.37
22	0.58	0.53	0.49	0.45	0.41	0.38	0.35
24	0.54	0.49	0.45	0.41	0.38	0.35	0.32
26	0.50	0.46	0.42	0.38	0.35	0.33	0.30
28	0.46	0.42	0.39	0.36	0.33	0.30	0.28
30	0.42	0.39	0.36	0.33	0.31	0.28	0.26
β	$\dfrac{e}{h}$ 或 $\dfrac{e}{h_T}$						
	0.175	0.2	0.225	0.25	0.275	0.3	
≤3	0.73	0.68	0.62	0.57	0.52	0.48	
4	0.64	0.58	0.53	0.49	0.45	0.41	
6	0.59	0.54	0.49	0.45	0.42	0.38	
8	0.54	0.50	0.46	0.42	0.39	0.36	
10	0.50	0.46	0.42	0.39	0.36	0.33	
12	0.47	0.43	0.39	0.36	0.33	0.31	
14	0.43	0.40	0.36	0.34	0.31	0.29	
16	0.40	0.37	0.34	0.31	0.29	0.27	
18	0.37	0.34	0.31	0.29	0.27	0.25	
20	0.34	0.32	0.29	0.27	0.25	0.23	
22	0.32	0.30	0.27	0.25	0.24	0.22	
24	0.30	0.28	0.26	0.24	0.22	0.21	
26	0.28	0.26	0.24	0.22	0.21	0.19	
28	0.26	0.24	0.22	0.21	0.19	0.18	
30	0.24	0.22	0.21	0.20	0.18	0.17	

影响系数 φ（砂浆强度等级 M2.5） 表 3-2

β	$\frac{e}{h}$ 或 $\frac{e}{h_T}$						
	0	0.025	0.05	0.075	0.1	0.125	0.15
≤3	1	0.99	0.97	0.94	0.89	0.84	0.79
4	0.97	0.94	0.89	0.84	0.78	0.73	0.67
6	0.93	0.89	0.84	0.78	0.73	0.67	0.62
8	0.89	0.84	0.78	0.72	0.67	0.62	0.57
10	0.83	0.78	0.72	0.67	0.61	0.56	0.52
12	0.78	0.72	0.67	0.61	0.56	0.52	0.47
14	0.72	0.66	0.61	0.56	0.51	0.47	0.43
16	0.66	0.61	0.56	0.51	0.47	0.43	0.40
18	0.61	0.56	0.51	0.47	0.43	0.40	0.36
20	0.56	0.51	0.47	0.43	0.39	0.36	0.33
22	0.51	0.47	0.43	0.39	0.36	0.33	0.31
24	0.46	0.43	0.39	0.36	0.33	0.31	0.28
26	0.42	0.39	0.36	0.33	0.31	0.28	0.26
28	0.39	0.36	0.33	0.30	0.28	0.26	0.24
30	0.36	0.33	0.30	0.28	0.26	0.24	0.22

β	$\frac{e}{h}$ 或 $\frac{e}{h_T}$					
	0.175	0.2	0.225	0.25	0.275	0.3
≤3	0.73	0.68	0.62	0.57	0.52	0.48
4	0.62	0.57	0.52	0.48	0.44	0.40
6	0.57	0.52	0.48	0.44	0.40	0.37
8	0.52	0.48	0.44	0.40	0.37	0.34
10	0.47	0.43	0.40	0.37	0.34	0.31
12	0.43	0.40	0.37	0.34	0.31	0.29
14	0.40	0.36	0.34	0.31	0.29	0.27
16	0.36	0.34	0.31	0.29	0.26	0.25
18	0.33	0.31	0.29	0.26	0.24	0.23
20	0.31	0.28	0.26	0.24	0.23	0.21
22	0.28	0.26	0.24	0.23	0.21	0.20
24	0.26	0.24	0.23	0.21	0.20	0.18
26	0.24	0.22	0.21	0.20	0.18	0.17
28	0.22	0.21	0.20	0.18	0.17	0.16
30	0.21	0.20	0.18	0.17	0.16	0.15

影响系数 φ（砂浆强度 0） 表 3-3

β	$\frac{e}{h}$ 或 $\frac{e}{h_T}$						
	0	0.025	0.05	0.075	0.1	0.125	0.15
≤3	1	0.99	0.97	0.94	0.89	0.84	0.79
4	0.87	0.82	0.77	0.71	0.66	0.60	0.55
6	0.76	0.70	0.65	0.59	0.54	0.50	0.46
8	0.63	0.58	0.54	0.49	0.45	0.41	0.38
10	0.53	0.48	0.44	0.41	0.37	0.34	0.32

续表

β	$\frac{e}{h}$ 或 $\frac{e}{h_T}$						
	0	0.025	0.05	0.075	0.1	0.125	0.15
12	0.44	0.40	0.37	0.34	0.31	0.29	0.27
14	0.36	0.33	0.31	0.28	0.26	0.24	0.23
16	0.30	0.28	0.26	0.24	0.22	0.21	0.19
18	0.26	0.24	0.22	0.21	0.19	0.18	0.17
20	0.22	0.20	0.19	0.18	0.17	0.16	0.15
22	0.19	0.18	0.16	0.15	0.14	0.14	0.13
24	0.16	0.15	0.14	0.13	0.13	0.12	0.11
26	0.14	0.13	0.13	0.12	0.11	0.11	0.10
28	0.12	0.12	0.11	0.11	0.10	0.10	0.09
30	0.11	0.10	0.10	0.09	0.09	0.09	0.08

β	$\frac{e}{h}$ 或 $\frac{e}{h_T}$					
	0.175	0.2	0.225	0.25	0.275	0.3
≤3	0.73	0.68	0.62	0.57	0.52	0.48
4	0.51	0.46	0.43	0.39	0.36	0.33
6	0.42	0.39	0.36	0.33	0.30	0.28
8	0.35	0.32	0.30	0.28	0.25	0.24
10	0.29	0.27	0.25	0.23	0.22	0.20
12	0.25	0.23	0.21	0.20	0.19	0.17
14	0.21	0.20	0.18	0.17	0.16	0.15
16	0.18	0.17	0.16	0.15	0.14	0.13
18	0.16	0.15	0.14	0.13	0.12	0.12
20	0.14	0.13	0.12	0.12	0.11	0.10
22	0.12	0.12	0.11	0.10	0.10	0.09
24	0.11	0.10	0.10	0.09	0.09	0.08
26	0.10	0.09	0.09	0.08	0.08	0.07
28	0.09	0.08	0.08	0.08	0.07	0.07
30	0.08	0.07	0.07	0.07	0.07	0.06

3.1.4 受压构件承载力计算
Strength of Compressive Members

根据以上对轴心受压、偏心受压、短柱和长柱的分析，无筋砌体受压构件承载力应按下式计算：

$$N \leqslant \varphi f A \tag{3-17}$$

式中 N——轴向力设计值；

φ——高厚比 $β$ 和轴向力偏心距 e 对受压构件承载力的影响系数。当 $β \leqslant 3$ 时，按式（3-16）计算，当 $β > 3$ 时，按式（3-15）计算；当 $e = 0$

时，$\varphi = \varphi_0$，按式（3-11）计算；也可直接按表 3-1~表 3-3 查用；

f——砌体抗压强度设计值，按 2.4 节的规定采用；

A——截面面积，对各类砌体均应按毛截面计算；对带壁柱墙，当考虑翼缘宽度时，应按 4.2 节的规定采用。

在计算影响系数 φ 或查 φ 值表时，构件高厚比 β 应按下列公式确定：

对矩形截面

$$\beta = \gamma_\beta \frac{H_0}{h} \tag{3-18}$$

对 T 形截面

$$\beta = \gamma_\beta \frac{H_0}{h_T} \tag{3-19}$$

式中 H_0——受压构件的计算高度，按表 4-3 采用；

h——矩形截面轴向力偏心方向的边长，当轴心受压时为截面较小边长；

h_T——T 形截面的折算厚度，可近似按 $3.5i$ 计算；

i——截面回转半径；

γ_β——不同砌体材料的高厚比修正系数，按表 3-4 采用。

对矩形截面构件，当轴向力偏心方向的截面边长大于另一方向的边长时，除按偏心受压计算外，还应对较小边长方向按轴心受压进行计算。

轴向力的偏心距 e 按内力设计值计算。偏心受压构件的偏心距过大，使构件的承载力明显下降，还可能使截面受拉边出现过大的水平裂缝，因而不宜采用。为此，要求

$$e \leqslant 0.6y \tag{3-20}$$

式中 y——截面重心到轴向力所在偏心方向截面边缘的距离。

高 厚 比 修 正 系 数　　　　　　　　　　表 3-4

砌 体 类 别	γ_β
烧结普通砖、烧结多孔砖	1.0
混凝土及轻集料混凝土砌块	1.1
蒸压灰砂砖、蒸压粉煤灰砖、细料石、半细料石	1.2
粗料石、毛石	1.5

注：对灌孔混凝土砌块砌体，$\gamma_\beta = 1.0$。

上述偏心受压构件是指轴向压力沿截面某一个主轴方向有偏心距或同时承受轴心压力和单向弯矩作用的情况，即单向偏心受压。当工程上遇到轴向压力沿截面两个主轴方向都有偏心距或同时承受轴心压力和两个方向弯矩作用的情况，这种受力形式称之为双向偏心受压。其受力性能比单向偏心受压复杂。试验表明，双向偏心受压构件在两个方向上偏心率（沿构件截面某方向的轴向力偏心距与该方向边长比值）的大小及其相对关系的改变，影响着构件的受力性能，使其有不

同的破坏形态和特点。研究表明，无筋砌体双向偏心受压构件承载力计算仍可采用式 (3-17)，只是其中影响系数 φ 要考虑双向偏心率的影响。

3.2 局 部 受 压
Local Bearing Strength of Masonry

3.2.1 砌体局部均匀受压
Uniformly Local Bearing

1. 局部抗压强度提高系数

当砌体抗压强度设计值为 f 时，砌体局部均匀受压时的抗压强度可取为 γf。γ 称为砌体局部抗压强度提高系数。根据试验结果，γ 的大小与周边约束局部受压面积的砌体截面面积的大小以及局部受压砌体所处的位置有关，可按式(3-21)确定：

$$\gamma = 1 + \xi \sqrt{\frac{A_0}{A_l} - 1} \tag{3-21}$$

式中 A_0——影响砌体的局部抗压强度的计算面积；
　　　A_l——局部受压面积；
　　　ξ——与局部受压砌体所处位置有关的系数。

式 (3-21) 中，等号右边第一项是局部受压面积范围内砌体自身的单轴抗压强度，第二项反映了周边非直接受压砌体对局部受压砌体的侧向压力作用及力的扩散的影响。对于中心局部受压，ξ 值可达 $0.7 \sim 0.75$；对于一般墙段中部、端部和角部的局部受压，ξ 值降低较多。为简化计算且偏于安全，砌体的局部抗压强度提高系数 γ 统一按式 (3-22) 计算。

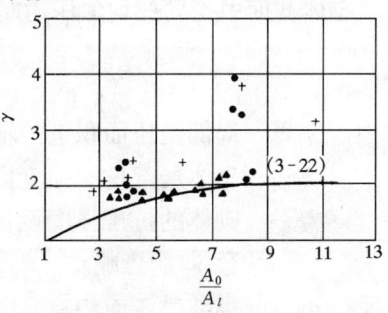

图 3-6 砌体局部抗压强度提高系数

$$\gamma = 1 + 0.35 \sqrt{\frac{A_0}{A_l} - 1} \tag{3-22}$$

2. 影响局部抗压强度的计算面积

影响局部抗压强度的计算面积，可按图 3-7 确定。

(1) 在图 3-7 (a) 的情况下，$A_0 = (a+c+h) h$；
(2) 在图 3-7 (b) 的情况下，$A_0 = (b+2h) h$；
(3) 在图 3-7 (c) 的情况下，$A_0 = (a+h) h + (b+h_1-h) h_1$；
(4) 在图 3-7 (d) 的情况下，$A_0 = (a+h) h$。

式中 a、b——矩形局部受压面积 A_l 的边长；
　　　h、h_1——墙厚或柱的较小边长、墙厚；
　　　c——矩形局部受压面积的外边缘至构件边缘的较小距离，当大于 h 时，应取为 h。

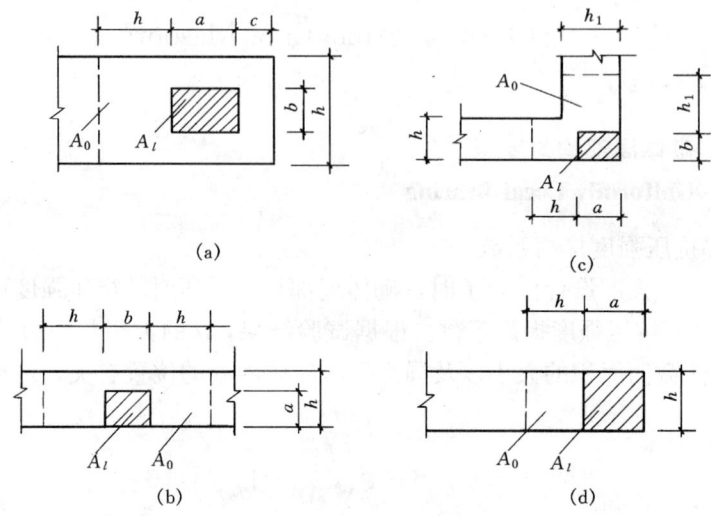

图 3-7　影响局部抗压强度的面积 A_0

3. 砌体截面中受局部均匀压力时的承载力计算

砌体截面中受局部均匀压力时的承载力应按下式计算：

$$N_l = \gamma f A_l \tag{3-23}$$

式中　N_l——局部受压面积上的轴向力设计值；
　　　γ——砌体局部抗压强度提高系数；
　　　f——砌体的抗压强度设计值，可不考虑 2.4.4 节中第 2 项强度调整系数 γ_a 的影响；
　　　A_l——局部受压面积。

在按式（3-22）计算 γ 值时，为了避免 $\dfrac{A_0}{A_l}$ 大于某一限值时会出现危险的劈裂破坏，γ 值尚应符合下列规定：

(1) 在图 3-7（a）的情况下，$\gamma \leqslant 2.5$；
(2) 在图 3-7（b）的情况下，$\gamma \leqslant 2.0$；
(3) 在图 3-7（c）的情况下，$\gamma \leqslant 1.5$；
(4) 在图 3-7（d）的情况下，$\gamma \leqslant 1.25$；
(5) 对多孔砖砌体和混凝土砌块灌孔砌体，在（1）、（2）、（3）款的情况下，尚应符合 $\gamma \leqslant 1.5$。未灌孔混凝土砌块砌体，$\gamma = 1.0$。

3.2.2 梁端支承处砌体的局部受压
Local Bearing at Beam Supports

1. 上部荷载对局部抗压强度的影响

梁端支承处砌体的局部受压属局部不均匀受压。作用在梁端砌体上的轴向力，除梁端支承压力 N_l 外，还有由上部荷载产生的轴向力 N_0，如图 3-8（a）所示。对在梁上砌体作用有均匀压应力 σ_0 的试验结果表明，如果 σ_0 较小，当梁上荷载增加时，与梁端底部接触的砌体产生较大的压缩变形，梁端顶部与砌体的接触面将减小，甚至与砌体脱开，砌体形成内拱来传递上部荷载（图 3-8b），此时，σ_0 的存在和扩散对下部砌体有横向约束作用，提高了砌体局压承载力。这种有利作用应给予考虑。但如果 σ_0 较大，上部砌体的压缩变形增大，梁端顶部与砌体的接触面也增大，内拱作用逐渐减小，其有利效应也变小。这一影响以上部荷载的折减系数表示。此外，按试验结果，当 $A_0/A_l \geqslant 2$ 时，可不考虑上部荷载对砌体局部抗压强度的影响。为偏于安全，规定当 $A_0/A_l \geqslant 3$ 时，不考虑上部荷载的影响。

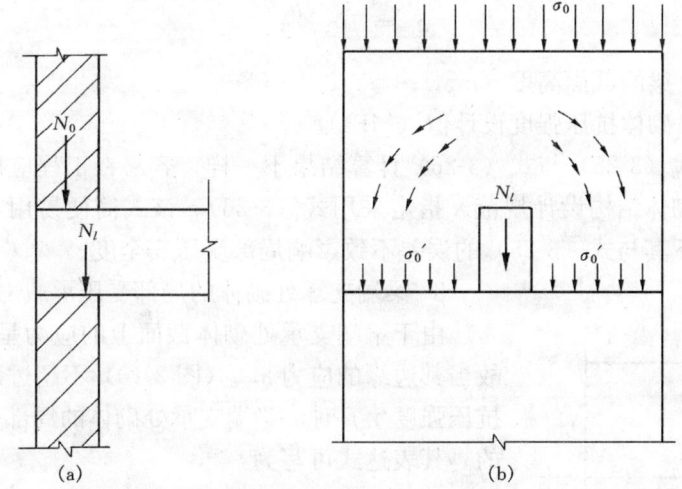

图 3-8 上部荷载对局部抗压的影响示意

2. 梁端有效支承长度

梁端支承在砌体上时，由于梁的挠曲变形（图 3-9）和支承处砌体压缩变形的影响，在梁端实际支承长度 a 范围内，下部砌体并非全部起到有效支承的作用。因此梁端下部砌体局部受压的范围应只在有效支承长度 a_0 范围内，砌体局部受压面积应为 $A_l = a_0 b$（b 为梁的宽度）。

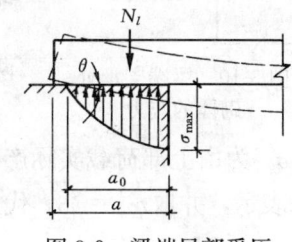

图 3-9 梁端局部受压

假定梁端砌体的变形和压应力按线性分布,则对砌体边缘的位移为 $y_{max} = a_0 \tan\theta$ (θ 为梁端转角),其压应力为 $\sigma_{max} = k y_{max}$,k 为梁端支承处砌体的压缩刚度系数。梁端砌体内实际的压应力为曲线分布,设压应力图形的完整系数为 η,取平均压应力为 $\sigma = \eta k y_{max}$。按照竖向力的平衡条件得:

$$N_l = \eta k y_{max} a_0 b = \eta k a_0^2 b \tan\theta \tag{3-24}$$

根据试验结果,可取 $\dfrac{\eta k}{f_m} = 0.332\text{mm}^{-1}$,$\dfrac{\eta k}{f} = 0.692\text{mm}^{-1}$,当 N_l 的单位取"kN"、f 的单位取"N/mm²"时,可以得到:

$$a_0 = 38\sqrt{\dfrac{N_l}{bf\tan\theta}} \tag{3-25}$$

对于承受均布荷载 q 作用的钢筋混凝土简支梁,可取 $N_l = ql/2$(l 为梁的跨度),$\tan\theta \approx \theta = ql^3/24B_c$($B_c$ 为梁的刚度),$h_c/l = 1/11$(h_c 为梁的截面高度)。考虑到钢筋混凝土梁可能产生裂缝以及长期荷载效应的影响,取 $B_c \approx 0.3 E_c I_c$。I_c 为梁的惯性矩,E_c 为混凝土弹性模量,当采用强度等级为 C20 的混凝土时,$E_c = 25.5\text{ kN/mm}^2$。将上述各值代入公式(3-25),可得:

$$a_0 = 10\sqrt{\dfrac{h_c}{f}} \tag{3-26}$$

式中 h_c——梁的截面高度(mm);
   f——砌体抗压强度设计值(MPa)。

考虑到式(3-25)与式(3-26)计算结果不一样,容易在工程应用上引起争端,为此《砌体结构设计规范》指定采用式(3-26)。该式简便易用,且在常用跨度梁情况下其与式(3-25)的误差不致影响局部受压安全度。

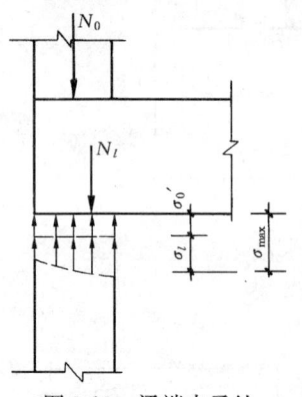

图 3-10 梁端支承处砌体的应力

3. 梁端支承处砌体的局部受压承载力计算

由于梁端支承处砌体截面上的应力呈曲线分布,故当其边缘的应力 σ_{max}(图 3-10)不超过砌体的局部抗压强度 γf 时,梁端支承处砌体的局部受压是安全的。其表达式可写为:

$$\sigma_{max} \leqslant \gamma f$$

即 $$\sigma_0' + \sigma_l = \sigma_0' + \dfrac{N_l}{\eta A_l} \leqslant \gamma f$$

两边同乘 ηA_l,有

$$\eta \sigma_0' A_l + N_l \leqslant \eta \gamma f A_l$$

式中 σ_0' 为由上部荷载实际产生的平均应力。现以上部荷载产生的计算平均应力 σ_0 来表示,并取 $\eta \sigma_0' = \psi \sigma_0$ 代入上式,可得

$$\psi \sigma_0 A_l + N_l \leqslant \eta \gamma f A_l$$

由此得梁端支承处砌体的局部受压承载力计算公式为

$$\psi N_0 + N_l \leqslant \eta f A_l \tag{3-27}$$

$$\psi = 1.5 - 0.5 \frac{A_0}{A_l} \tag{3-27a}$$

$$N_0 = \sigma_0 A_l \tag{3-27b}$$

$$A_l = a_0 b \tag{3-27c}$$

式中 ψ——上部荷载的折减系数，当 $A_0/A_l \geqslant 3$ 时，应取 $\psi=0$；

N_0——局部受压面积内上部轴向力设计值；

N_l——梁端荷载设计值产生的支承压力；

σ_0——上部平均压应力设计值；

A_l——局部受压面积；

η——梁端底面应力图形的完整系数，应取 0.7，对于过梁和墙梁应取 1.0；

a_0——梁端有效支承长度（mm），按式（3-26）计算，当 $a_0>a$ 时，应取 $a_0=a$；

b——梁的截面宽度（mm）；

f——砌体抗压强度设计值（MPa）。

3.2.3 梁端下设有刚性垫块时砌体的局部受压
Local Bearing at Beam Supports with Rigid Bearer

梁端下设置垫块是解决局部受压承载力不足的一个有效措施。当垫块的高度 $t_b \geqslant 180\mathrm{mm}$，且垫块自梁边缘起挑出的长度不大于垫块的高度时，称为刚性垫块。它不但可以增大局部受压面积，还可使梁端压力能较好地传至砌体表面。试验表明，垫块底面积以外的砌体对局部抗压强度仍能提供有利的影响，但考虑到垫块底面压应力分布不均匀，为了偏于安全，取垫块外砌体面积的有利影响系数 $\gamma_1 = 0.8\gamma$。计算分析表明，刚性垫块下砌体的局部受压可采用砌体偏心受压的计算模式进行计算。

在梁端下设有预制或现浇刚性垫块的砌体局部受压承载力按下列公式计算：

$$N_0 + N_l \leqslant \varphi \gamma_1 f A_b \tag{3-28}$$

$$N_0 = \sigma_0 A_b \tag{3-28a}$$

$$A_b = a_b b_b \tag{3-28b}$$

式中 N_0——垫块面积 A_b 内上部轴向力设计值；

φ——垫块上 N_0 及 N_l 合力的影响系数，应采用表 3-1～表 3-3 中当 $\beta \leqslant 3$ 时的 φ 值；

γ_1——垫块外砌体面积的有利影响系数，γ_1 应为 0.8γ，但不小于 1，γ 为砌体局部抗压强度提高系数，按式（3-22）以 A_b 代替 A_l 计算得出：

A_b——垫块面积；

a_b——垫块伸入墙内的长度；

b_b——垫块的宽度。

在带壁柱墙的壁柱内设刚性垫块时（图 3-11），其计算面积应取壁柱范围内的面积，而不应计算翼缘部分，同时壁柱上垫块伸入翼墙内的长度不应小于 120mm；当现浇垫块与梁端整体浇筑时，垫块可在梁高范围内设置。

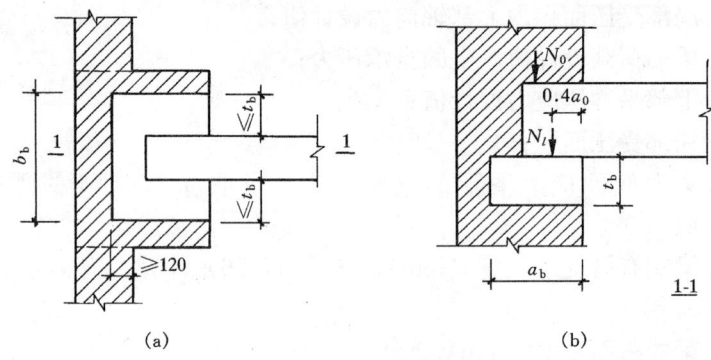

图 3-11 壁柱上设有垫块时梁端局部受压

梁端设有刚性垫块时，梁端有效支承长度 a_0 采用刚性垫块上表面梁端有效支承长度。刚性垫块上、下表面的有效支承长度不相等，但它们之间有良好的相关性。刚性垫块上表面梁端有效支承长度 a_0（以厘米计）按下式确定：

$$a_0 = \delta_1 \sqrt{\frac{h_c}{f}} \tag{3-29}$$

式中 δ_1——刚性垫块的影响系数，可按表 3-5 采用。

垫块上 N_l 作用点的位置可取 $0.4a_0$ 处（如图 3-11b 所示）。

系 数 δ_1 值 表　　　　　　　　表 3-5

σ_0/f	0	0.2	0.4	0.6	0.8
δ_1	5.4	5.7	6.0	6.9	7.8

注：表中其间的数值可采用插入法求得。

在上述计算中，确定 N_0 与 N_l 的大小及作用位置较为重要，关键在于 N_0 是由上部荷载作用于垫块面积内的压力，位于垫块截面重心处；N_l 为在梁端产生的支承压力，位置为 $0.4a_0$ 处，此时的 a_0 应按式（3-29）而不是按式（3-26）计算，在对其下部墙体的受压承载力计算中亦是如此；N_0 与 N_l 合力的影响系数 φ，按式（3-16）计算，或查表 3-1～表 3-3 中 $\beta \leqslant 3$ 一栏的 φ 值，即对于砌体的局部受压不考虑纵向弯曲的影响。

3.2.4 梁端下设有长度大于 πh_0 的钢筋混凝土垫梁时砌体的局部受压
Local Bearing at Beam Supports with Flexible Reinforced Concrete Bearer

当梁下设有长度大于 πh_0 的钢筋混凝土垫梁时，由于垫梁是柔性的，置于墙上的垫梁在屋面梁或楼面梁的作用下，相当于承受集中荷载的"弹性地基"上的无限长梁（图 3-12）。此时，"弹性地基"的宽度即为墙厚 h，按照弹性力学的平面应力问题求解，在垫梁底面、集中力 N_l 作用点处的应力最大

$$\sigma_{y\max} = 0.306 \frac{N_l}{b_b} \sqrt[3]{\frac{Eh}{E_b I_b}} \tag{3-30}$$

式中 E_b、I_b——分别为垫梁的弹性模量和截面惯性矩；
　　　b_b——垫梁的宽度；
　　　E——砌体的弹性模量。

为简化计算，现以三角形应力图形来代替实际曲线分布应力图形，折算的应力分布长度取为 $s = \pi h_0$，则可由静力平衡条件求得

$$N_l = \frac{1}{2} \pi h_0 b_b \sigma_{y\max} \tag{3-31}$$

将式（3-31）代入式（3-30），则得到垫梁的折算高度 h_0 为：

$$h_0 = 2\sqrt[3]{\frac{E_b I_b}{Eh}} \tag{3-32}$$

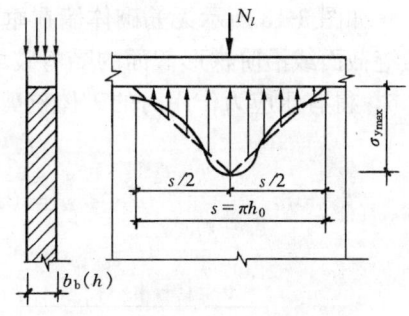

图 3-12 垫梁下砌体局部受压

式中 E_b、I_b——分别为垫梁的混凝土弹性模量和截面惯性矩；
　　　E——砌体的弹性模量；
　　　h——墙厚（mm）。

根据试验研究，在荷载作用下由于混凝土垫梁先开裂，垫梁的刚度在减小。砌体临近破坏时，砌体内实际最大应力比按上述弹性力学分析的结果要大得多，$\dfrac{\sigma_{y\max}}{f}$ 均大于 1.5。现取

$$\sigma_{y\max} \leqslant 1.5 f \tag{3-33}$$

考虑垫梁 $\dfrac{\pi b_b h_0}{2}$ 范围内上部荷载设计值产生的轴力 N_0，则有

$$N_0 + N_l \leqslant \frac{\pi b_b h_0}{2} \times 1.5 f \approx 2.4 b_b h_0 f$$

考虑荷载沿墙方向分布不均匀的影响后，梁下设有长度大于 πh_0 的垫梁下的砌体局部受压承载力应按下列公式计算：

$$N_0 + N_l \leqslant 2.4\delta_2 f b_b h_0 \tag{3-34}$$

$$N_0 = \frac{\pi b_b h_0 \sigma_0}{2} \tag{3-35}$$

式中 N_0——垫梁上部轴向力设计值；

b_b、h_b——分别为垫梁在墙厚方向的宽度和垫梁的高度（mm）；

δ_2——垫梁底面压应力分布系数，当荷载沿墙厚方向均匀分布时 δ_2 取 1.0，不均匀时 δ_2 可取 0.8；

h_0——垫梁的折算高度（mm）。

计算中，支承在垫梁上的梁，梁端有效支承长度近似按式（3-29）确定。

3.3 受 剪 构 件
Shear Strength of Masonry Members

如图 3-13 所示无筋砌体墙在垂直压力和水平剪力作用下，可能产生沿水平通缝截面或沿阶梯形截面的受剪破坏。由式（1-12）并取材料性能分项系数 $\gamma_f = 1.6$，得有压应力作用时的砌体抗剪强度设计值为：

$$f_v = f_{v0} + \alpha\mu\sigma_{0k}$$

$$\mu = 0.311 - 0.118 \frac{\sigma_{0k}}{f}$$

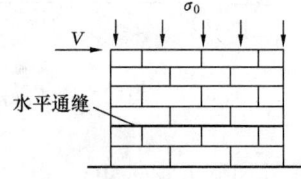
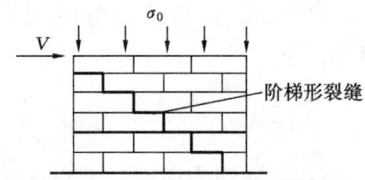

图 3-13 无筋砌体墙受剪

其中，σ_{0k} 为永久荷载标准值产生的水平截面平均压应力，计算时应视 $\gamma_G = 1.2$ 和 $\gamma_G = 1.35$ 两种不同的荷载效应组合，将 σ_{0k} 换算成设计值 σ_0。对于修正系数 α，则还应考虑不同种类砌体的影响。

根据以上所述，沿通缝或沿阶梯形截面破坏时受剪构件的承载力，应按下列公式计算：

$$V \leqslant (f_{v0} + \alpha\mu\sigma_0)A \tag{3-36}$$

当永久荷载分项系数 $\gamma_G = 1.2$ 时

$$\mu = 0.26 - 0.082 \frac{\sigma_0}{f} \tag{3-37}$$

当永久荷载分项系数 $\gamma_G = 1.35$ 时

$$\mu = 0.23 - 0.065 \frac{\sigma_0}{f} \tag{3-38}$$

式中 V——截面剪力设计值;
A——水平截面面积,当有孔洞时,取净截面面积;
f_{v0}——砌体的抗剪强度设计值,按表 2-10 采用,对灌孔的混凝土砌块砌体取 f_{vg}(应按式(2-19)计算);
α——修正系数,当 $\gamma_G=1.2$ 时,砖砌体取 0.60,混凝土砌块砌体取 0.64;当 $\gamma_G=1.35$ 时,砖砌体取 0.64,混凝土砌块砌体取 0.66;
μ——剪压复合受力影响系数,α 与 μ 的乘积可查表 3-6;
σ_0——永久荷载设计值产生的水平截面平均压应力;
f——砌体抗压强度设计值;
σ_0/f——轴压比,不应大于 0.8。

当 $\gamma_G=1.2$ 及 $\gamma_G=1.35$ 时 $\alpha\mu$ 值　　　　　表 3-6

γ_G	σ_0/f	0.1	0.2	0.3	0.4	0.5	0.6	0.7	0.8
1.2	砖砌体	0.15	0.15	0.14	0.14	0.13	0.13	0.12	0.12
	砌块砌体	0.16	0.16	0.15	0.15	0.14	0.13	0.13	0.12
1.35	砖砌体	0.14	0.14	0.13	0.13	0.13	0.12	0.12	0.11
	砌块砌体	0.15	0.14	0.14	0.13	0.13	0.13	0.12	0.12

3.4 受拉和受弯构件
Tensile Members and Flexural Members of Masonry

3.4.1 轴心受拉构件
Strength of Axially Tensile Members

根据砌体材料的性能,其轴心抗拉能力是很低的,因此工程上很少采用砌体轴心受拉构件。如容积较小的圆形水池或筒仓,在液体或松散物料的侧压力作用下,池壁或筒壁内只产生环向拉力时(图 3-14a),有时采用砌体结构。

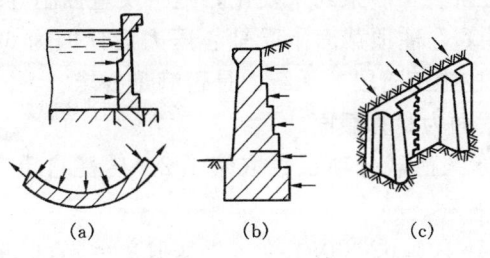

图 3-14 轴心受拉和受弯构件

砌体轴心受拉构件的承载力应按下式计算:

$$N_t \leqslant f_t A \qquad (3\text{-}39)$$

式中 N_t——轴心拉力设计值；

f_t——砌体的轴心抗拉强度设计值，按表 2-10 采用。

3.4.2 受弯构件
Strength of Flexural Members

过梁及挡土墙属于受弯构件，在弯矩作用下砌体可能沿通缝截面（图 3-14b）或沿齿缝截面（图 3-14c）因弯曲受拉而破坏，应进行受弯承载力计算。此外，在支座处还存在较大的剪力，因而还应对其受剪承载力进行验算。

受弯构件的受弯承载力应按下式计算：

$$M \leqslant f_{tm} W \qquad (3\text{-}40)$$

式中 M——弯矩设计值；

f_{tm}——砌体弯曲抗拉强度设计值，按表 2-10 采用；

W——截面抵抗矩，对矩形截面 $W=bh^2/6$。

受弯构件的受剪承载力按下式计算：

$$V \leqslant f_{v0} bz \qquad (3\text{-}41)$$

式中 V——剪力设计值；

f_{v0}——砌体的抗剪强度设计值，按表 2-10 采用；

b、h——截面的宽度和高度；

z——内力臂，$z=I/S$，当截面为矩形时取 $z=2h/3$；

I、S——截面的惯性矩和面积矩。

3.5 计 算 例 题
Examples

【**例题 3-1**】 一砖柱，截面尺寸 620mm×490mm，高度为 4.2m，采用烧结普通砖 MU10，施工阶段，砂浆尚未硬化。施工质量控制等级为 B 级。荷载效应组合按式（2-11）计算，柱顶截面承受轴心压力设计值为 67kN，柱的计算高度为 4.2m。试验算该柱施工阶段的承载力是否满足要求？

【**解**】 取柱底截面为验算截面。

按式（2-11），永久荷载分项系数取值 1.2，砖柱自重产生的轴心压力设计值为

$$18 \times 0.62 \times 0.49 \times 4.2 \times 1.2 = 27.6 \text{kN}$$

因此柱底截面上的轴向力设计值 $N=67+27.6=94.6$kN

砖柱高厚比 $\beta = \gamma_\beta \dfrac{H_0}{b} = 1.0 \times \dfrac{4.2}{0.49} = 8.6$

砖柱轴心受压，$e=0$

施工阶段，砂浆尚未硬化，取砂浆强度为 0，查表 3-3，$\varphi=0.60$

$$A = 0.62 \times 0.49 = 0.3028 \text{m}^2 > 0.3 \text{m}^2$$

查表 2-4，并考虑是施工阶段验算，取 $\gamma_a = 1.1$，有 $f = 0.67 \times 1.1 = 0.74 \text{MPa}$

按式（3-17），$\varphi f A = 0.6 \times 0.74 \times 0.3028 \times 10^6 = 134.44 \times 10^3 \text{N} = 134.44 \text{kN} > 94.6 \text{kN}$，该柱安全。

【例题 3-2】 一截面尺寸为 800mm×190mm 的墙段，采用 MU10 单排孔混凝土小型空心砌块对孔砌筑，Mb5 混合砂浆，墙的计算高度 2.8m，承受轴向力设计值 130kN，沿墙段长边方向荷载偏心距为 200mm，施工质量控制等级为 B 级，试验算该墙段的承载力。若施工质量控制等级降为 C 级，该墙段的承载力是否还能满足要求？

【解】

（1）施工质量控制等级为 B 级，时

$A = 0.8 \times 0.19 = 0.152 \text{m}^2 < 0.3 \text{m}^2$，$\gamma_a = 0.7 + A = 0.7 + 0.152 = 0.852$

查表 2-6　$f = 0.852 \times 2.22 = 1.89 \text{MPa}$

沿截面偏心方向（长边方向）计算：

$$\beta = \gamma_\beta \frac{H_0}{h} = 1.1 \times \frac{2.8}{0.8} = 3.85$$

$$\frac{e}{h} = \frac{200}{800} = 0.25$$

$$e = 200 \text{mm} < 0.6y = 0.6 \times 0.5 \times 800 = 240 \text{mm}$$

查表 3-1 得 $\varphi = 0.502$

则 $\varphi f A = 0.502 \times 1.89 \times 0.152 \times 10^6 = 144.21 \times 10^3 \text{N} = 144.21 \text{kN} > 130 \text{kN}$，满足要求。

沿截面短边方向按轴心受压进行计算：

$$\beta = \gamma_\beta \frac{H_0}{h} = 1.1 \times \frac{2.8}{0.19} = 16.21$$

查表 3-1 得 $\varphi = 0.715$

按式（3-17），$\varphi f A = 0.715 \times 1.89 \times 0.152 \times 10^6 = 205.41 \times 10^3 \text{N} = 205.41 \text{kN} > 130 \text{kN}$，安全。

（2）当施工质量控制等级降为 C 级时，砌体抗压强度设计值应予降低，此时

沿截面偏心方向计算：$f = 1.89 \times \dfrac{1.6}{1.8} = 1.68 \text{N/mm}^2$

则 $\varphi f A = 0.502 \times 1.68 \times 0.152 \times 10^6 = 128.19 \times 10^3 \text{N} = 128.19 \text{kN} < 130 \text{kN}$，不满足要求。

【例题 3-3】 如图 3-15 所示为一带壁柱砖墙，采用 MU10 烧结普通砖、

M7.5 混合砂浆砌筑，施工质量控制等级为 B 级，计算高度为 5m，试计算当轴向压力作用于该墙截面重心 O 点及 A 点时的承载力。

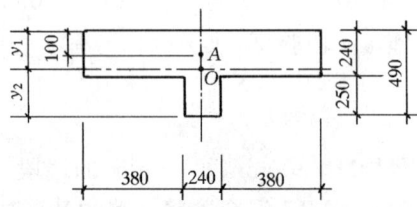

图 3-15 例题 3-3 带壁柱砖墙截面

【解】
1. 截面几何特征值计算

截面面积：$A = 1 \times 0.24 + 0.24 \times 0.25 = 0.3 \text{m}^2$，取 $\gamma_a = 1.0$

截面重心位置：$y_1 = \dfrac{1 \times 0.24 \times 0.12 + 0.24 \times 0.25 \times 0.365}{0.3} = 0.169 \text{m}$

$$y_2 = 0.49 - 0.169 = 0.321 \text{m}$$

截面惯性矩：
$$I = \dfrac{1 \times 0.24^3}{12} + 1 \times 0.24 \times (0.169 - 0.12)^2 + \dfrac{0.24 \times 0.25^3}{12}$$
$$+ 0.24 \times 0.25 \times (0.321 - 0.125)^2 = 0.00434 \text{m}^4$$

截面回转半径：$i = \sqrt{\dfrac{I}{A}} = \sqrt{\dfrac{0.00434}{0.3}} = 0.12 \text{m}$

T 形截面的折算厚度：$h_T = 3.5i = 3.5 \times 0.12 = 0.42 \text{m}$

2. 轴向力作用于截面重心 O 点时的承载力

$$\beta = \gamma_\beta \dfrac{H_0}{h_T} = 1.0 \times \dfrac{5}{0.42} = 11.90$$

查表 3-1 得 $\varphi = 0.823$，查表 2-4 得 $f = 1.69 \text{MPa}$

则按式 (3-17)，承载力为 $N = \varphi f A = 0.823 \times 1.69 \times 0.3 \times 10^6 = 417.3 \times 10^3 \text{N} = 417.3 \text{kN}$

3. 轴向力作用于 A 点时的承载力

$e = y_1 - 0.1 = 0.169 - 0.1 = 0.069 < 0.6 y_1 = 0.6 \times 0.169 = 0.1014 \text{m}$

$$\dfrac{e}{h_T} = \dfrac{0.069}{0.42} = 0.164, \beta = 11.90$$

查表 3-1 得 $\varphi = 0.489$，则承载力为
$$N = \varphi f A = 0.489 \times 1.69 \times 0.3 \times 10^6 = 247.9 \times 10^3 \text{N} = 247.9 \text{kN}$$

3.5 计算例题

【例题 3-4】 一钢筋混凝土梁支承在窗间墙上（图 3-16），梁端荷载设计值产生的支承压力为 60kN，梁底截面处的上部荷载设计值 150kN，梁截面尺寸 $b \times h = 200\text{mm} \times 550\text{mm}$，支承长度 $a = 240\text{mm}$，窗间墙截面尺寸 $1200\text{mm} \times 240\text{mm}$，采用 MU10 烧结普通砖、M5 混合砂浆砌筑，施工质量控制等级为 B 级。试验算梁底部砌体的局部受压承载力。

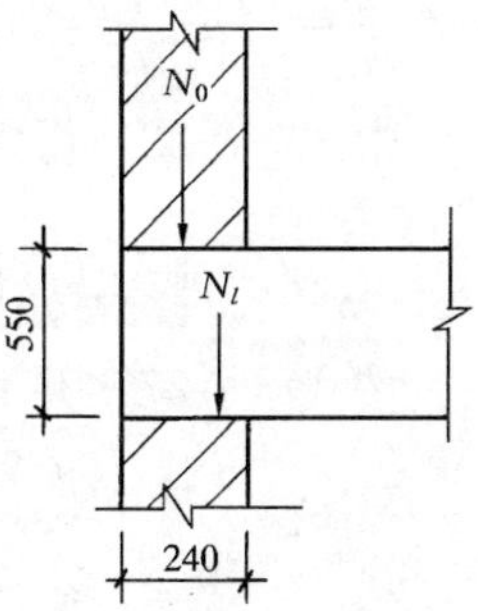

图 3-16 例题 3-4 简图

【解】

因窗间墙截面面积 $A = 0.24 \times 1.20 = 0.288\text{m}^2 < 0.3\text{m}^2$，

取 $\gamma_a = 0.7 + A = 0.7 + 0.288 = 0.988$，并查表 2-4，有

$$f = 0.988 \times 1.50 = 1.48\text{MPa}$$

由图 3-7（b），$A_0 = (b+2h)h = (200 + 2 \times 240) \times 240 = 163200\text{mm}^2$

$$a_0 = 10\sqrt{\frac{h_c}{f}} = 10 \times \sqrt{\frac{550}{1.48}} = 192.77\text{mm} < a = 240\text{mm}$$

$A_l = a_0 b = 192.77 \times 200 = 38555\text{mm}^2$

$\dfrac{A_0}{A_l} = \dfrac{163200}{38555} = 4.233 > 3$，取 $\psi = 0$，可不考虑上部荷载的影响。

由式（3-22）得

$$\gamma = 1 + 0.35\sqrt{\frac{A_0}{A_l} - 1} = 1 + 0.35\sqrt{4.233 - 1} = 1.629 < 2.0$$

按式（3-27）并取 $\eta = 0.7$，得

$\eta \gamma f A_l = 0.7 \times 1.629 \times 1.48 \times 38555 = 65067\text{N}$
$= 65.07\text{kN} > N_l = 60\text{kN}$，满足要求。

【例题 3-5】 某窗间墙截面尺寸为 $1200\text{mm} \times 240\text{mm}$、采用 MU10 烧结普通砖、M2.5 混合砂浆砌筑，施工质量控制等级为 B 级。墙上支承截面尺寸为 $250\text{mm} \times 600\text{mm}$ 的钢筋混凝土梁，梁端荷载设计值产生的支承压力为 80kN，上部荷载设计值产生的轴向力为 150kN。试验算梁端支承处砌体的局部受压承载力。

【解】 1) 因窗间墙截面面积 $A = 0.24 \times 1.20 = 0.288\text{m}^2 < 0.3\text{m}^2$，取 $\gamma_a = 0.7 + A = 0.7 + 0.288 = 0.988$，并查表 2-4，有 $f = 0.988 \times 1.30 = 1.28\text{MPa}$

由图 3-7（b），

$$A_0 = (b+2h)h = (250 + 2 \times 240) \times 240 = 175200\text{mm}^2$$

$$a_0 = 10\sqrt{\frac{h_c}{f}} = 10 \times \sqrt{\frac{600}{1.28}} = 216.51\text{mm} < a = 240\text{mm}$$

$$A_l = a_0 b = 216.51 \times 250 = 54127\text{mm}^2$$

$$\frac{A_0}{A_l} = \frac{175200}{54127} = 3.237 > 3, \text{取} \psi = 0, \text{可不考虑上部荷载的影响}$$

由式（3-22）得

$$\gamma = 1 + 0.35\sqrt{\frac{A_0}{A_l} - 1} = 1 + 0.35\sqrt{3.237 - 1} = 1.523 < 2.0$$

按式（3-27）并取 $\eta = 0.7$，得

$$\eta \gamma f A_l = 0.7 \times 1.523 \times 1.28 \times 54127 = 73862\text{N}$$
$$= 73.86\text{kN} < N_l = 80\text{kN}$$

故梁端支承处砌体局部受压不安全。

2) 为了保证砌体的局部受压承载力，现设置 $b_b \times a_b \times t_b = 650\text{mm} \times 240\text{mm} \times 240\text{mm}$ 预制混凝土垫块，其尺寸符合刚性垫块的要求。

因为 $650 + 2 \times 240 = 1130\text{mm} < 1200\text{mm}$

所以 $A_0 = (b + 2h)h = (650 + 2 \times 240) \times 240 = 271200\text{mm}^2$

$$A_l = A_b = a_b b_b = 240 \times 650 = 156000\text{mm}^2$$

$$\frac{A_0}{A_l} = \frac{271200}{156000} = 1.738 < 3$$

$$\gamma = 1 + 0.35\sqrt{\frac{A_0}{A_l} - 1} = 1 + 0.35\sqrt{1.738 - 1} = 1.3 < 2.0$$

$$\gamma_1 = 0.8\gamma = 1.04$$

上部荷载产生的平均压应力

$$\sigma_0 = \frac{150 \times 10^3}{1200 \times 240} = 0.521\text{N/mm}^2$$

$$\frac{\sigma_0}{f} = \frac{0.521}{1.28} = 0.407, \text{查表 3-5}, \delta_1 = 6.032$$

刚性垫块上表面梁端有效支承长度

$$a_0 = \delta_1 \sqrt{\frac{h_c}{f}} = 6.032 \times \sqrt{\frac{600}{1.28}} = 130.60\text{mm}$$

N_l 合力点至墙边的位置为 $0.4a_0 = 0.4 \times 130.60 = 52.24\text{mm}$

N_l 对垫块重心的偏心距为 $e_l = 120 - 52.24 = 67.76\text{mm}$

垫块上的上部荷载为 $N_0 = \sigma_0 A_b = 0.521 \times 156000 = 81.27 \times 10^3 \text{N} = 81.27\text{kN}$

作用在垫块上的轴向力 $N = N_0 + N_l = 81.27 + 80 = 161.27\text{kN}$

轴向力对垫块重心的偏心距

$$e = \frac{N_l e_l}{N_0 + N_l} = \frac{80 \times 67.76}{81.27 + 80} = 33.61\text{mm}$$

$$\frac{e}{a_b} = \frac{33.61}{240} = 0.140$$

查表 3-2 $(\beta \leqslant 3)$，$\varphi = 0.81$

按式 (3-28),

$$\varphi\gamma_1 fA_b = 0.81 \times 1.04 \times 1.28 \times 156000 = 168210\text{N}$$

$$= 168.21\text{kN} > N = N_0 + N_l = 161.27\text{kN}$$

设置预制垫块后,砌体局部受压安全。

3) 如设置钢筋混凝土垫梁,取垫梁截面尺寸和垫块相同,亦为 240mm×240mm,混凝土强度等级为 C20,$E_b = 25.5\text{kN/mm}^2$,查表 1-11,砌体弹性模量 $E = 1390f = 1390 \times 1.28 = 1779\text{N/mm}^2$。

由式 (3-32)

$$h_0 = 2\sqrt[3]{\frac{E_b I_b}{Eh}} = 2\sqrt[3]{\frac{25.5 \times 10^3 \times \frac{1}{12} \times 240 \times 240^3}{1779 \times 240}} = 509.29\text{mm}$$

$$N_0 = \frac{\pi b_b h_0 \sigma_0}{2} = \frac{\pi}{2} \times 240 \times 509.29 \times 0.521 = 100.031 \times 10^3\text{N} = 100.03\text{kN}$$

$$N_0 + N_l = 100.03 + 80 = 180.03\text{kN}$$

按式 (3-34),

$$2.4\delta_2 fb_b h_0 = 2.4 \times 0.8 \times 1.28 \times 240 \times 509.29$$

$$= 300391\text{N} = 300.39\text{kN} > N_0 + N_l = 180.03\text{kN}$$

垫梁下的砌体局部受压安全。

【例题 3-6】 某砖砌筒拱 (图 3-17),用烧结普通砖 MU10、水泥砂浆 M10 砌筑,施工质量控制等级为 B 级。沿纵向取 1m 宽的筒拱计算,拱支座处的水平力设计值为 60kN/m,作用在受剪截面面积上由永久荷载设计值产生的竖直压力为 75kN/m(永久荷载分项系数 $\gamma_G = 1.35$)。试验算拱支座处的抗剪承载力。

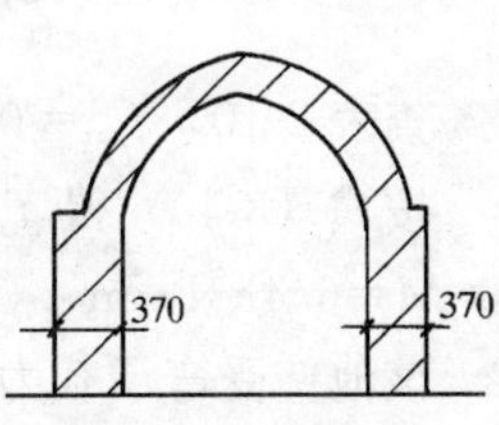

【解】 查表 2-4,$f = 0.9 \times 1.89 = 1.70\text{MPa}$

查表 2-10,$f_{v0} = 0.8 \times 0.17 = 0.14\text{MPa}$

$A = 1000 \times 370 = 3.7 \times 10^5 \text{mm}^2$

由永久荷载设计值产生的水平截面平均压应力 σ_0 为

图 3-17 例题 3-6 砖砌筒拱

$$\sigma_0 = \frac{75 \times 10^3}{3.7 \times 10^5} = 0.203 \text{ N/mm}^2$$

$$\frac{\sigma_0}{f} = \frac{0.203}{1.70} = 0.119 < 0.8$$

永久荷载分项系数 $\gamma_G = 1.35$,由式 (3-38)

$$\mu = 0.23 - 0.065\frac{\sigma_0}{f} = 0.23 - 0.065 \times 0.119 = 0.222$$

砖砌体 $\alpha = 0.64$,则 $\alpha\mu = 0.64 \times 0.222 = 0.14$(亦可查表 3-6 而得)

按式（3-36）得

$$(f_{v0}+\alpha\mu\sigma_0)A=(0.14+0.14\times0.203)\times3.7\times10^5$$
$$=62.32\times10^3\text{N}=62.32\text{kN}>V=60\text{kN}$$

根据验算结果，筒拱支座处砌体受剪承载力满足要求。

【例题 3-7】 某圆形水池，采用烧结普通砖 MU15、水泥砂浆 M10，按三顺一丁砌筑，施工质量控制等级为 B 级，池壁内的环向拉力为 73kN/m。试选择池壁厚度。

【解】 采用水泥砂浆砌筑 $\gamma_a=0.8$，查表 2-10，$f_t=0.8\times0.19=0.15\text{MPa}$

$$h=\frac{N_t}{1000\times f_t}=\frac{73\times10^3}{1000\times0.15}=486.67\text{mm}$$

选用 490mm。

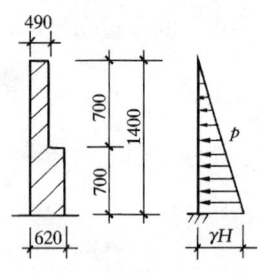

图 3-18 例题 3-8 池壁计算简图

【例题 3-8】 某悬臂式水池池壁（图 3-18），壁高 1.4m，采用烧结普通砖 MU15、水泥砂浆 M7.5 砌筑，施工质量控制等级为 B 级。试验算下端池壁的承载力。

【解】 沿竖向截取 1m 宽的池壁进行计算。池壁自重产生的垂直压力较小，可忽略不计。该池壁为悬臂受弯构件。

1. 受弯承载力

池壁底端弯矩（取水的重力密度为 10kN/m³）：

$$M=\frac{1}{6}pH^3=\frac{1}{6}\times1.4\times10\times1.4^3=6.4\text{kN}\cdot\text{m}$$

$$W=\frac{1}{6}bh^2=\frac{1}{6}\times1000\times620^2=64.07\times10^6\text{ mm}^3$$

查表 2-10，$f_{tm}=0.8\times0.14=0.11\text{MPa}$

按式（3-40）得 $f_{tm}W=0.11\times64.07\times10^6=7.05\times10^6\text{N}\cdot\text{mm}=7.05\text{kN}\cdot\text{m}>M=6.4\text{kN}\cdot\text{m}$

该池壁受弯承载力满足要求。

2. 受剪承载力

池壁底端的剪力

$$V=\frac{1}{2}pH^2=\frac{1}{2}\times1.4\times10\times1.4^2=13.72\text{kN}$$

查表 2-10，$f_{v0}=0.8\times0.14=0.11\text{MPa}$

按式（3-41）得 $f_{v0}bz=0.11\times1000\times\frac{2}{3}\times620=45467\text{N}=45.5\text{kN}>13.72\text{kN}$

该池壁受剪承载力满足要求。

思考题与习题
Questions and Exercises

3-1 砌体构件受压承载力计算中，系数 φ 表示什么意义？与哪些因素有关？

3-2 轴向力的偏心距如何计算？受压构件偏心距的限值是多少？设计中当超过该规定限值时，应采取何种方法或措施？

3-3 矩形截面受压构件设计时长、短边宜如何设置？T 形截面偏心受压构件作用力位置应偏向哪一侧为好？为什么？

3-4 什么叫折算厚度？如何计算 T 形截面、十字形截面的折算厚度？

3-5 为什么无筋砌体受压构件不论是长柱或是短柱、轴压或偏压，都采用式（3-17）来计算其承载力？

3-6 砌体局部受压有哪些特点？试述砌体局部抗压强度提高的原因？

3-7 什么是砌体局部抗压强度提高系数？它与哪些因素有关？为什么规定有限值？

3-8 如何采用影响局部抗压强度的计算面积 A_0？

3-9 验算梁端支承处局部受压承载力时，为什么要考虑上部荷载的折减？

3-10 什么是梁端有效支承长度？如何计算？

3-11 当梁端支承处砌体局部受压承载力不满足时，可采取哪些措施？

3-12 刚性梁垫应满足哪些构造要求？为什么梁垫计算公式中局部承压强度提高系数采用 γ_1？

3-13 如何计算砌体受弯构件的受剪承载力和砌体受剪构件的受剪承载力？

3-14 某办公楼门厅砖柱，柱计算高度 5.1m，柱顶处由荷载设计值产生的轴心压力为 195kN，已知供应的烧结普通砖为 MU10，混合砂浆为 M2.5，施工质量控制等级为 B 级。试设计该柱截面（考虑柱自重）。

3-15 截面为 $b \times h = 490\text{mm} \times 620\text{mm}$ 的砖柱，采用 MU10 烧结普通砖及 M5 混合砂浆砌筑，施工质量控制等级为 B 级，柱长短边方向的计算高度相等，即 $H_0 = 7\text{m}$，柱顶截面承受轴向压力设计值 $N = 280\text{kN}$，沿长边方向弯矩设计值 $M = 8.7\text{kN} \cdot \text{m}$；柱底截面按轴心受压计算。试验算该砖柱柱顶及柱底的受压承载力是否满足要求。

3-16 一单排孔且对孔砌筑的混凝土小型空心砌块承重横墙，墙厚 190mm，计算高度 $H_0 = 3.6\text{m}$，采用 MU7.5 砌块、Mb7.5 混合砂浆砌筑，承受轴心荷载，试计算当施工质量控制等级分别为 A、B、C 级时，每米横墙所能承受的轴心压力设计值。

3-17 某单层单跨无吊车厂房纵墙窗间墙截面尺寸如图 3-19 所示，计算高度 $H_0 = 10.2\text{m}$，采用 MU10 砖、M5 混合砂浆砌筑，施工质量控制等级为 B 级，承受轴向力设计值 $N = 200\text{kN}$，弯矩设计值 $M = 29\text{kN} \cdot \text{m}$（偏心压力偏向肋部）。试验算该窗间墙的承载力是否满足要求。

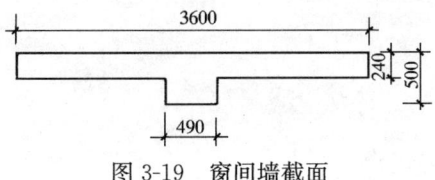

图 3-19 窗间墙截面

3-18 一截面为150mm×240mm的钢筋混凝土柱（图3-20），支承在厚为240mm的砖墙上，砖墙采用MU10的砖、M2.5混合砂浆砌筑，施工质量控制等级为B级，由柱支承的上部荷载产生的轴向压力设计值为50kN。试计算柱下砖砌体的局部受压承载力。

3-19 在［例题3-4］中，若梁端荷载设计值产生的支承压力 N_l=80kN，其他条件不变，设置刚性垫块，试验算局部受压承载力。

3-20 某窗间墙截面尺寸为1200mm×190mm，采用MU10单排孔且对孔砌筑的混凝土砌块、Mb5砂浆，混凝土砌块的孔洞率为0.5，在 A_0 范围内全部用Cb20灌孔混凝土灌实（f_c=9.6MPa），施工质量控制等级为B级，墙上支承钢筋混凝土梁，支承长度190mm，梁截面尺寸 $b×h$=200mm×550mm，梁端支承压力的设计值为95kN，梁底墙体截面处的上部荷载设计值为250kN。试验算梁端局部受压承载力。

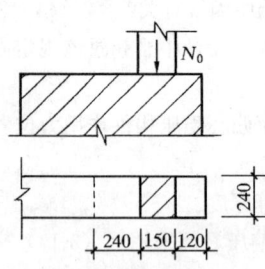

图3-20 柱下砖砌体

第4章 墙体设计
Masonry Wall Design and Calculation

学习提要 本章介绍混合结构房屋的结构布置，墙、柱的设计计算，刚性基础的计算以及这种房屋墙、柱采取的构造要求。应熟练掌握刚性方案房屋墙、柱的计算方法；掌握刚性基础的设计方法；熟悉墙、柱在设计上采取的构造措施，并掌握墙、柱高厚比验算方法。

混合结构房屋中的墙、柱及基础的设计是否合理对满足建筑使用功能要求、节省造价以及确保房屋的安全、可靠具有十分重要的影响。

4.1 房屋墙柱内力分析方法
Analysis of Forces due to Loads for Masonry Walls or Columns in Buildings

设计混合结构房屋时，首先进行墙体布置，然后确定房屋的静力计算方案，进行墙、柱内力分析；最后验算墙、柱的承载力并采取相应的构造措施。

在混合结构房屋的设计中，承重墙、柱的布置不仅影响房屋的平面划分、房间的大小和使用要求，还影响房屋的空间刚度，同时也决定了荷载传递路径。混合结构房屋墙、柱的静力计算方案，实际上就是通过对房屋空间受力性能的分析，根据房屋空间刚度的大小确定墙、柱的计算简图。它是墙、柱内力分析以及承载力计算和相应的构造措施的主要依据。

4.1.1 混合结构房屋的结构布置
Masonry-Concrete Structural Building Layout

根据荷载传递路线的不同，混合结构房屋的结构布置可分为横墙承重、纵墙承重、纵横墙承重以及内框架承重、底层框架承重五种形式。

1. 横墙承重

屋盖和楼盖构件均搁置在横墙上，横墙将承担屋盖、各层楼盖传来的荷载，而纵墙仅起围护作用的布置方案，成为横墙承重结构，如图 4-1 所示。其荷载的传递路径是：楼（屋）盖荷载→横墙→基础→地基。

横墙承重结构的特点是：

1) 横墙间距较小（一般为 2.7~4.8m）且数量较多，房屋横向刚度较大，

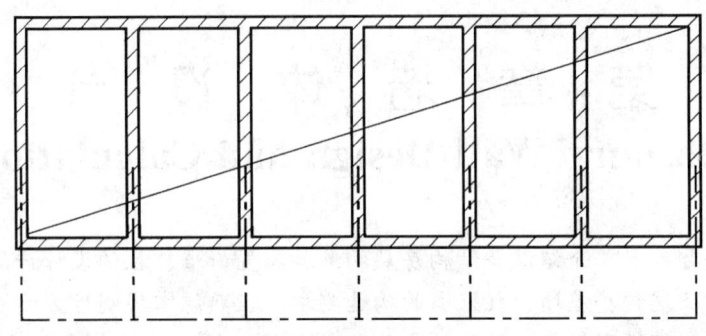

图 4-1 横墙承重结构

整体性好,抵抗风荷载、地震作用以及调整地基不均匀沉降的能力较强。

2)屋(楼)盖结构一般采用钢筋混凝土板,屋(楼)盖结构较简单、施工较方便。

3)外纵墙因不承重,建筑立面易处理,门窗的布置及大小较灵活。

4)因横墙较密,建筑平面布局不灵活,今后欲改变房屋使用条件,拆除横墙较困难。

横墙承重结构主要用于房间大小固定、横墙间距较密的住宅、宿舍、旅馆以及办公楼等房屋中。

2. 纵墙承重

屋盖、楼盖传来的荷载由纵墙承重的布置方案,称为纵墙承重结构,如图 4-2 所示。屋(楼)盖荷载有两种传递方式,一种为楼板直接搁置在纵墙上,另一种为楼板搁置在梁上而梁搁置在纵墙上。工程上第二种方式用得较多。

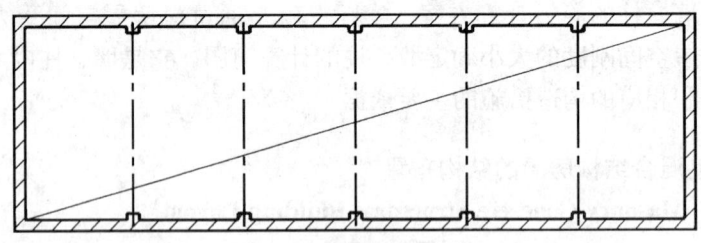

图 4-2 纵墙承重结构

纵墙承重结构的特点是:

1)因横墙数量少且自承重,建筑平面布局较灵活,但房屋横向刚度一般较弱。

2)纵墙承受的荷载较大,纵墙上门窗洞口的布置及大小受到一定的限制。

3)与横墙承重结构相比,墙体材料用量较少,屋(楼)盖构件所用材料较多。

纵墙承重结构主要用于开间较大的教学楼、医院、食堂、仓库等房屋中。

3. 纵横墙承重

屋盖、楼盖传来的荷载由纵墙和横墙承重的布置方案，称为纵横墙承重结构，如图4-3所示。其荷载的传递路径是：楼(屋)盖荷载→纵墙或横墙→基础→地基。工程上这种承重结构广为存在。

纵横墙承重结构的特点是：

1) 房屋沿纵、横向刚度均较大且砌体应力较均匀，具有较强的抗风能力。

2) 占地面积相同的条件下，外墙面积较少。

纵横墙承重结构主要用于多层塔式住宅等房屋中。

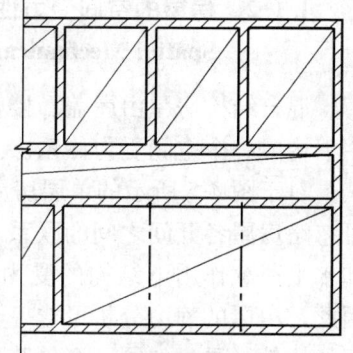

图4-3 纵横墙承重结构

4. 内框架承重

屋盖、楼盖传来的荷载由房屋内部的钢筋混凝土框架和外部砌体墙、柱共同承重的布置方案，称为内框架承重结构，如图4-4所示。

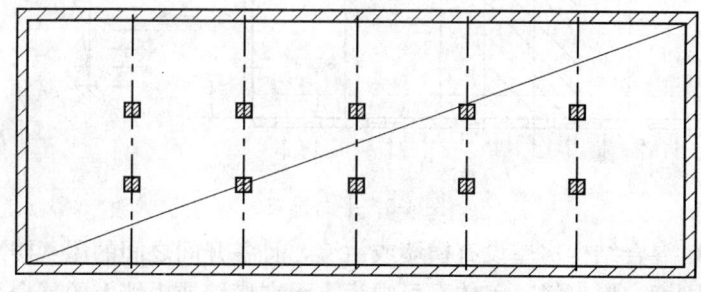

图4-4 内框架承重结构

内框架承重结构的特点是：

1) 内部形成大空间，平面布置灵活，易满足使用要求。

2) 与全框架结构相比，由于利用外墙承重，可节约钢材、水泥，降低房屋造价。

3) 因横墙较少，房屋的空间刚度较弱。

4) 因砌体和钢筋混凝土两者的力学性能不同，这种承重结构抵抗地基不均匀沉降和抗震能力较弱。

内框架承重结构主要用于商场、餐厅以及多层工业厂房等房屋中。

5. 底部框架承重

由于建筑使用功能上的不同要求，底层为商场或餐厅，上部为住宅、招待所，此时可采用底部为钢筋混凝土框架，上部为多层砌体结构。与全框架结构相比，可节约钢材、水泥，降低房屋造价。由于该体系上部和下部所用材料和结构形式不同，因此其抗震性能较差，在抗震设防地区只允许采用底层或底部两层框架-抗震墙房屋。

4.1.2 房屋的空间受力性能
Spatial Mechanical Behavior of Buildings

混合结构房屋由屋盖、楼盖、墙、柱及基础组成，在竖向荷载和水平荷载作用下构成一个空间受力体系。

对于图 4-5 所示的单层房屋，如联系各开间的屋盖沿纵向的刚度很小，此时可忽略房屋各开间之间的联系。由于结构在每个开间的相似性，每个开间在竖向和水平荷载作用下结构的受力和变形也是相似的，其柱顶的水平位移均为 u_p。因此，房屋的静力分析可取一个开间作为计算单元，计算单元内的荷载将由本开间的构件承受，如同一个单跨平面排架。

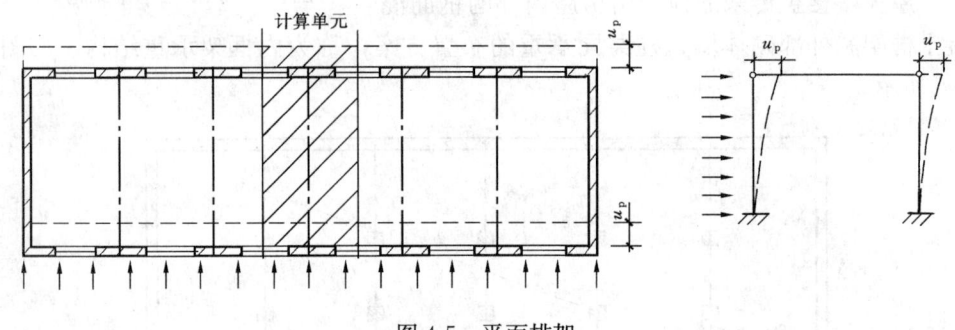

图 4-5 平面排架

事实上，混合结构房屋设有横墙或山墙，且各开间之间的屋（楼）盖沿纵向具有一定的刚度。屋（楼）盖体系可视为支承在横墙或山墙上的复合梁，每开间的墙、柱顶的水平位移与该复合梁的刚度、横墙或山墙的间距和刚度有关。当复合梁刚度为零时，墙或柱顶的水平位移即为平面排架的水平位移。当复合梁的刚度为有限时，则墙或柱顶的水平位移也为有限值，但小于平面排架的水平位移。由于支承于横墙或山墙的复合梁在水平荷载作用下的挠度曲线具有两端小、中间大的特点，因此，每个开间墙或柱顶的水平位移也将随之不同，如图 4-6 所示。若以单层房屋中间单元水平位移最大的墙或柱顶为例，其顶端水平位移为：

$$u_s = u + u_1 \leqslant u_p \tag{4-1}$$

式中 u_s——中间计算单元墙柱顶点的水平位移；

u——山墙顶点的水平位移；

u_1——屋盖沿纵向复合梁的最大水平位移；

u_p——平面排架顶点的水平位移。

房屋的空间受力性能减少了房屋的水平位移。影响房屋空间受力性能的因素较多，其中屋（楼）盖复合梁在其自身平面内的刚度、横墙或山墙间距以及横墙或

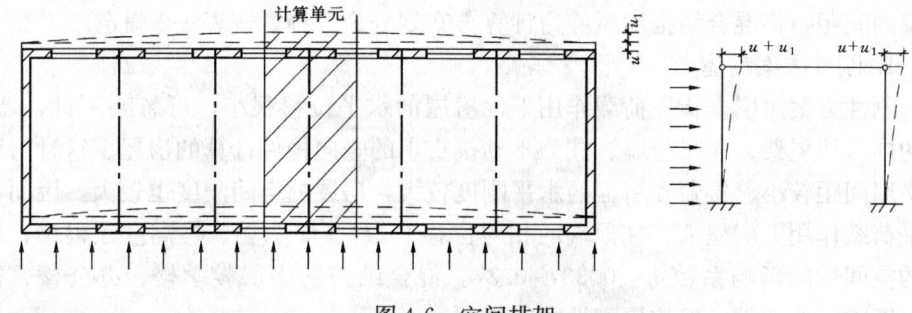

图 4-6 空间排架

山墙在其自身平面内的刚度是主要影响因素。屋（楼）盖复合梁在平面内刚度小时，其弯曲变形大；横墙或山墙间距大时，屋（楼）盖复合梁跨度大，受弯时挠度亦大；横墙或山墙刚度小时，横墙或山墙墙顶位移大，屋（楼）盖平移亦大。与上述情况相反时，墙、柱及屋（楼）盖的水平位移小，则房屋的空间受力性能好。

水平荷载作用下，一般混合结构房屋的水平位移符合剪切梁的变形假定，反映房屋空间作用的空间性能影响系数可按式（4-2）计算：

$$\eta = \frac{u_\mathrm{s}}{u_\mathrm{p}} = 1 - \frac{1}{\mathrm{ch}ks} \tag{4-2}$$

式中　s——横墙间距；

k——弹性常数。

k 与屋（楼）盖类型有关（屋盖或楼盖分类见表 4-2），根据理论分析和工程经验，对于 1 类屋盖，取 $k=0.03$；对于 2 类屋盖，取 $k=0.05$；对于 3 类屋盖，取 $k=0.065$。

η 值愈大，房屋的位移愈接近平面排架的位移，说明房屋的空间性能愈差。反之，η 愈小，房屋的空间刚度则愈大。房屋考虑空间受力后侧移减小，因此 η 又称为考虑空间工作后的侧移折减系数。它可作为衡量房屋空间刚度大小的尺度，同时也是确定房屋静力计算方案的依据。

房屋各层的空间性能影响系数 η_i 可查表 4-1 确定。

房屋各层的空间性能影响系数 η_i　　　　　　表 4-1

屋盖或楼盖类别	横墙间距 s (m)														
	16	20	24	28	32	36	40	44	48	52	56	60	64	68	72
1	—	—	—	—	0.33	0.39	0.45	0.50	0.55	0.60	0.64	0.68	0.71	0.74	0.77
2	—	0.35	0.45	0.54	0.61	0.68	0.73	0.78	0.82						
3	0.37	0.49	0.60	0.68	0.75	0.81									

注：i 取 $1\sim n$，n 为房屋的层数。

4.1.3　房屋静力计算方案的划分
Division of Static Analysis Schemes of Buildings

工程设计上，根据影响房屋空间刚度的两个主要因素即屋盖或楼盖的类别和横墙的间距,将混合结构房屋静力计算方案划分为三种,按表4-2确定。

1. 刚性方案房屋

刚性方案房屋是指在荷载作用下,房屋的水平位移很小,可忽略不计,墙、柱的内力按屋架、大梁与墙、柱为不动铰支承的竖向构件计算的房屋。这种房屋的横墙间距较小、楼盖和屋盖的水平刚度较大,房屋的空间刚度也较大,因而在水平荷载作用下房屋墙、柱顶端的相对位移 u_s/H(H为墙、柱高度)很小,房屋的空间性能影响系数 $\eta<0.33\sim0.37$。混合结构的多层教学楼、办公楼、宿舍、医院、住宅等一般均属刚性方案房屋。

2. 弹性方案房屋

弹性方案房屋是指在荷载作用下,房屋的水平位移较大,不能忽略不计,墙、柱的内力按屋架、大梁与墙、柱为铰接的不考虑空间工作的平面排架或框架计算的房屋。这种房屋横墙间距较大,屋(楼)盖的水平刚度较小,房屋的空间刚度亦较小,因而在水平荷载作用下房屋墙柱顶端的水平位移较大,房屋的空间性能影响系数 $\eta>0.77\sim0.82$。混合结构的单层厂房、仓库、礼堂、食堂等多属于弹性方案房屋。

3. 刚弹性方案房屋

刚弹性方案房屋是指介于"刚性"与"弹性"两种方案之间的房屋,即在荷载作用下,墙、柱的内力按屋架、大梁与墙、柱为铰接的考虑空间工作的平面排架或框架计算的房屋。这种房屋在水平荷载作用下,墙、柱顶端的相对水平位移较弹性方案房屋的小,但又不可忽略不计,房屋的空间性能影响系数为 $0.33<\eta<0.82$。刚弹性方案房屋墙柱的内力计算,可根据房屋刚度的大小,将其水平荷载作用下的反力进行折减,然后按平面排架或框架计算。

房屋的静力计算方案　　　　表 4-2

	屋盖或楼盖类别	刚性方案	刚弹性方案	弹性方案
1	整体式、装配整体和装配式无檩体系钢筋混凝土屋盖或钢筋混凝土楼盖	$s<32$	$32\leqslant s\leqslant72$	$s>72$
2	装配式有檩体系钢筋混凝土屋盖、轻钢屋盖和有密铺望板的木屋盖或木楼盖	$s<20$	$20\leqslant s\leqslant48$	$s>48$
3	瓦材屋面的木屋盖和轻钢屋盖	$s<16$	$16\leqslant s\leqslant36$	$s>36$

注:1. 表中 s 为房屋横墙间距,其长度单位为"m"。
　　2. 对无山墙或伸缩缝处无横墙的房屋,应按弹性方案考虑。

4.1.4　刚性和刚弹性方案房屋的横墙
Transverse Walls of Buildings with Rigid and Rigid-Elastic Analysis Schemes

由前面分析可知,刚性方案和刚弹性方案房屋中的横墙应具有足够的刚度,为此，刚性方案和刚弹性方案房屋的横墙应符合下列条件：

1) 横墙的厚度不宜小于 180mm；

2) 横墙中开有洞口时，洞口的水平截面面积不应超过横墙截面面积的 50%；

3) 单层房屋的横墙长度不宜小于其高度，多层房屋的横墙长度不宜小于 $H/2$（H 为横墙总高度）。

当横墙不能同时符合上述要求时，应对横墙的刚度进行验算。如其最大水平位移值 $u_{max} \leqslant H/4000$ 时，仍可视作刚性和刚弹性方案房屋的横墙。凡符合此刚度要求的一段横墙或其他结构构件（如框架等），也可视作刚性和刚弹性方案房屋的横墙。

计算横墙的水平位移时，可将其视作竖向悬臂梁，如图 4-7 所示。在水平集中力 F 作用下，墙顶最大水平位移由其弯曲变形和剪切变形两部分组成，即

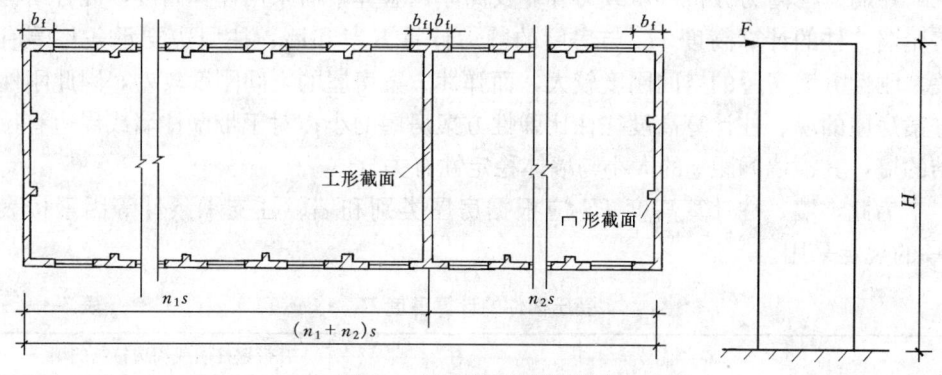

图 4-7 墙顶位移计算简图

$$u_{max} = u_b + u_v = \frac{FH^3}{3EI} + \frac{FH}{\zeta GA} \qquad (4-3)$$

式中 F——作用于横墙顶端的水平集中力；

H——横墙高度；

E——砌体的弹性模量；

I——横墙截面惯性矩；

ζ——考虑墙体剪应力分布不均匀和墙体洞口影响的折减系数；

G——砌体的剪变模量，$G=0.4E$；

A——横墙截面面积。

在计算横墙的截面面积和惯性矩时，可将一部分纵墙视为横墙的翼缘，每边翼缘长度取 $0.3H$，按工字形或⊓形截面计算。当横墙洞口的水平截面面积不大于横墙截面面积的 75% 时，可近似按毛截面计算 A 和 I，此时 A 和 I 取值均偏大，I 取值偏大的幅度一般在 20% 以内，这对弯曲变形影响不大，而 A 取值偏大对剪切变形的影响则较大。为了减小由此产生的误差，同时考虑剪应力分布不

均匀的特点，取 $\zeta=0.5$。将上述 ζ 和 G 值代入式（4-3）得：

$$u_{\max} = \frac{FH^3}{3EI} + \frac{5FH}{EA} \tag{4-3a}$$

如果横墙洞口较大，则应按净截面计算横墙的 A 和 I。

4.2 墙、柱计算高度及计算截面
Effective Height and Section of Walls or Columns

4.2.1 墙、柱的计算高度
Effective Height of Walls or Columns

在墙、柱内力分析、承载力计算及高厚比验算中需采用计算高度，混合结构房屋墙、柱的计算高度 H_0 与房屋的静力计算方案和墙、柱周边支承条件等有关。刚性方案房屋的空间刚度较大，而弹性方案房屋的空间刚度较差，因此刚性方案房屋的墙、柱计算高度往往比弹性方案房屋的小；对于带壁柱墙或周边有拉结的墙，其横墙间距 s 的大小与墙体稳定性有关。

为此，墙、柱计算高度 H_0 应根据房屋类别和墙、柱支承条件等因素按表4-3的规定采用。

受压构件的计算高度 H_0　　　　　　　　　　　　　　表 4-3

房 屋 类 别			柱		带壁柱墙或周边拉结的墙		
			排架方向	垂直排架方向	$s>2H$	$2H \geqslant s > H$	$s \leqslant H$
有吊车的单层房屋	变截面柱上段	弹性方案	$2.5H_u$	$1.25H_u$	$2.5H_u$		
		刚性、刚弹性方案	$2.0H_u$	$1.25H_u$	$2.0H_u$		
	变截面柱下段		$1.0H_l$	$0.8H_l$	$1.0H_l$		
无吊车的单层和多层房屋	单跨	弹性方案	$1.5H$	$1.0H$	$1.5H$		
		刚弹性方案	$1.2H$	$1.0H$	$1.5H$		
	多跨	弹性方案	$1.25H$	$1.0H$	$1.25H$		
		刚弹性方案	$1.10H$	$1.0H$	$1.1H$		
	刚性方案		$1.0H$	$1.0H$	$1.0H$	$0.4s+0.2H$	$0.6s$

注：1. 表中 H_u 为变截面柱的上段高度；H_l 为变截面柱的下段高度。

2. 对于上端为自由端的构件，$H_0 = 2H$。

3. 独立砖柱，当无柱间支撑时，柱在垂直排架方向的 H_0 应按表中数值乘以 1.25 后采用。

4. s——房屋横墙间距。

5. 自承重墙的计算高度应根据周边支承或拉结条件确定。

表 4-3 中墙、柱的高度 H，应按下列规定采用：

1) 在房屋底层，墙、柱的高度 H 为楼板顶面到构件下端支点的距离。下端支点的位置，可取在基础顶面。当墙、柱基础埋置较深且有刚性地坪时，可取室外地面下 500mm 处。

2) 在房屋其他层次，墙、柱的高度 H 为楼板或其他水平支点间的距离。

3) 对于无壁柱的山墙，其高度 H 可取层高加山墙尖高度的 1/2；对于带壁柱的山墙则可取壁柱处的山墙高度。

4.2.2 计算截面
Effective Section

确定混合结构房屋中墙、柱的计算截面，关键在于正确取用截面翼缘宽度 b_f。

1) 多层房屋中，当有门窗洞口时，带壁柱墙的计算截面翼缘宽度 b_f 可取窗间墙宽度；当无门窗洞口时，每侧翼缘宽度可取壁柱高度的 1/3。

2) 单层房屋中，带壁柱墙的计算截面翼缘宽度 b_f 可取壁柱宽加 2/3 墙高，但不应大于窗间墙宽度和相邻壁柱间的距离。

3) 计算带壁柱墙的条形基础时，计算截面翼缘宽度 b_f 可取相邻壁柱间的距离。

4) 当转角墙段角部受竖向集中荷载时，计算截面的长度可从角点算起，每侧宜取层高的 1/3。当上述墙体范围内有门窗洞口时，则计算截面取至洞边，但不宜大于层高的 1/3。

4.3 房屋墙柱构造要求
Detailing Requirements of Walls and Columns in Buildings

在进行混合结构房屋设计时，不仅要求砌体结构和构件在各种受力状态下应具有足够的承载力，而且还应确保房屋具有良好的工作性能和足够的耐久性。然而，有的砌体结构和构件的承载力计算尚不能完全反映结构和构件的实际抵抗能力，有的在计算中未考虑诸如温度变化、砌体收缩变形等因素的影响。因此，为确保砌体结构的安全和正常使用，采取必要和合理的构造措施尤为重要。

混合结构房屋墙柱构造要求主要包括以下三个方面：①墙、柱高厚比的要求；②墙、柱的一般构造要求；③防止或减轻墙体开裂的主要措施。

4.3.1 墙、柱高厚比要求
Allowable Ratio of Height to Sectional Thickness of Masonry Walls or Columns

墙、柱的高厚比是指墙、柱的计算高度和墙厚或矩形柱较小边长的比值，用

符号 β 表示。墙、柱的高厚比越大,其稳定性愈差,愈易产生倾斜或变形,从而影响墙、柱的正常使用甚至发生倒塌事故。因此,必须对墙、柱高厚比加以限制,即墙、柱的高厚比要满足允许高厚比 $[\beta]$ 的要求,它是确保砌体结构稳定、满足正常使用极限状态要求的重要构造措施之一。

1. 矩形截面墙、柱高厚比的验算

矩形截面墙、柱高厚比应按式 (4-4) 验算:

$$\beta = \frac{H_0}{h} \leqslant \mu_1 \mu_2 [\beta] \tag{4-4}$$

式中　H_0——墙、柱的计算高度,查表 4-3 确定;

　　　h——墙厚或矩形柱与 H_0 相对应的边长;

　　　$[\beta]$——墙、柱的允许高厚比,查表 4-4 确定;

　　　μ_1——自承重墙 ($h \leqslant 240$mm) 允许高厚比的修正系数,按下列规定采用:

　　　　　当 $h = 240$mm 时,$\mu_1 = 1.2$;

　　　　　当 $h = 90$mm 时,$\mu_1 = 1.5$;

　　　　　当 240mm $> h >$ 90mm 时,μ_1 可按插入法取值;

　　　μ_2——有门窗洞口墙允许高厚比的修正系数,应按式 (4-5) 计算:

$$\mu_2 = 1 - 0.4 \frac{b_s}{s} \tag{4-5}$$

式中　b_s——在宽度 s 范围内的门窗洞口总宽度(如图 4-8 所示);

　　　s——相邻横墙或壁柱之间的距离。

当按式 (4-5) 计算的 μ_2 值小于 0.7 时,应取 0.7。当洞口高度等于或小于墙高的 1/5 时,可取 $\mu_2 = 1.0$。

在应用式 (4-4) 时,应注意以下几个问题:

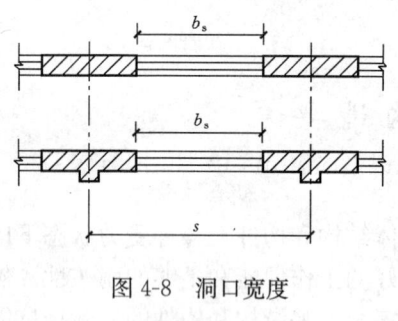

图 4-8　洞口宽度

(1) 允许高厚比 $[\beta]$

允许高厚比限值 $[\beta]$ 的规定,与墙、柱的承载力计算无关,主要是根据房屋中墙、柱的稳定性由实践经验确定的。一般而言,墙、柱的变形主要取决于砂浆强度等级和砌筑方式,而块体强度等级的影响不大。表 4-4 亦反映了 $[\beta]$ 的大小与砂浆强度等级有关,砌筑砂浆的强度等级愈高,$[\beta]$ 值愈大。

(2) 修正系数 μ_1

自承重墙只有本身自重作用,属房屋中的次要构件。根据弹性稳定理论,当其他条件相同的情况下,自承重墙的临界荷载要比承重墙的大,因此可适当放宽自承重墙的允许高厚比限值,即计算时在 $[\beta]$ 值上乘以一个大于 1 的系数 μ_1。

墙、柱的允许高厚比 [β] 值　　　　　　　表 4-4

砂浆强度等级	墙	柱
M2.5	22	15
M5.0	24	16
≥M7.5	26	17

注：1. 毛石墙、柱允许高厚比应按表中数值降低 20%。
　　2. 砖砌体和钢筋混凝土面层或钢筋砂浆面层的组合砌体构件的允许高厚比，可按表中数值提高 20%，但不得大于 28。
　　3. 验算施工阶段砂浆尚未硬化的新砌砌体高厚比时，允许高厚比对墙取 14，对柱取 11。

当自承重墙的上端为自由时，[β] 值除按上述规定提高外，尚可提高 30%；对厚度小于 90mm 的墙，当双面用不低于 M10 的水泥砂浆抹面，包括抹面层的墙厚不小于 90mm 时，可按墙厚等于 90mm 验算高厚比。

(3) 修正系数 μ_2

墙体开洞，对墙体稳定不利，故计算时在 [β] 值上乘一个小于 1 的系数 μ_2 来加以考虑。公式 (4-5) 中 b_s/s 反映了墙体受到削弱的程度，洞口削弱程度愈大，对墙体的稳定愈不利，μ_2 亦愈小。

(4) 相邻两横墙间的距离很小的墙

当与墙连接的相邻两横墙间的距离 $s \leqslant \mu_1\mu_2$ [β] h 时，墙的计算高度 H_0 可不受式 (4-4) 的限制。

(5) 变截面柱高厚比验算

对于变截面柱，可按上、下截面分别验算高厚比，且验算上柱的高厚比时，墙、柱的允许高厚比 [β] 可按表 4-4 的数值乘以 1.3 后确定。

2. 带壁柱墙和带构造柱墙的高厚比验算

对于带壁柱或带构造柱的墙体，需分别对整片墙和壁柱间墙或构造柱间墙进行高厚比验算。

(1) 整片墙的高厚比验算

对于带壁柱墙，由于其截面为 T 形，因此按公式 (4-4) 验算高厚比时，公式中 h 应改用带壁柱墙截面的折算厚度 h_T，即

$$\beta = \frac{H_0}{h_T} \leqslant \mu_1\mu_2 [\beta] \tag{4-6}$$

式中　h_T——带壁柱墙截面的折算厚度，$h_T = 3.5i$；

　　　i——带壁柱墙截面的回转半径，$i = \sqrt{\dfrac{I}{A}}$；

　　　I、A——分别为带壁柱墙截面的惯性矩和面积。

确定带壁柱墙的计算高度 H_0 时，墙长 s 取相邻横墙间的距离。

计算截面回转半径 i 时，带壁柱墙的计算截面的翼缘宽度 b_f，应按第 4.2 节

的规定采用。

对于带构造柱墙，当构造柱截面宽度不小于墙厚 h 时，可按式（4-7）验算：

$$\beta = \frac{H_0}{h} \leqslant \mu_1 \mu_2 \mu_c [\beta] \tag{4-7}$$

由于钢筋混凝土构造柱可提高墙体使用阶段的稳定性和刚度，因此带构造柱墙的允许高厚比 $[\beta]$ 可乘以一个大于 1 的提高系数 μ_c，μ_c 可按式（4-8）计算：

$$\mu_c = 1 + \gamma \frac{b_c}{l} \tag{4-8}$$

式中 γ——系数，对细料石、半细料石砌体，$\gamma=0$；对混凝土砌块、粗料石、毛料石及毛石砌体，$\gamma=1.0$；其他砌体，$\gamma=1.5$；

b_c——构造柱沿墙长方向的宽度；

l——构造柱的间距。

当 $b_c/l > 0.25$ 时，取 $b_c/l = 0.25$；当 $b_c/l < 0.05$ 时，取 $b_c/l = 0$，这主要是考虑构造柱间距过大时，对提高墙体刚度和稳定性作用很小，此时 μ_c 取 1.0。

确定公式（4-7）中的墙体计算高度 H_0 时，s 取相邻横墙间的距离，h 取墙厚。

（2）壁柱间墙或构造柱间墙的高厚比验算

验算壁柱间墙或构造柱间墙的高厚比时，可将壁柱或构造柱视为壁柱间墙或构造柱间墙的不动铰支点，按矩形截面墙验算。因此，确定 H_0 时，墙长 s 取相邻壁柱间或相邻构造柱间的距离。

对于设有钢筋混凝土圈梁的带壁柱墙或带构造柱墙，当 $b/s \geqslant 1/30$（b 为圈梁宽度）时，圈梁可视作壁柱间墙或构造柱间墙的不动铰支点。如不允许增加圈梁宽度，可按墙体平面外等刚度原则增加圈梁高度，以满足壁柱间墙或构造柱间墙不动铰支点的要求。此时墙体的 H_0 为圈梁之间的距离。

4.3.2 墙、柱的一般构造要求
General Detailing Requirements of Walls or Columns

1. 砌体材料的最低强度等级

块体和砂浆的强度等级不仅对砌体结构和构件的承载力有显著的影响，而且影响房屋的耐久性。块体和砂浆的强度等级愈低，房屋的耐久性愈差，愈容易出现腐蚀风化现象，尤其是处于潮湿环境或有酸、碱等腐蚀性介质时，砂浆或砖易出现酥散、掉皮等现象，腐蚀风化更加严重。此外，地面以下和地面以上墙体处于不同的环境，地基土的含水量大，基础墙体维修困难。为了隔断地面下部潮湿对墙体的不利影响，应采用耐久性较好的砌体材料并在室内地面以下室外散水坡面以上的砌体内采用防水水泥砂浆设置防潮层。因此，应对不同受力情况和环境下的墙、柱所用材料的最低强度等级加以限制，具体规定见第 1.1.1 节。

2. 墙、柱的截面、支承及连接构造要求

(1) 墙、柱截面最小尺寸

墙、柱截面尺寸愈小,其稳定性愈差,愈容易失稳,此外,截面局部削弱、施工质量对墙、柱承载力的影响更加明显。因此,承重的独立砖柱截面尺寸不应小于240mm×370mm。对于毛石墙,其厚度不宜小于350mm,对于毛料石柱,其截面较小边长不宜小于400mm。当有振动荷载时,墙、柱不宜采用毛石砌体。

(2) 垫块设置

屋架、大梁搁置于墙、柱上时,屋架、大梁端部支承处的砌体处于局部受压状态。当屋架、大梁的受荷面积较大而局部受压面积又较小时,容易发生局部受压破坏。因此,对于跨度大于6m的屋架和跨度大于4.8m(采用砖砌体时)、4.2m(采用砌块或料石砌体时)、3.9m(采用毛石砌体时)的梁,应在支承处砌体上设置混凝土或钢筋混凝土垫块;当墙中设有圈梁时,垫块与圈梁宜浇成整体。

(3) 壁柱设置

当墙体高度较大且厚度较薄,而所受的荷载却较大时,墙体平面外的刚度和稳定性往往较差。为了加强墙体的刚度和稳定性,可在墙体的适当部位设置壁柱。当梁的跨度大于或等于6m(采用240mm厚的砖墙)、4.8m(采用180mm厚的砖墙)、4.8m(采用砌块、料石墙)时,其支承处宜加设壁柱,或采取其他加强措施。山墙处的壁柱宜砌至山墙顶部,屋面构件应与山墙可靠拉结。

(4) 支承构造

混合结构房屋是由墙、柱、屋架或大梁、楼板等通过合理连接组成的承重体系。为了加强房屋的整体刚度,确保房屋安全、可靠地承受各种作用,墙、柱与楼板、屋架或大梁之间应有可靠的拉结。在确定墙、柱内力计算简图时,楼板、大梁或屋架视作墙、柱的水平支承,水平支承处的反力由楼板(梁)与墙接触面上的摩擦力承受。试验结果表明,当楼板伸入墙体内的支承长度足够时,墙和楼板接触面上的摩擦力可有效地传递水平力,不会出现楼板松动现象。相对而言,屋架或大梁的重要性较大,而屋架或大梁与墙、柱的接触面却相对较小。当屋架或大梁的跨度较大时,两者之间的摩擦力难以有效地传递水平力,此时应采用锚固件加强屋架或大梁与墙、柱的锚固。具体来说,支承构造应符合下列要求:

1) 预制钢筋混凝土板的支承长度,在墙上不宜小于100mm;在钢筋混凝土圈梁上不宜小于80mm;当采用板端伸出钢筋拉结和混凝土灌缝时,其支承长度可为40mm,但板端缝宽不小于80mm,灌缝混凝土强度等级不宜低于C20。

2) 支承在墙、柱上的吊车梁、屋架及跨度大于或等于9m(支承于砖砌体上)或7.2m(支承于砌块和料石砌体上)的预制梁的端部,应采用锚固件与墙、柱上的垫块锚固。

(5) 填充墙、隔墙与墙、柱连接

为了确保填充墙、隔墙的稳定性并能有效传递水平力,防止其与墙、柱连接处因变形和沉降的不同引起裂缝,应采用拉结钢筋等措施来加强填充墙、隔墙与墙、柱的连接。

3. 混凝土砌块墙体的构造要求

为了增强混凝土砌块房屋的整体刚度、提高其抗裂能力,混凝土砌块墙体应符合下列要求:

1) 砌块砌体应分皮错缝搭砌,上、下皮搭砌长度不得小于90mm。当搭砌长度不满足上述要求时,应在水平灰缝内设置不少于2φ4的焊接钢筋网片(横向钢筋的间距不宜大于200mm),网片每端均应超过该垂直缝,其长度不得小于300mm。

2) 砌块墙与后砌隔墙交接处,应沿墙高每400mm在水平灰缝内设置不少于2φ4、横筋间距不应大于200mm的焊接钢筋网片,如图4-9所示。

3) 混凝土砌块房屋,宜将纵横墙交接处,距墙中心线每边不小于300mm范围内的孔洞,采用不低于Cb20灌孔混凝土灌实,灌实高度应为墙身全高。

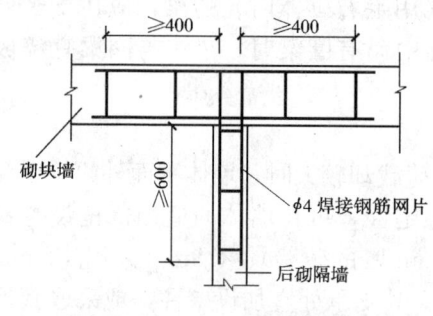

图4-9 砌块墙与后砌隔墙连接

4) 混凝土砌块墙体的下列部位,如未设圈梁或混凝土垫块,应采用不低于Cb20灌孔混凝土将孔洞灌实:

①搁栅、檩条和钢筋混凝土楼板的支承面下,高度不小于200mm的砌体;

②屋架、梁等构件的支承面下,高度不小于600mm、长度不小于600mm的砌体;

③挑梁支承面下,距墙中心线每边不小于300mm、高度不小于600mm的砌体。

4. 砌体中留槽洞及埋设管道时的构造要求

在砌体中预留槽洞及埋设管道对砌体的承载力影响较大,尤其是对截面尺寸较小的承重墙体、独立柱更加不利。因此,不应在截面长边小于500mm的承重墙体或独立柱内埋设管线;不宜在墙体中穿行暗线或预留、开凿沟槽,无法避免时应采取必要的措施或按削弱后的截面验算墙体的承载力。对受力较小或未灌孔的砌块砌体,允许在墙体的竖向孔洞中设置管线。

5. 夹心墙的构造要求

1) 为了保证夹心墙具有良好的稳定性和足够的耐久性,混凝土砌块的强度等级不应低于MU10;夹心墙的夹层厚度不宜大于100mm;夹心墙外叶墙的最大横向支承间距不宜大于9m。

2) 夹心墙叶墙间的连接。

试验表明，在竖向荷载作用下，夹心墙叶墙间采用的连接件能起到协调内、外叶墙的变形并为内叶墙提供一定支撑作用，因此连接件具有明显提高内叶墙承载力、增强叶墙稳定性的作用。在往复荷载作用下，钢筋拉结件可在大变形情况下避免外叶墙发生失稳破坏，确保内外叶墙协调变形、共同受力。因此采用钢筋拉结件能防止地震作用下已开裂墙体出现脱落倒塌现象。此外，为了确保夹心墙的耐久性，应对夹心墙中的钢筋拉结件进行防腐处理。为此，夹心墙叶墙间的连接应符合下列要求：

①叶墙间应用经防腐处理的拉结件或钢筋网片连接；

②当叶墙间采用环形拉结件时，钢筋直径不应小于4mm，当为Z字形拉结件时，钢筋直径不应小于6mm；拉结件应沿竖向梅花形布置，拉结件的水平和竖向最大间距分别不宜大于800mm和600mm；对有振动或有抗震设防要求时，其水平和竖向最大间距分别不宜大于800mm和400mm；

③当叶墙间采用钢筋网片作拉结件时，网片横向钢筋的直径不应小于4mm，其间距不应大于400mm；网片的竖向间距不宜大于600mm，对有振动或有抗震设防要求时，不宜大于400mm；

④拉结件在叶墙上的搁置长度，不应小于叶墙厚度的2/3，并不应小于60mm；

⑤门窗洞口周边300mm范围内应附加间距不大于600mm的拉结件；

⑥对安全等级为一级或设计使用年限大于50年的房屋，夹心墙叶墙间宜采用不锈钢拉结件。

4.3.3 圈梁的设置及构造要求
Layout and Detailing Requirements of Ring Beams

为了增强房屋的整体刚度、防止由于地基不均匀沉降或较大振动荷载等对房屋引起的不利影响，应在房屋的檐口、窗顶、楼层、吊车梁顶或基础顶面标高处，沿砌体墙水平方向设置封闭状的现浇钢筋混凝土圈梁。设在房屋檐口处的圈梁，常称为檐口圈梁，设在基础顶面标高处的圈梁常称为基础圈梁。

1. 圈梁的设置

圈梁设置的位置和数量通常取决于房屋的类型、层数、所受的振动荷载以及地基情况等因素。

1) 车间、仓库、食堂等空旷的单层房屋，檐口标高为5～8m（砖砌体房屋）或4～5m（砌块及料石砌体房屋）时，应在檐口标高处设置一道圈梁，檐口标高大于8m（砖砌体房屋）或5m（砌块及料石砌体房屋）时，应增加设置数量。

有吊车或较大振动设备的单层工业房屋，除在檐口或窗顶标高处设置现浇钢筋混凝土圈梁外，尚应增加设置数量。

2) 宿舍、办公楼等多层砌体民用房屋，且层数为3～4层时，应在底层、檐口标高处设置一道圈梁。当层数超过4层时，至少应在所有纵横墙上隔层设置。

多层砌体工业房屋，应每层设置现浇钢筋混凝土圈梁。

设置墙梁的多层砌体房屋应在托梁、墙梁顶面和檐口标高处设置现浇钢筋混凝土圈梁，其他楼层处应在所有纵横墙上每层设置。

3) 建筑在软弱地基或不均匀地基上的砌体房屋，除按上述规定设置圈梁外，尚应符合《建筑地基基础设计规范》（GB 50007—2002）的有关规定。

2. 圈梁的构造要求

圈梁的受力及内力分析比较复杂，目前尚难以进行计算，一般均按构造要求设置。

1) 圈梁宜连续地设在同一水平面上，并形成封闭状；当圈梁被门窗洞口截断时，应在洞口上部增设相同截面的附加圈梁。附加圈梁与圈梁的搭接长度不应小于其中到中垂直间距的2倍，且不得小于1m，如图4-10所示。

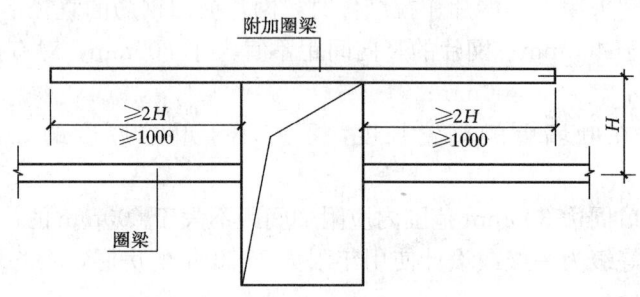

图4-10　附加圈梁

2) 纵横墙交接处的圈梁应有可靠的连接。刚弹性和弹性方案房屋中的圈梁应与屋架、大梁等构件可靠连接。

3) 钢筋混凝土圈梁的宽度宜与墙厚相同，当墙厚 $h \geqslant 240mm$ 时，其宽度不宜小于$2h/3$。圈梁高度不应小于120mm。纵向钢筋不应少于$4\phi10$，绑扎接头的搭接长度按受拉钢筋考虑，箍筋间距不应大于300mm。

4) 圈梁兼作过梁时，过梁部分的钢筋应按计算用量另行增配。

由于预制混凝土楼（屋）盖普遍存在裂缝，因此目前许多地区大多采用现浇混凝土楼板。采用现浇钢筋混凝土楼（屋）盖的多层砌体结构房屋的层数超过5层时，除在檐口标高处设置一道圈梁外，可隔层设置圈梁，并与楼（屋）面板一起现浇。未设置圈梁的楼面板嵌入墙内的长度不应小于120mm，并沿墙长配置不少于$2\phi10$的纵向钢筋。

4.3.4　防止或减轻墙体开裂的主要措施
Main Measures to Prevent or Reduce Cracks of Walls

混合结构房屋墙体裂缝的形成往往并不是单一因素所导致的，而是内因和外因共同作用的结果。其中内因是混合结构房屋的屋盖、楼盖是采用钢筋混凝土，墙体则是采用砌体材料，这两种材料的物理力学特性和刚度存在明显差异。外因主要包括温度变化、地基不均匀沉降以及构件之间的相互约束等因素。

钢筋混凝土的线膨胀系数为 $(1.0 \sim 1.4) \times 10^{-5}/℃$，烧结普通砖砌体为 $5 \times 10^{-6}/℃$，混凝土砌块砌体则为 $1.0 \times 10^{-5}/℃$，毛料石砌体为 $8 \times 10^{-6}/℃$。由此可见，钢筋混凝土和砌体材料的线膨胀系数不同。另外，屋盖和墙体的刚度也不相同。当温度升高时，钢筋混凝土屋盖和墙体变形不协调，前者的变形大于后者的变形。然而墙体与屋盖相互支承和约束，屋盖伸长变形受到墙体的阻碍，屋盖处于受压状态而墙体则处于受拉和受剪状态。实际工程中，由于屋顶温差大，因此房屋顶层端部墙体的应力最大。当墙体中的主拉应力或剪应力超过砌体的抗拉或抗剪强度时，墙体中将出现斜裂缝和水平裂缝。顶层墙体开裂最为严重，外纵墙和横墙上端裂缝呈八字形分布，屋盖与墙体之间产生水平裂缝，纵横墙交接处呈包角裂缝。

钢筋混凝土的最大收缩率约为 $200 \sim 400 \times 10^{-6}$，而砌体的收缩则很小。当温度降低或钢筋混凝土干缩时，则情况正好与上述相反，屋盖或楼盖处于受拉和受剪状态，当主拉应力超过混凝土的抗拉强度时，屋盖或楼盖将出现裂缝。在负温差和砌体干缩共同作用下，则可能在房屋的中部产生拉应力，从而在墙体中形成上下贯通裂缝。另外，门窗洞口边也极易因应力集中产生斜裂缝。按照温度变化、砌体干缩、地基不均匀沉降等在墙体中引起的裂缝形式和分布的规律，应分别采取相应的措施。

1. 防止或减轻由温差和砌体干缩引起的墙体竖向裂缝

墙体因温差和砌体干缩引起的拉应力与房屋的长度成正比。当房屋很长时，为了防止或减轻房屋在正常使用条件下由温差和砌体干缩引起墙体出现竖向裂缝，应在因温度和收缩变形可能引起应力集中、砌体产生裂缝可能性最大的墙体中设置伸缩缝，如房屋平面转折处、体型变化处、房屋的中间部位以及房屋的错层处。伸缩缝的间距与屋盖、楼盖的类别、砌体的类别以及是否设置保温层或隔热层等因素有关。当屋盖、楼盖的刚度较大，砌体的干缩变形又较大且无保温层或隔热层时，可能产生较大的温度和收缩变形，此时伸缩缝的间距则宜小些。表4-5规定了各类砌体房屋伸缩缝的最大间距。

砌体房屋伸缩缝的最大间距（m） 表4-5

屋盖或楼盖类别		间距
整体式或装配整体式钢筋混凝土结构	有保温层或隔热层的屋盖、楼盖	50
	无保温层或隔热层的屋盖	40
装配式无檩体系钢筋混凝土结构	有保温层或隔热层的屋盖、楼盖	60
	无保温层或隔热层的屋盖	50

续表

屋盖或楼盖类别		间 距
装配式有檩体系钢筋混凝土结构	有保温层或隔热层的屋盖	75
	无保温层或隔热层的屋盖	60
瓦材屋盖、木屋盖或楼盖、轻钢屋盖		100

注：1. 对烧结普通砖、多孔砖、配筋砌块砌体房屋取表中数值；对石砌体、蒸压灰砂砖、蒸压粉煤灰砖和混凝土砌块房屋取表中数值乘以 0.8 的系数。当有实践经验并采取有效措施时，可不遵守本表规定。
2. 在钢筋混凝土屋面上挂瓦的屋盖应按钢筋混凝土屋盖采用。
3. 按本表设置的墙体伸缩缝，一般不能同时防止由于钢筋混凝土屋盖的温度变形和砌体干缩变形引起的墙体局部裂缝。
4. 层高大于 5m 的烧结普通砖、多孔砖、配筋砌块砌体结构单层房屋，其伸缩缝间距可按表中数值乘以 1.3。
5. 温差较大且变化频繁地区和严寒地区不采暖的房屋及构筑物墙体的伸缩缝的最大间距，应按表中数值予以适当减小。
6. 墙体的伸缩缝应与结构的其他变形缝相重合，在进行立面处理时，必须保证缝隙的伸缩作用。

2. 防止或减轻房屋顶层墙体的裂缝

由前面分析可知，为了防止或减轻房屋顶层墙体的裂缝，可采取降低屋盖与墙体之间的温差、选择整体性和刚度较小的屋盖、减小屋盖与墙体之间的约束以及提高墙体本身的抗拉、抗剪强度等措施。具体来说，可根据实际情况采取下列措施：

1）屋面应设置保温、隔热层。

墙体中的温度应力与温差几乎呈线性关系，屋面设置的保温、隔热层可降低屋面顶板的温度，缩小屋盖与墙体的温差，从而可推迟或阻止顶层墙体裂缝的出现。

2）屋面保温（隔热）层或屋面刚性面层及砂浆找平层应设置分隔缝，分隔缝间距不宜大于 6m，并与女儿墙隔开，其缝宽不小于 30mm。该措施的主要目的是为了减小屋面板温度应力以及屋面板与墙体之间的约束。

3）采用装配式有檩体系钢筋混凝土屋盖和瓦材屋盖。

屋面的整体性和刚度越小，温度变化时屋面的水平位移也越小，墙体所受的温度应力亦随之降低。

4）在钢筋混凝土屋面板与墙体圈梁的接触面处设置水平滑动层，滑动层可采用两层油毡夹滑石粉或橡胶片等；对于长纵墙，可只在其两端的 2~3 个开间内设置，对于横墙可只在其两端各 $l/4$ 范围内设置（l 为横墙长度）。

水平滑动层可减小屋面与墙体之间的约束，两者之间的约束愈小，屋面温度变形对墙体的影响也就愈小。房屋长纵墙两端的 2~3 个开间以及横墙两端各 $l/4$ 范围内很容易产生八字形斜裂缝，在这些部位设置水平滑动层效果更加明显。

5）顶层屋面板下设置现浇钢筋混凝土圈梁，并沿内外墙拉通，房屋两端圈梁下的墙体内宜适当设置水平钢筋。

现浇钢筋混凝土圈梁可增加墙体的整体性和刚度，从而缩小屋盖与墙体之间刚度的差异。房屋两端墙体易出现水平裂缝或斜裂缝，在该部位墙体内配置水平钢筋可提高墙体本身的抗拉、抗剪强度。

6) 顶层挑梁末端下墙体灰缝内设置 3 道焊接钢筋网片（纵向钢筋不宜少于 $2\phi4$，横筋间距不宜大于 200mm）或 $2\phi6$ 钢筋，钢筋网片或钢筋应自挑梁末端伸入两边墙体不小于 1m，如图 4-11 所示。

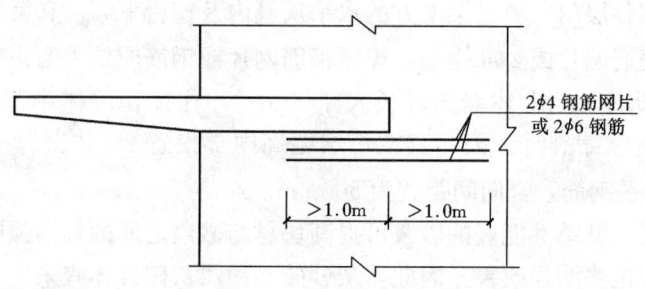

图 4-11 顶层挑梁末端配筋

7) 顶层墙体有门窗等洞口时，在过梁上的水平灰缝内设置 2~3 道焊接钢筋网片或 $2\phi6$ 钢筋，并应伸入过梁两端墙内不小于 600mm。

门窗洞口过梁上的水平灰缝内配置钢筋网片或钢筋的作用与顶层挑梁下墙体内配筋的作用相同，主要是为了提高墙体本身的抗拉或抗剪强度。

8) 顶层及女儿墙砂浆强度等级不低于 M5。

9) 女儿墙应设置构造柱，构造柱间距不宜大于 4m，构造柱应伸至女儿墙顶并与现浇钢筋混凝土压顶整浇在一起。

10) 房屋顶层端部墙体内适当增设构造柱。

顶层及女儿墙受外界温度变化的影响较大，砂浆强度等级愈高，墙体的抗拉、抗剪强度也愈高。同样，构造柱也可发挥这种作用。房屋顶层端部墙体由于受到的约束较大，因此适当增设构造柱可明显改善顶层端部墙体的抗裂性能。

3. 防止或减轻房屋底层墙体裂缝

房屋底层墙体受地基不均匀沉降的敏感程度较其他楼层大，底层窗洞边则受墙体干缩和温度变化的影响产生应力集中。增大基础圈梁的刚度，尤其增大圈梁的高度以及在窗台下墙体灰缝内配筋，可提高墙体的抗拉、抗剪强度。工程中，可根据具体情况采取下列措施：

1) 增大基础圈梁的刚度。

2) 在底层的窗台下墙体灰缝内设置 3 道钢筋网片或 $2\phi6$ 钢筋，并伸入两边窗间墙内不小于 600mm。

3) 采用钢筋混凝土窗台板，窗台板嵌入窗间墙内不小于 600mm。

4. 防止墙体交接处开裂

墙体转角处和纵横墙交接部位对约束墙体两个方向的变形起着重要作用，为防止其开裂，墙体转角处和纵横墙交接处宜沿竖向每隔 400～500mm 设拉结钢筋，其数量为每 120mm 墙厚不少于 1ϕ6 或焊接钢筋网片，埋入长度从墙的转角或交接处算起，每边不小于 600mm。

5. 对非烧结块材墙体防裂的加强措施

灰砂砖、粉煤灰砖、混凝土砌块和其他非烧结砖砌体的干缩变形较大，因此宜在这些墙体各层门、窗过梁上方的水平灰缝内及窗台下第一和第二道水平灰缝内设置焊接钢筋网片或 2ϕ6 钢筋，焊接钢筋网片或钢筋应伸入两边窗间墙内不小于 600mm。此外，当上述墙体墙长大于 5m 时，往往在墙体中部出现两端小、中间大的竖向收缩裂缝，因而宜在每层墙高中部设置 2～3 道焊接钢筋网片或 3ϕ6 的通长水平钢筋，竖向间距宜为 500mm。

试验表明，粘结性能好的砂浆可提高块材与砂浆之间的粘结强度，砌体的抗拉、抗剪性能也将明显改善。因此，灰砂砖、粉煤灰砖砌体宜采用粘结性能好的砂浆砌筑，混凝土砌块砌体应采用砌块专用砂浆砌筑。

6. 防止或减轻混凝土砌块房屋顶层两端和底层第一、第二开间门窗洞处的裂缝

混凝土砌块房屋顶层两端和底层第一、第二开间门窗洞处因应力集中以及混凝土砌块干缩变形较大，更容易在这些部位出现裂缝。为此，可采取下列防裂措施：

1）在门窗洞口两侧不少于一个孔洞中设置不小于 1ϕ12 的钢筋，钢筋应在楼层圈梁或基础锚固，并采用强度等级不低于 Cb20 的灌孔混凝土灌实。

2）在门窗洞口两边的墙体的水平灰缝中，设置长度不小于 900mm、竖向间距为 400mm 的 2ϕ4 焊接钢筋网片。

3）在顶层和底层设置通长钢筋混凝土窗台梁，窗台梁的高度宜为块高的模数，纵筋不少于 4ϕ10，箍筋 ϕ6@200，Cb20 混凝土。

7. 设置竖向控制缝

工程上，根据砌体材料的干缩特性，通过设置沿墙长方向能自由伸缩的缝，将较长的砌体房屋的墙体划分成若干个较小的区段，使砌体因温度、干缩变形引起的应力小于砌体的抗拉、抗剪强度或者裂缝很小，从而达到可以控制的地步，这种构造缝称为控制缝。在裂缝的多发部位设置控制缝是一种有效的措施。当房屋刚度较大时，可在窗台下或窗台角处墙体内设置竖向控制缝。在墙体高度或厚度突然变化处也宜设置竖向控制缝。竖向控制裂缝的构造和嵌缝材料应满足墙体平面外传力和防护的要求。

8. 防止地基不均匀沉降引起的墙体裂缝

(1) 设置沉降缝

沉降缝与温度伸缩缝不同的是必须自基础起将两侧房屋在结构构造上完全分开。混合结构房屋的下列部位宜设置沉降缝：
1) 建筑平面的转折部位；
2) 高度差异或荷载差异处；
3) 长高比过大的房屋的适当部位；
4) 地基土的压缩性有显著差异处；
5) 基础类型不同处；
6) 分期建造房屋的交界处。

沉降缝最小宽度的确定，要考虑避免相邻房屋因地基沉降不同产生倾斜引起相邻构件碰撞，因而与房屋的高度有关。沉降缝的最小宽度一般为：二～三层房屋取 50～80mm；四～五层房屋取 80～120mm；五层以上房屋不小于 120mm。

(2) 增强房屋的整体刚度和强度

对于混合结构房屋，为防止因地基发生过大不均匀沉降在墙体上产生的各种裂缝，宜采用下列措施：
1) 对于三层和三层以上的房屋，其长高比 L/H_f 宜小于或等于 2.5（其中，L 为建筑物长度或沉降缝分隔的单元长度，H_f 为自基础底面标高算起的建筑物高度）；当房屋的长高比为 $2.5 < L/H_f \leqslant 3.0$ 时，宜做到纵墙不转折或少转折，并应控制其内横墙间距或增强基础刚度和强度。当房屋的预估最大沉降量小于或等于 120mm 时，其长高比可不受限制。
2) 墙体内宜设置钢筋混凝土圈梁。
3) 在墙体上开洞时，宜在开洞部位配筋或采用构造柱及圈梁加强。

4.4 刚性方案房屋墙、柱的计算
Load-Bearing Capacity of Walls and Columns in Buildings with Rigid Analysis Scheme

4.4.1 单层房屋承重墙的计算
Load-Bearing Walls of One-Story Buildings

图 4-12 (a) 为某单层刚性方案房屋计算单元内（常取一个开间为计算单元）墙、柱的计算简图，墙、柱为上端不动铰支承于屋（楼）盖、下端嵌固于基础的竖向构件。

1. 内力分析

刚性方案房屋墙、柱在竖向荷载和风荷载作用下的内力按下述方法计算：
(1) 竖向荷载作用

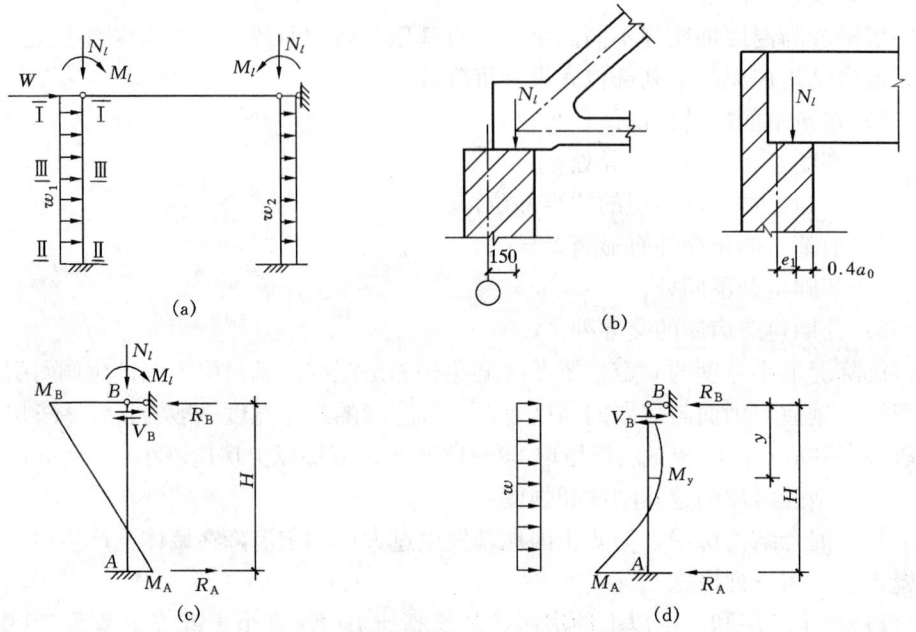

图 4-12 单层刚性方案房屋墙、柱内力分析
(a) 计算简图；(b) N_l 作用点位置；(c) 竖向荷载作用下的内力；(d) 风荷载作用下的内力

竖向荷载包括屋盖自重、屋面活荷载或雪荷载以及墙、柱自重。屋面荷载通过屋架或大梁作用于墙体顶部，屋架或屋面大梁的支承反力 N_l 作用位置如图 4-12（b）所示，即 N_l 存在偏心距。墙、柱自重则作用于墙、柱截面的重心。

屋面荷载作用下墙、柱内力如图 4-12（c）所示，分别为：

$$\left.\begin{array}{l} R_A = -R_B = -3M_l/2H \\ M_B = M_l \\ M_A = -M_l/2 \end{array}\right\} \quad (4\text{-}9)$$

(2) 风荷载作用

包括屋面风荷载和墙面风荷载两部分。由于屋面风荷载最后以集中力通过屋架而传递，在刚性方案中通过不动铰支点由屋盖复合梁传给横墙，因此不会对墙、柱的内力造成影响。墙面风荷载作用下墙、柱内力如图 4-12（d）所示，分别为：

$$\left.\begin{array}{l} R_A = 5wH/8 \\ R_B = 3wH/8 \\ M_A = wH^2/8 \\ M_Y = -wHy(3-4y/H)/8 \\ M_{max} = -9wH^2/128 \quad (y = 3H/8 \text{ 时}) \end{array}\right\} \quad (4\text{-}10)$$

计算时，迎风面 $w=w_1$，背风面 $w=-w_2$。

2. 内力组合

根据上述各种荷载单独作用下的内力，按照可能而又最不利的原则进行控制截面的内力组合，确定其最不利内力。通常控制截面有三个，即墙、柱的上端截面Ⅰ-Ⅰ、下端截面Ⅱ-Ⅱ和均布风荷载作用下的最大弯矩截面Ⅲ-Ⅲ（图4-12a）。

3. 截面承载力验算

对截面Ⅰ-Ⅰ～Ⅲ-Ⅲ，按偏心受压进行承载力验算。对截面Ⅰ-Ⅰ即屋架或大梁支承处的砌体还应进行局部受压承载力验算。

4.4.2 多层房屋承重纵墙的计算
Load-Bearing Longitudinal Walls of Multi-Story Buildings

1. 计算简图

图4-13（a）、（b）为某多层刚性方案房屋计算单元内的承重纵墙。计算时常选取一个有代表性或较不利的开间墙、柱作为计算单元，其承受荷载范围的宽度 s 取相邻两开间的平均值。在竖向荷载作用下，墙、柱在每层高度范围内可近似地视作两端铰支的竖向构件，其计算简图如图4-13（c）所示。在水平荷载作用下，则视作竖向连续梁，其计算简图如图4-13（e）所示。

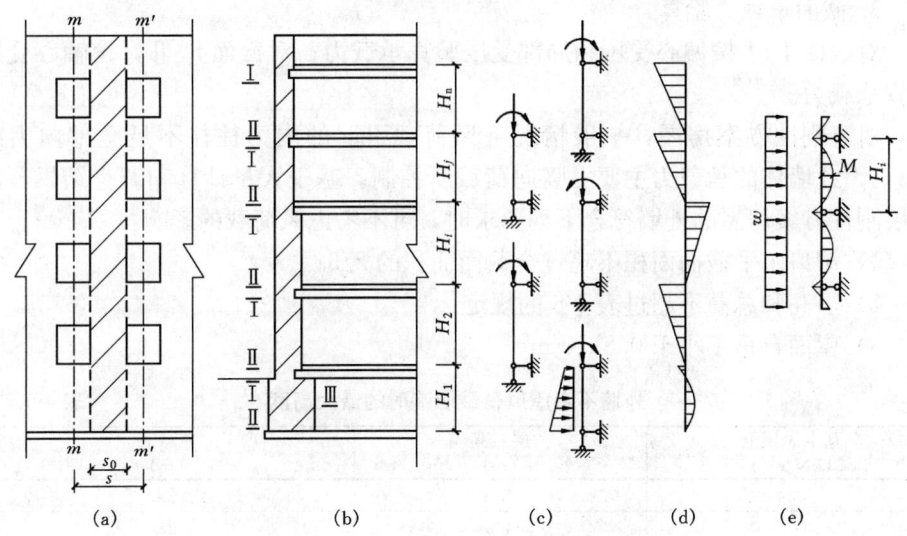

图4-13 多层刚性方案房屋计算简图

2. 内力分析

墙、柱的控制截面取墙、柱的上、下端Ⅰ-Ⅰ和Ⅱ-Ⅱ截面，如图4-13（b）所示。

每层墙、柱承受的竖向荷载包括上面楼层传来的竖向荷载 N_u、本层传来的

竖向荷载 N_l 和本层墙体自重 N_G。N_u 和 N_l 作用点位置如图 4-14 所示，其中 N_u 作用于上一楼层墙、柱截面的重心处；根据理论研究和试验的实际情况并考虑上部荷载和内力重分布的塑性影响，N_l 距离墙内边缘的距离取 $0.4a_0$（a_0 为有效支承长度）。N_G 则作用于本层墙体截面重心处。

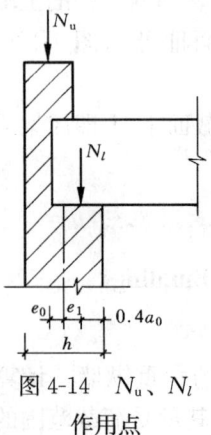

图 4-14 N_u、N_l 作用点

作用于每层墙上端的轴向压力 N 和偏心距分别为：$N=N_u+N_l$，$e=(N_l e_1 - N_u e_0)/(N_u+N_l)$，其中 e_1 为 N_l 对本层墙体重心轴的偏心距，e_0 为上、下层墙体重心轴线之间的距离。

每层墙、柱的弯矩图为三角形，上端 $M=Ne$，下端 $M=0$，如图 4-13 (d) 所示。轴向力上端为 $N=N_u+N_l$，下端则为 $N=N_u+N_l+N_G$。

Ⅰ-Ⅰ 截面的弯矩最大，轴向压力最小；Ⅱ-Ⅱ 截面的弯矩最小，而轴向压力最大。

均布风荷载 w 引起的弯矩可近似按式 (4-11) 计算：
$$M = wH_i^2/12 \tag{4-11}$$

式中　w——计算单元每层高墙体上作用的风荷载；

　　　H_i——层高。

3. 截面承载力验算

对截面 Ⅰ-Ⅰ 按偏心受压和局部受压验算承载力；对截面 Ⅱ-Ⅱ，按轴心受压验算承载力。

对于刚性方案房屋，一般情况下风荷载引起的内力往往不足全部内力的 5%，因此墙体的承载力主要由竖向荷载所控制。基于大量计算和调查结果，当多层刚性方案房屋的外墙符合下列要求时，可不考虑风荷载的影响：

1) 洞口水平截面面积不超过全截面面积的 2/3；
2) 层高和总高不超过表 4-6 的规定；
3) 屋面自重不小于 0.8kN/m^2。

外墙不考虑风荷载影响时的最大高度　　　　表 4-6

基本风压值 （kN/m²）	层高 （m）	总高 （m）
0.4	4.0	28
0.5	4.0	24
0.6	4.0	18
0.7	3.5	18

注：对于多层砌块房屋 190mm 厚的外墙，当层高不大于 2.8m，总高不大于 19.6m，基本风压不大于 0.7kN/m² 时可不考虑风荷载的影响。

试验与研究表明，墙与梁（板）连接处的约束程度与上部荷载、梁端局部压应力等因素有关。对于梁跨度大于 9m 的墙承重的多层房屋，除按上述方法计算墙体承载力外，尚需考虑梁端约束弯矩对墙体产生的不利影响。此时可按梁两端固结计算梁端弯矩，将其乘以修正系数 γ 后，按墙体线刚度分到上层墙底部和下层墙顶部。其修正系数 γ 可按式（4-12）确定：

$$\gamma = 0.2\sqrt{a/h} \tag{4-12}$$

式中　a——梁端实际支承长度；

　　　h——支承墙体的墙厚，当上、下墙厚不同时取下部墙厚，当有壁柱时取 h_T。

4.4.3 多层房屋承重横墙的计算
Load-Bearing Transverse Walls of Multi-Story Buildings

多层房屋承重横墙的计算原理与承重纵墙相同，但常沿墙轴线取宽度为 1.0m 的墙作为计算单元，如图 4-15（a）所示。

对于多层混合结构房屋，当横墙的砌体材料和墙厚相同时，可只验算底层截面 Ⅱ-Ⅱ 的承载力（图 4-15b）。当横墙的砌体材料或墙厚改变时，尚应对改变处进行承载力验算。当左、右两开间不等或楼面荷载相差较大时，尚应对顶部截面 Ⅰ-Ⅰ 按偏心受压进行承载力验算。当楼面梁支承于横墙上时，还应验算梁端下砌体的局部受压承载力。

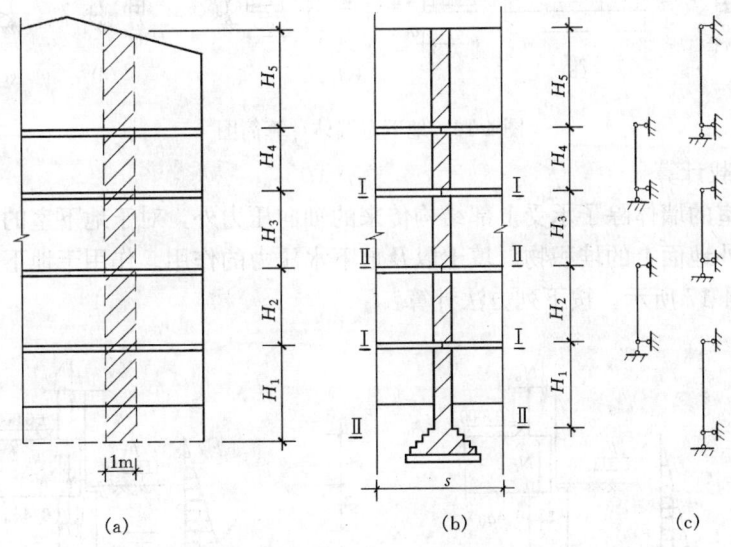

图 4-15　横墙计算简图

4.4.4 地下室墙的计算
Load-Bearing Walls of Basement

有的混合结构房屋设有地下室，地下室墙体一般砌筑在钢筋混凝土基础底板上，顶部为首层楼面，室外有回填土，因此墙厚一般大于房屋首层墙厚。另外，为了保证房屋具有足够的整体刚度,地下室内的横墙数量多、间距小。因而地下室墙体可按刚性方案进行静力计算,且一般可不进行高厚比验算。然而,作用于地下室外墙的荷载较多,其内力分析和承载力计算的工作量较大,这是需要注意的。

1. 计算简图

刚性方案房屋的地下室外墙的计算简图亦为两端铰支的竖向构件,如图 4-16 所示,其上端铰支于 ± 0.000 处的室内地面,下端铰支于底板顶面。如果混凝土地面较薄或施工期间未浇筑混凝土或混凝土未达到足够的强度就在室内外回填土时,墙体底端铰支承应取在基础底板的板底处。此外,如果基础具有一定的阻止墙体发生转动的能力时,下端将存在嵌固弯矩,其下端则应按部分嵌固考虑。

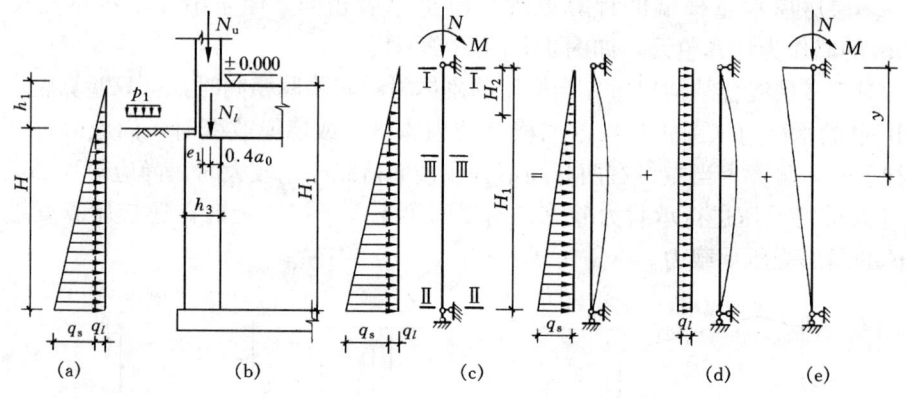

图 4-16 地下室墙体计算简图

2. 荷载计算

地下室的墙体除了承受上部结构传来的轴向压力外,对于地下室的外墙,还应考虑室外地面上的堆积物、填土以及地下水压力的作用。作用于地下室墙体的荷载如图 4-17 所示,按下列方法计算:

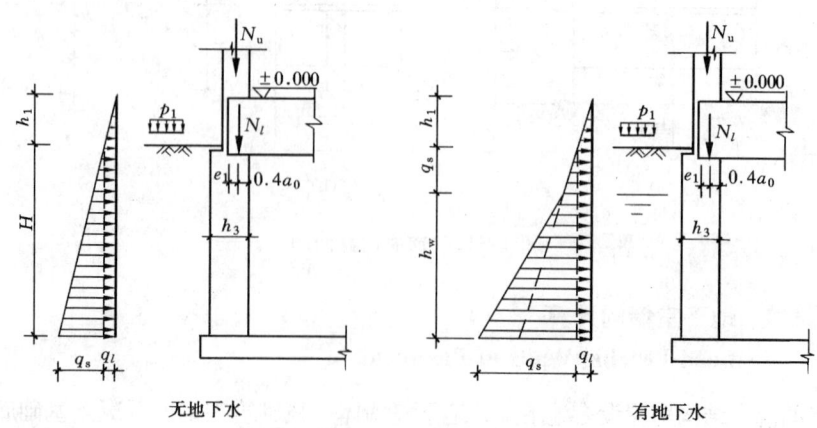

图 4-17 地下室墙体的荷载

1) ±0.000以上墙体自重以及屋面、楼面传来的恒荷载和活荷载 N_u，作用在第一层墙体截面的形心上。

2) 第一层楼面梁、板传来的轴向力 N_l，其偏心距 $e=h_3/2-0.4a_0$。

3) 室外地面活荷载 p_1，是指堆积在室外地面上的建筑材料等产生的荷载，根据实际情况确定，同时不应小于 $10kN/m^2$。为简化计算，通常将 p_1 按式（4-13）换算成当量的土层厚度 h_1（m）并入土压力中：

$$h_1 = p_1/\gamma_s \tag{4-13}$$

式中　γ_s——回填土的重力密度，可取 $20kN/m^3$。

4) 土壤侧压力 q_s，作用于地下室墙体外侧单位面积上的土压力，其大小与有无地下水有关。

无地下水时，如果底板标高以上土的深度为 H，则墙体单位面积上土侧压力为：

$$q_s = k_0 \gamma_s H \tag{4-14}$$

式中　k_0——静止土压力系数，可取 0.5；

　　　H——底板标高至填土表面的深度（m）。

有地下水时，地下水深度为 h_w，则在 h_w 高度范围内应考虑水的浮力对土的影响，底板标高处作用于墙体单位面积上的土侧压力 q_s 为：

$$q_s = 0.5\gamma_s h_s + 0.5\gamma'_s h_w + \gamma_w h_w \tag{4-15}$$

式中　γ'_s——土壤含水饱和时的重力密度（kN/m^3）；

　　　h_s——未浸水的回填土高度（m）；

　　　γ_w——水的重力密度，可取 $10kN/m^3$。

由于 $\gamma'_s = \gamma_s - \gamma_w$，代入式（4-15）得：

$$q_s = 0.5(\gamma_s H + \gamma_w h_w) \tag{4-16}$$

当量土层厚度为 h_1 时的土侧压力 q_l 为：

$$q_l = 0.5\gamma_s h_1 \tag{4-17}$$

5) 应计入地下室墙体自重 G。

3. 内力计算

地下室墙的控制截面为Ⅰ-Ⅰ、Ⅱ-Ⅱ和Ⅲ-Ⅲ，其中截面Ⅲ-Ⅲ为地下室墙跨中最大弯矩所在截面。首先按结构力学的方法计算地下室墙体在各种荷载单独作用下的内力（图4-16c、d、e），然后进行控制截面的内力组合。

4. 截面承载力验算

对截面Ⅰ-Ⅰ进行偏心受压和局部受压承载力验算；对截面Ⅱ-Ⅱ进行轴心受压承载力验算；对截面Ⅲ-Ⅲ则进行偏心受压承载力验算。

4.5 弹性与刚弹性方案房屋墙、柱的计算
Load-Beaing Capacity of Walls and Columns in Buildings with Elastic or Rigid-Elastic Analysis Schemes

4.5.1 弹性方案房屋墙、柱的计算
Walls or Columns in Buildings with Elastic Analysis Scheme

单层弹性方案房屋按屋架或屋面大梁与墙、柱为铰接且不考虑空间工作的平面排架确定墙、柱的内力,即按一般结构力学的方法进行计算,如图 4-18 所示。

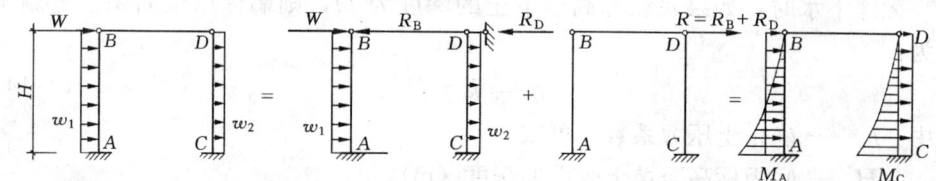

图 4-18 弹性方案房屋墙、柱内力分析

单层弹性方案房屋墙、柱的控制截面有两个,即柱顶和柱底截面,均按偏心受压验算墙、柱的承载力,对柱顶截面尚需验算砌体局部受压承载力。对于变截面柱,还应验算变截面处截面的受压承载力。

多层混合结构房屋应避免设计成弹性方案的房屋。这是因为此类房屋的楼面梁与墙、柱的连接处不能形成类似于钢筋混凝土框架整体性好的节点,因此梁与墙的连接通常假设为铰接,在水平荷载作用下墙、柱水平位移很大,往往不能满足使用要求。另外,这类房屋空间刚度较差,容易引起连续倒塌。

4.5.2 单层刚弹性方案房屋墙、柱的计算
Walls or Columns of One-Story Buildings with Rigid-Elastic Analysis Scheme

单层刚弹性方案房屋的计算简图如图 4-19(a)所示,与弹性方案房屋计算简图的主要区别在于柱顶附加了一个弹性支座,以反映结构的空间作用。

图 4-19(a)所示排架在柱顶作用一集中力 W,柱顶产生的侧移为 u_s;无弹性支座时柱顶产生的侧移为 u_p,减少的侧移 $(u_p - u_s)$ 可视为弹性支座反力 X 引起的。假设排架柱顶的不动铰支座反力为 R(此时 $R=W$),按位移与力成正比的关系,可求得弹性支座的水平反力。

即由
$$\frac{X}{R} = \frac{u_p - u_s}{u_p} = 1 - \frac{u_s}{u_p} = 1 - \eta$$

得
$$X = (1 - \eta) R \tag{4-18}$$

4.5 弹性与刚弹性方案房屋墙、柱的计算

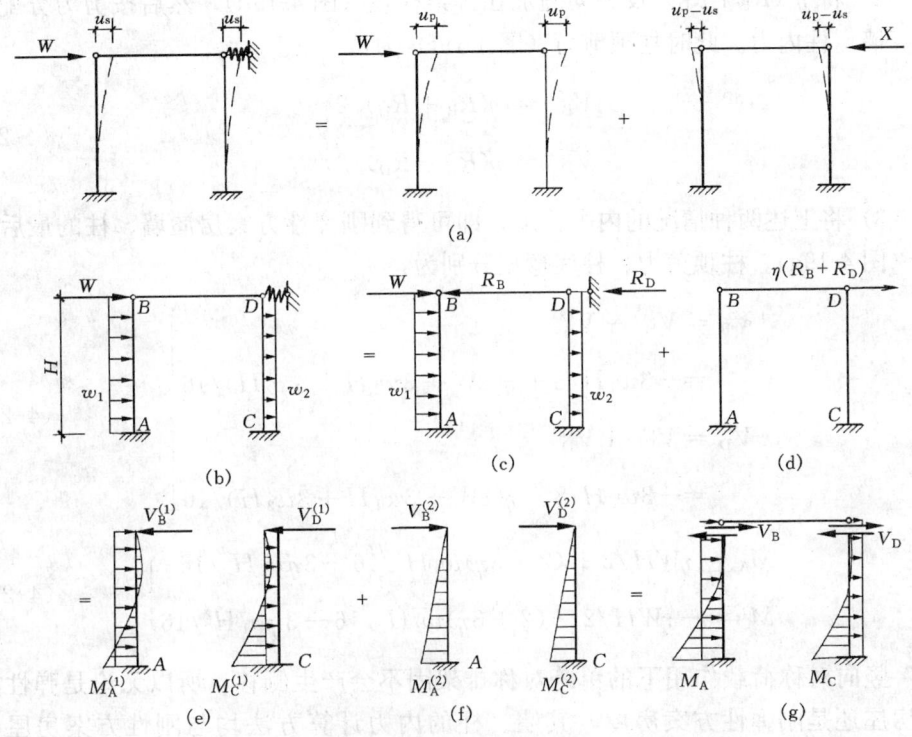

图 4-19 单层刚弹性方案房屋墙、柱内力分析

式中的 η 为房屋的空间性能影响系数,查表 4-1 确定。

式 (4-18) 表明,弹性支座反力 X 与水平力 W ($=R$) 的大小以及房屋空间性能影响系数 η 有关。此时屋盖处的作用力可看成是:

$$R - X = R - (1-\eta)R = \eta R \tag{4-19}$$

由此可见,刚弹性方案房屋墙、柱的内力分析如同一平面排架,只是以 ηR 代替 R 施加于排架柱顶进行计算。因 $\eta < 1$,刚弹性方案房屋墙、柱的内力必然小于弹性方案房屋墙、柱的内力。

基于上述分析,刚弹性方案房屋墙、柱的内力可按下列步骤进行计算 (图 4-19b):

1) 在排架柱顶端附加一不动铰支承,按无侧移排架求出荷载作用下的支座反力和柱顶剪力 (图 4-19c、e):

$$\left.\begin{array}{l} R_B = W + 3\omega_1 H/8 \\ R_D = 3\omega_2 H/8 \end{array}\right\} \tag{4-20}$$

$$\left.\begin{array}{l} V_B^{(1)} = -3\omega_1 H/8 \\ V_D^{(1)} = -3\omega_2 H/8 \end{array}\right\} \tag{4-21}$$

2) 将 $\eta(R_B+R_D)$ 反方向施加在排架柱顶（图 4-19d），然后按剪力分配法计算墙、柱内力。此时柱顶剪力（图 4-19f）为：

$$\left.\begin{aligned} V_B^{(2)} &= \eta(R_B+R_D)/2 \\ V_D^{(2)} &= \eta(R_B+R_D)/2 \end{aligned}\right\} \quad (4-22)$$

3) 将上述两种情况的内力叠加，即可得到刚弹性方案房屋墙、柱的最后内力（图 4-19g）。柱顶剪力、柱底弯矩分别为：

$$\left.\begin{aligned} V_B &= V_B^{(1)} + V_B^{(2)} \\ &= -3w_1H/8 + \eta(8W + 3w_1H + 3w_2H)/16 \\ V_D &= V_D^{(1)} + V_D^{(2)} \\ &= -3w_2H/8 + \eta(8W + 3w_1H + 3w_2H)/16 \end{aligned}\right\} \quad (4-23)$$

$$\left.\begin{aligned} M_A &= \eta WH/2 + (2+3\eta)w_1H^2/16 + 3\eta w_2H^2/16 \\ M_C &= -\eta WH/2 - (2+3\eta)w_2H^2/16 - 3\eta w_1H^2/16 \end{aligned}\right\} \quad (4-24)$$

竖向对称荷载作用下的单跨对称排架因不会产生侧移，所以无论是弹性方案房屋还是刚弹性方案房屋，其墙、柱的内力计算方法均与刚性方案房屋的相同。

4.5.3 上柔下刚多层房屋墙、柱的计算
Walls or Columns of Buildings with Upper Soft Story and Lower Rigid Story

由于建筑使用功能要求，房屋下部各层横墙间距较小，房屋的空间刚度较大，符合刚性方案房屋要求，而顶层的使用空间大，横墙少，不符合刚性方案要求，这种房屋称为上柔下刚多层房屋。

多层房屋除了在纵向各开间与单层房屋相似存在空间受力性能外，楼层与楼层之间同样也存在相互影响的空间作用。

分析表明，不考虑上下楼层之间的空间作用是偏于安全的。此外，现场实测结果亦证实了多层房屋各层的空间性能影响系数 η_i 与单层房屋时的相同。因此，设计上柔下刚多层房屋时，顶层可按单层房屋考虑，其空间性能影响系数可根据屋盖类别查表 4-1 确定。底部各楼层墙、柱则按刚性方案分析。

竖向荷载作用下，由于各楼层侧移较小，为了简化计算，上柔下刚多层房屋墙、柱的内力可按刚性方案房屋的方法进行分析。

水平荷载作用下，上柔下刚多层房屋墙、柱的内力分析方法与单层刚弹性方案房屋墙、柱的内力分析方法类似，其计算简图如图 4-20 所示。

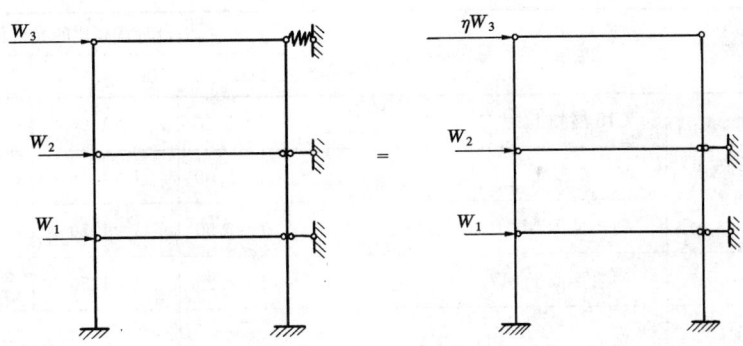

图 4-20 上柔下刚房屋的计算简图

4.6 刚性基础计算
Design and Calculation of Rigid Foundation

由砖、毛石、混凝土或毛石混凝土等材料制成的,且不需配置钢筋的墙下条形基础或柱下独立基础,称为无筋扩展基础,习惯上也称刚性基础。

作用于基础上的荷载向地基传递时,压应力分布线形成一个夹角,其极限值称为刚性角 α。刚性基础的基础底面位于刚性角范围内,主要承受压应力而弯曲应力和剪应力则很小,因此它通常是采用抗压强度较高而抗拉、抗剪强度很低的材料砌筑或浇筑而成。其中,刚性角 α 随基础材料不同而有所不同。

设计刚性基础时,往往通过控制基础台阶的宽度与高度之比不超过表 4-7 所示的台阶宽高比允许值等构造措施以确保基础底面控制在刚性角限定的范围内,亦即要求刚性基础底面宽度符合下列条件:

$$b \leqslant b_0 + 2H_0 \cdot \tan\alpha \tag{4-25}$$

式中　b——基础底面宽度;
　　　b_0——基础顶面的砌体宽度;
　　　H_0——基础高度;
　　　$\tan\alpha$——基础台阶宽高比的允许值,查表 4-7 确定。

当基础承受的荷载较大时,按地基承载力要求确定的基础底面宽度 b 也较大。由式(4-25)可知,相应的基础高度 H_0 亦较大,此时基础自重、埋深以及材料用量随之增大。因此,刚性基础主要适用于六层和六层以下混合结构房屋的基础。

混合结构房屋的墙、柱刚性基础设计,需选择基础类型;确定基础埋置深度;按承载力要求计算基础底面面积和基础高度;最后绘出基础施工图。

无筋扩展基础台阶宽高比的允许值 表 4-7

基础材料	质量要求	台阶宽高比的允许值		
		$p_k \leqslant 100$	$100 < p_k \leqslant 200$	$200 < p_k \leqslant 300$
混凝土基础	C15 混凝土	1∶1.00	1∶1.00	1∶1.25
毛石混凝土基础	C15 混凝土	1∶1.00	1∶1.25	1∶1.50
砖基础	砖不低于 MU10、砂浆不低于 M5	1∶1.50	1∶1.50	1∶1.50
毛石基础	砂浆不低于 M5	1∶1.25	1∶1.50	—
灰土基础	体积比为 3∶7 或 2∶8 的灰土,其最小干密度： 粉土 1.55t/m³ 粉质黏土 1.50t/m³ 黏土 1.45t/m³	1∶1.25	1∶1.50	—
三合土基础	体积比 1∶2∶4～1∶3∶6（石灰∶砂∶骨料），每层约虚铺 220m,夯至 150mm	1∶1.50	1∶2.00	—

注：1. p_k 为荷载效应标准组合时基础底面处的平均压力值（kPa）。
2. 阶梯形毛石基础的每阶伸出宽度,不宜大于 200mm。
3. 当基础由不同材料叠合组成时,应对接触部分作抗压验算。
4. 基础底面处的平均压力值超过 300kPa 的混凝土基础,尚应进行抗剪验算。

4.6.1 刚性基础的类型
Types of Rigid Foundation

根据所用材料的不同,常用的刚性基础有砖基础、毛石基础、混凝土基础以及毛石混凝土基础。

1. 砖基础

砖基础剖面通常采用等高大放脚,台阶宽度为 60mm,高度为 120mm,亦可采用不等高大放脚。为了使基础和地基之间能均匀传递压力,在砖基础底面以下常作 100mm 厚的混凝土垫层,混凝土强度等级为 C15。

2. 毛石基础

毛石基础是由毛石砌筑而成的,在产石地区应用较多。所选用的毛石应质地坚硬、不易风化。

3. 混凝土和毛石混凝土基础

混凝土基础是由混凝土浇筑而成的,其强度、耐久性和抗冻性均比砖基础好,而且刚性角也较大,但造价比砖基础稍高,适用于地下水位较高的情况。

当混凝土基础体积较大时,为了节约水泥用量、降低造价,可在混凝土中加入25%~30%的毛石,从而形成毛石混凝土基础。

4.6.2 基础的埋置深度
Depth of Foundation Buried

基础的埋置深度一般指基础底面距室外设计地面的距离,用 d 表示。对于内墙、柱基础,d 可取基础底面至室内设计地面的距离;对于地下室的外墙基础则取 d 为:

$$d = (d_1 + d_2)/2 \tag{4-26}$$

式中 d_1——基础底面至地下室室内设计地面的距离;

d_2——基础底面至室外设计地面的距离。

影响基础埋深的因素较多,设计时应根据工程地质条件和《建筑地基基础设计规范》的要求确定适宜的埋置深度。一般来说,在满足地基稳定和变形要求的前提下,基础应尽量浅埋,以减小基础工程量,降低造价。除岩石地基外,基础埋置的最小深度不宜小于0.5m,基础顶面距室外设计地面应至少0.15~0.2m,以确保基础不受外界的不利影响。对于冻胀性地基,基础底面应处在冰冻线以下100~200mm,以免冻胀融陷对建筑物造成不利(轻则引起墙体开裂,重则引起建筑物破坏)。此外,当新建筑与原有建筑相邻时,新建筑物的基础埋深不宜大于原有建筑物的基础埋深,否则两基础间应保持一定净距,以保证相邻建筑物的安全和正常使用。净距应根据荷载大小和地质情况而定,一般取相邻基础底面高差的1~2倍。

4.6.3 墙、柱基础的计算
Strength of Foundation of Walls or columns

墙、柱基础的计算包括确定基础底面面积和基础的高度。

基础底面应具有足够的面积以确保地基反力不超过地基承载力、防止地基发生整体剪切破坏或失稳破坏;同时控制基础的沉降量在规定的允许限值之内,减少不均匀沉降对房屋墙、柱造成的不利影响。对于五层及五层以下的混合结构房屋,可根据地基承载力的要求直接确定墙、柱基础的底面尺寸,基础高度则由式(4-25)确定,一般不必验算地基的变形。

1. 计算单元

对于横墙基础,通常沿墙长度方向取1.0m为计算单元,其上承受左、右1/2跨度范围内全部的均布恒荷载和活荷载,按条形基础计算。

对于纵墙基础,其计算单元为一个开间,将屋盖、楼盖传来的荷载以及墙体、门窗自重的总和折算为沿墙长每米的均布荷载,按条形基础计算。

对于带壁柱的条形基础，其计算单元为以壁柱轴线为中心，两侧各取相邻壁柱间距的 1/2，且应按 T 形截面计算。

2. 轴心受压条形基础的计算

根据地基承载力要求，轴心受压条形基础（如图 4-21 所示）的底面宽度 b 应满足下列条件：

$$p_k = \frac{F_k + G_k}{1 \times b} \leqslant f_a \quad (4\text{-}27)$$

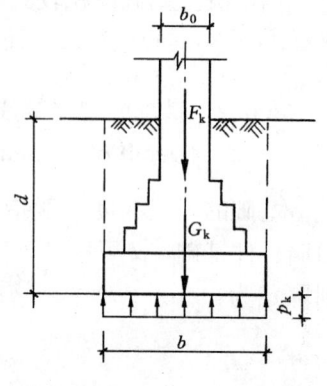

图 4-21 轴心受压基础

式中 p_k——相应于荷载效应标准组合时，基础底面处的平均压力值；

F_k——相应于荷载效应标准组合时，上部结构传至基础顶面的竖向力值；

G_k——基础自重和基础上的土重；

f_a——修正后的地基承载力特征值。

因式（4-27）中的 G_k 与基础底面尺寸有关，故式（4-27）用于设计不太方便。如果近似取 $G_k = \gamma_m \cdot d \cdot A$，代入式（4-27），则

$$b \geqslant \frac{F_k}{f_a - \gamma_m d} \quad (4\text{-}28)$$

式中 γ_m——基础与基础上面回填土的平均重度，设计时可取 $\gamma_m = 20 \text{kN/m}^3$，地下水位以下取有效重度；

d——基础埋置深度（m）。

此外，基础底面宽度 b 尚应满足刚性角要求，即式（4-25）的要求。

3. 偏心受压条形基础的计算

根据地基承载力的要求，偏心受压条形基础（如图 4-22 所示）的底面宽度 b 应满足下列条件：

$$p_{kmax} = \frac{F_k + G_k}{1 \times b} + \frac{M_k}{W} \leqslant 1.2 f_a \quad (4\text{-}29)$$

$$p_{kmin} = \frac{F_k + G_k}{1 \times b} - \frac{M_k}{W} \geqslant 0 \quad (4\text{-}30)$$

$$\frac{p_{kmax} + p_{kmin}}{2} \leqslant f_a \quad (4\text{-}31)$$

式中 p_{kmax}，p_{kmin}——分别为相应于荷载效应标准组合时，基础底面边缘的最大、最小压力值；

M_k——相应于荷载效应标准组合时，作用于基础底面的力矩值；

W——基础底面的抵抗矩。

将 $W = \frac{1}{6}b^2$，代入式（4-29）、式（4-30）得：

$$p_{kmin}^{kmax} = \frac{F_k + G_k}{b} \pm \frac{6M_k}{b^2} \quad (4\text{-}32)$$

随着偏心距 $e\ [=M_k/(F_k+G_k)]$ 的不断增大，基础底面地基反力的分布及地基的压缩变形愈不均匀。当偏心距 $e > b/6$ 时，如图 4-22 (d) 所示，p_{kmin} 为负值，即产生拉应力。现不考虑拉应力，由静力平衡条件，p_{kmax} 应按式（4-33）计算：

$$p_{kmax} = \frac{2(F_k + G_k)}{3a} \leqslant 1.2 f_a \quad (4\text{-}33)$$

式中 a——合力作用点至基础底面最大压力边缘的距离。

工程上亦可设计成偏离墙中心的偏置基础，如图 4-23 所示。当基础底面中心与偏心压力作用点正好重合时，宽度为 b_1 的基础底面压应力将呈均匀分布，此时基础底面的宽度仍应满足刚性角的要求。

4. 柱下单独基础的计算

根据式（4-28），轴心受压柱下单独基础的底面面积 $l \times b$ 应按式（4-34）计算：

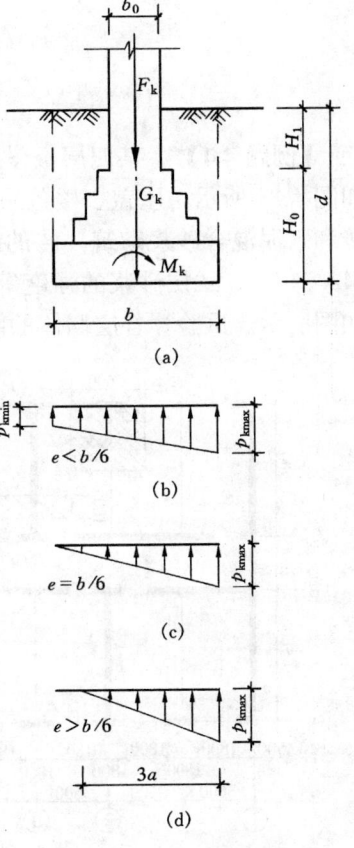

图 4-22 偏心受压基础

$$l \times b \geqslant F_k/(f_a - \gamma_m d) \quad (4\text{-}34)$$

当基础底面为方形时，基础底面尺寸即为：

$$l = b = \sqrt{F_k/(f_a - \gamma_m d)} \quad (4\text{-}35)$$

当基础底面为矩形时，基础底面的短边尺寸 l 为：

$$l = \sqrt{F_k / \left[\frac{b}{l}(f_a - \gamma_m d) \right]} \quad (4\text{-}36)$$

其中长短边之比 b/l 宜控制在 $1.5 \sim 2.0$ 之间。

对于偏心受压柱下单独基础，基础底面一般为矩形，可按式（4-29）～式（4-33）进行计算，只需将 $l \times b$ 代替公式中的 $1 \times b$。

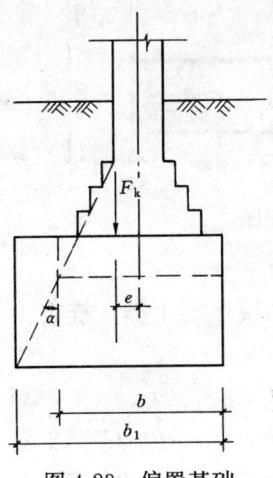

图 4-23 偏置基础

4.7 计 算 例 题
Examples

【例题 4-1】 某四层教学综合楼的平面、剖面图如图 4-24 所示，屋盖、楼盖采用预制钢筋混凝土空心板，墙体采用烧结粉煤灰砖和水泥混合砂浆砌筑，砖的强度等级为 MU10，三、四层砂浆的强度等级为 M2.5，一、二层砂浆的强度等级为 M5，施工质量控制等级为 B 级。各层墙厚如图所示。试验算各层墙体的高厚比。

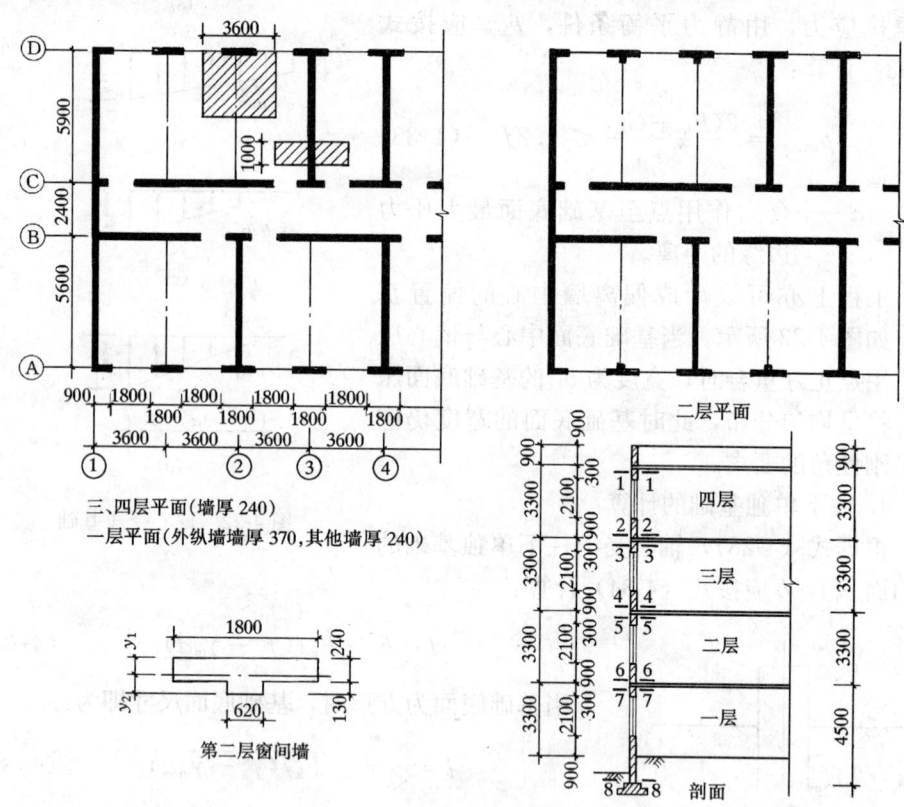

图 4-24 例题 4-1 教学综合楼平面、剖面图

【解】 1. 确定房屋的静力计算方案

最大横墙间距 $s=3.6\times3=10.8\text{m}$，屋盖、楼盖类别属于第 1 类，查表 4-2，$s<32\text{m}$，因此本房屋属刚性方案房屋。

2. 外纵墙高厚比验算

本房屋第一层墙体采用 M5 水泥混合砂浆，其高厚比 $\beta=4.5/0.37=12.2$。

第三、四层墙体采用 M2.5 水泥混合砂浆，其高厚比 $\beta=3.3/0.24=13.8$。

第二层窗间墙的截面几何特征为:
$A = 1.8 \times 0.24 + 0.13 \times 0.62 = 0.5126 \text{m}^2$
$y_1 = [(1.8 - 0.62) \times 0.24 \times 0.12 + 0.62 \times 0.37 \times 0.185]/0.5126$
$\quad = 0.149 \text{m}$
$y_2 = 0.37 - 0.149 = 0.221 \text{m}$
$I = [1.8 \times 0.149^3 + (1.8 - 0.62) \times (0.24 - 0.149)^3 + 0.62 \times 0.221^3]/3$
$\quad = 4.512 \times 10^{-3} \text{m}^4$
$i = \sqrt{I/A} = 0.094 \text{m}$
$h_T = 3.5i = 0.328 \text{m}$

第二层墙体的高厚比 $\beta = 3.3/0.328 = 10.1$。由此可见,第三、四层墙体的高厚比最大,而且砂浆强度等级相对较低,因此首先应对其加以验算。

对于砂浆强度等级为 M2.5 的墙,查表 4-4 可知 $[\beta] = 22$。

取 D 轴线上横墙间距最大的一段外纵墙,$H = 3.3 \text{m}$, $s = 10.8 \text{m} > 2H = 6.6 \text{m}$,查表 4-3,$H_0 = 1.0H = 3.3$,考虑窗洞的影响,$\mu_2 = 1 - 0.4 \times 1.8/3.6 = 0.8 > 0.7$。

$\beta = 3.3/0.24 = 13.8 < \mu_2 [\beta] = 0.8 \times 22 = 17.6$,符合要求。

3. 内纵墙高厚比验算

轴线 C 上横墙间距最大的一段内纵墙上开有两个门洞,$\mu_2 = 1 - 0.4 \times 2.4/10.8 = 0.91 > 0.8$,故不需验算即可知该墙高厚比符合要求。

4. 横墙高厚比验算

横墙厚度为 240mm,墙长 $s = 5.9 \text{m}$,且墙上无门窗洞口,其允许高厚比较纵墙的有利,因此不必再作验算,亦能满足高厚比要求。

【例题 4-2】 某单层单跨厂房,壁柱间距 6m,全长 $14 \times 6 = 84 \text{m}$,跨度为 15m,如图 4-25 所示(无吊车作用)。屋面采用预制钢筋混凝土大型屋面板,墙体采用 MU10 烧结页岩砖、M7.5 水泥混合砂浆砌筑,施工质量控制等级为 B 级。试验算墙体的高厚比。

【例】 本题需验算房屋的纵墙和山墙的高厚比。

房屋的屋盖类别为第 1 类,山墙(横墙)的间距 $s = 84 \text{m}$,查表 4-2,$s > 72 \text{m}$,因此属弹性方案房屋。

1. 纵墙高厚比验算

本房屋的纵墙为带壁柱墙,因此不仅需验算其整片墙的高厚比,还需验算壁柱间墙的高厚比。

(1) 整片墙的高厚比验算

查表 4-3,$H_0 = 1.5H = 1.5 \times 4.7 = 7.05 \text{m}$

纵墙为带壁柱的 T 形截面,需先确定其折算厚度 h_T。

带壁柱墙的截面面积:
$A = 3 \times 0.24 + 0.49 \times 0.25 = 0.8425 \text{m}^2$

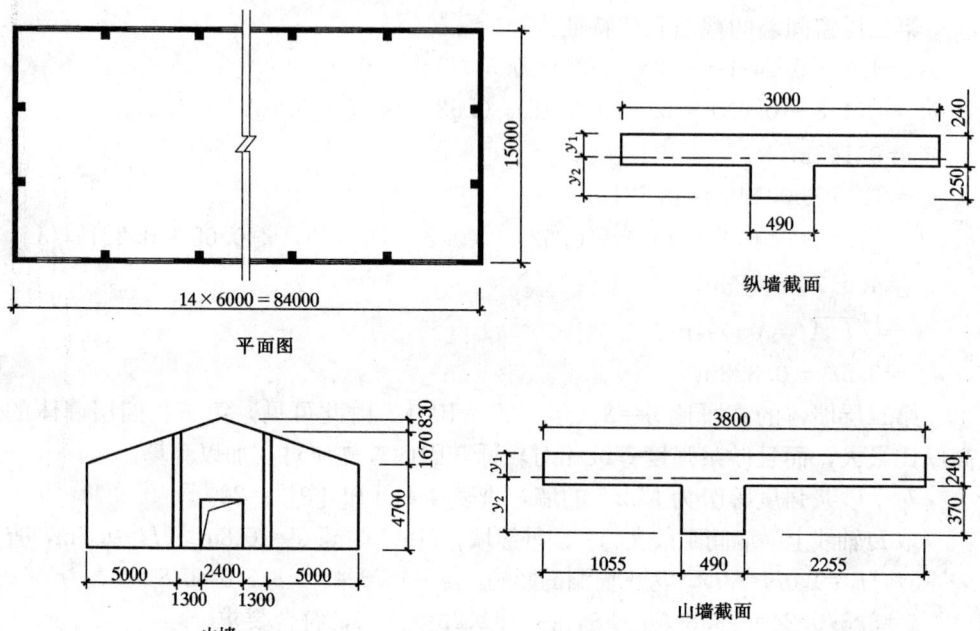

图 4-25 例题 4-2 单层房屋平面、侧立面图

截面重心位置：
$$y_1 = [3 \times 0.24 \times 0.12 + 0.49 \times 0.25 \times (0.24 + 0.25/2)]/0.8425$$
$$= 0.156\text{m}$$
$$y_2 = 0.24 + 0.25 - 0.156 = 0.334\text{m}$$

截面惯性矩：
$$I = [3 \times 0.156^3 + (3 - 0.49) \times (0.24 - 0.156)^3 + 0.49 \times 0.334^3]/3$$
$$= 0.0104\text{m}^4$$

截面回转半径：
$$i = \sqrt{I/A} = 0.111\text{m}$$

截面折算厚度：
$$h_T = 3.5i = 3.5 \times 0.111 = 0.389\text{m}$$

整片墙的实际高厚比：
$$\beta = H_0/h_T = 7.05/0.389 = 18.12$$

墙上有窗洞，$\mu_2 = 1 - 0.4 \times 3/6 = 0.8$，查表 4-4 可知 $[\beta] = 26$，该墙的允许高厚比 $\mu_2 [\beta] = 0.8 \times 26 = 20.8 > 18.12$，因此，山墙之间整片纵墙的高厚比满足要求。

(2) 壁柱间墙的高厚比验算

验算壁柱间墙的高厚比时，不论房屋属何种静力计算方案，一律按刚性方案考虑。此时，墙厚为 240mm，墙长 $s = 6$m，查表 4-3，因 $H < s < 2H$，故 $H_0 =$

$0.4s+0.2H=0.4\times6+0.2\times4.7=3.34\text{m}$,$\beta=3.34/0.24=13.9<20.8$,亦满足高厚比要求。

2. 山墙高厚比验算

该山墙的高度是变化的,墙等厚时,其高度可自基础顶面取至山墙尖高度的 1/2 处。现因山墙设有壁柱,其高度取壁柱处的高度。该山墙与屋面有可靠的连接,且 $s=15$m,查表 4-3 可知,$H_0=1.5H=1.5\times6.37=9.555$m。

对于单层房屋,带壁柱墙的计算截面翼缘宽度 b_f 可取壁柱宽加 2/3 墙高,但不应大于窗间墙宽度和相邻壁柱间的距离。本例中壁柱宽加 2/3 墙高为:$\frac{2}{3}\times 6.37+0.49=4.74$m;

窗间墙宽度为:$1.3+2.5=3.8$m;

相邻壁柱间的距离为 5m。

取上述三者的最小值,得 $b_f=3.8$m。

带壁柱山墙的截面面积:
$$A=3.8\times0.24+0.49\times0.37=1.0933\text{m}^2$$

截面重心位置:
$$y_1=(3.8\times0.24\times0.12+0.49\times0.37\times0.425)/1.0933=0.171\text{m}$$
$$y_2=0.61-0.171=0.439\text{m}$$

截面惯性矩:
$$I=[3.8\times0.171^3+(3.8-0.49)\times(0.24-0.171)^3+0.49\times0.439^3]/3=0.0205\text{m}^4$$

截面回转半径:
$$i=\sqrt{\frac{I}{A}}=\sqrt{\frac{0.0205}{1.0933}}=0.137\text{m}$$

截面折算厚度:
$$h_T=3.5i=3.5\times0.137=0.48\text{m}$$

山墙的实际高厚比 β:
$$\beta=H_0/h_T=9.555/0.48=19.91$$

该墙的允许高厚比为:
$$\mu_2[\beta]=\left(1-0.4\times\frac{1.2}{5}\right)\times26=23.50>\beta(=19.91)$$

因此,整片山墙高厚比满足要求。

此外还须验算山墙壁柱间墙的高厚比。

屋脊处墙高 $H=7.2$m,壁柱间山墙平均高度 $H=7.2-(7.2-6.37)/2=6.785$m,此时 $s=5\text{m}<H$,查表 4-3,按刚性方案确定计算高度 $H_0=0.6s=0.6\times5=3$m,墙厚为 240mm,$\mu_2=1-0.4\times2.4/5=0.808$,山墙壁柱间墙的实际高厚比 $\beta=H_0/h=3/0.24=12.5<0.808\times26=21$,亦能满足高厚比要求。

【例题 4-3】 试验算例题 4-1 中纵墙、横墙的承载力。

【解】 1. 确定静力计算方案

根据例题 4-1 可知，此房屋属刚性方案房屋。

2. 荷载资料

根据设计要求，荷载资料如下：

(1) 屋面恒荷载标准值

40 厚 C30 细石混凝土刚性防水层，表面压光

$$25 \times 0.04 = 1.0 \text{kN/m}^2$$

20 厚 1:2.5 水泥砂浆找平

$$20 \times 0.02 = 0.4 \text{kN/m}^2$$

40 厚挤型聚苯板

$$0.4 \times 0.04 = 0.016 \text{kN/m}^2$$

20 厚 1:2.5 水泥砂浆找平

$$20 \times 0.02 = 0.4 \text{kN/m}^2$$

3 厚氯丁沥青防水涂料（二布八涂）

$$0.045 \text{kN/m}^2$$

110 厚预应力混凝土空心板（包括灌缝）

$$2.0 \text{kN/m}^2$$

20 厚板底粉刷

$$\underline{16 \times 0.02 = 0.32 \text{kN/m}^2}$$
$$\text{合计 } 4.18 \text{kN/m}^2$$

屋面梁自重

$$25 \times 0.2 \times 0.5 = 2.5 \text{kN/m}^2$$

(2) 上人屋面的活荷载标准值

$$2.0 \text{kN/m}^2$$

(3) 楼面恒荷载标准值

大理石面层

$$28 \times 0.02 = 0.56 \text{kN/m}^2$$

20 厚水泥砂浆找平

$$20 \times 0.02 = 0.4 \text{kN/m}^2$$

110 厚预应力混凝土空心板（包括灌缝）

$$2.0 \text{kN/m}^2$$

20 厚板底粉刷

$$\underline{16 \times 0.02 = 0.32 \text{kN/m}^2}$$
$$\text{合计 } 3.28 \text{kN/m}^2$$

楼面梁自重

$$25 \times 0.2 \times 0.5 = 2.5 \text{kN/m}^2$$

(4) 墙体自重标准值

240 厚墙体自重

$$5.24 \text{kN/m}^2 \quad (按墙面计)$$

370 厚墙体自重

$$7.71 \text{kN/m}^2 \quad (按墙面计)$$

真空双层玻璃窗自重

$$0.5 \text{kN/m}^2 \quad (按窗面积计)$$

(5) 楼面活荷载标准值

根据《建筑结构荷载规范》(GB 50009—2001)，教室、试验室、办公室的楼面活荷载标准值为 2.0kN/m^2。因本教学综合楼使用荷载较大，根据实际情况楼面活荷载标准值取 3.0kN/m^2。此外，按荷载规范，设计房屋墙和基础时，楼面活荷载标准值采用与其楼面梁相同的折减系数，而楼面梁的从属面积为 $5.9 \times 3.6 = 21.24 \text{m}^2 < 50 \text{m}^2$，因此楼面活荷载不必折减。

该房屋所在地区的基本风压为 0.35kN/m^2，且房屋层高小于 4m，房屋总高小于 28m，由表 4-6 可知，该房屋设计时可不考虑风荷载的影响。

3. 纵墙承载力计算

(1) 选取计算单元

该房屋有内、外纵墙。对于外纵墙，相对而言，D 轴线墙比 A 轴线墙更不利。对于内纵墙，虽然走廊楼面荷载使内纵墙（B、C 轴线）上的竖向压力有所增加，但梁（板）支承处墙体的轴向力偏心距却有所减小，并且内纵墙上的洞口宽度较外纵墙上的小。因此可只在 D 轴线上取一个开间的外纵墙作为计算单元，其受荷面积为 $3.6 \times 2.95 = 10.62 \text{m}^2$（实际需扣除一部分墙体的面积，这里仍近似地以轴线尺寸计算）。

(2) 确定计算截面

通常每层墙的控制截面位于墙的顶部梁（或板）的底面（如截面 1-1）和墙底的底面（如截面 2-2）处。在截面 1-1 等处，梁（或板）传来的支承压力产生的弯矩最大，且为梁（或板）端支承处，其偏心受压和局部受压均为不利。相对而言，截面 2-2 等处承受的轴向压力最大（相同楼层条件下）。

本楼第三层和第四层墙体所用的砖、砂浆强度等级、墙厚虽相同，但轴向力的偏心距不同；第一层和第二层墙体的墙厚不同，因此需对截面 1-1~8-8 的承载力分别进行计算。

(3) 荷载计算

取一个计算单元，作用于纵墙的荷载标准值如下：

屋面恒荷载

$$4.18 \times 10.62 + 2.5 \times 2.95 = 51.77 \text{kN}$$

女儿墙自重（厚240mm，高900mm，双面粉刷）

$$5.24 \times 0.9 \times 3.6 = 16.98 \text{kN}$$

二、三、四层楼面恒荷载

$$3.28 \times 10.62 + 2.5 \times 2.95 = 42.21 \text{kN}$$

屋面活荷载

$$2.0 \times 10.62 = 21.24 \text{kN}$$

二、三、四层楼面活荷载

$$3.0 \times 10.62 = 31.86 \text{kN}$$

三、四层墙体和窗自重

$$5.24 \times (3.3 \times 3.6 - 2.1 \times 1.8) + 0.5 \times 2.1 \times 1.8 = 44.33 \text{kN}$$

二层墙体（包括壁柱）和窗自重

$$5.24 \times (3.3 \times 3.6 - 2.1 \times 1.8 - 0.62 \times 3.3) + 0.5 \times 2.1 \times 1.8$$
$$+ 7.71 \times 0.62 \times 3.3 = 49.39 \text{kN}$$

一层墙体和窗自重

$$7.71 \times (3.6 \times 4.5 - 2.1 \times 1.8) + 0.5 \times 2.1 \times 1.8 = 97.65 \text{kN}$$

（4）控制截面的内力计算

1) 第四层：

①第四层截面 1-1 处：

由屋面荷载产生的轴向力设计值应考虑两种内力组合，

$N_1^{(1)} = 1.2 \times (51.77 + 16.98) + 1.4 \times 21.24 = 112.24 \text{kN}$

$N_1^{(2)} = 1.35 \times (51.77 + 16.98) + 1.4 \times 0.7 \times 21.24 = 113.63 \text{kN}$

$N_{5l}^{(1)} = 1.2 \times 51.77 + 1.4 \times 21.24 = 91.86 \text{kN}$

$N_{5l}^{(2)} = 1.35 \times 51.77 + 1.4 \times 0.7 \times 21.24 = 90.71 \text{kN}$

三、四层墙体采用 MU10 烧结粉煤灰砖、M2.5 水泥混合砂浆砌筑，查表 2-4 可知砌体的抗压强度设计值 $f = 1.3 \text{MPa}$；一、二层墙体采用 MU10 烧结粉煤灰砖、M5 水泥混合砂浆砌筑，砌体的抗压强度设计值 $f = 1.5 \text{MPa}$。

屋（楼）面梁端均设有刚性垫块，由式（3-31）和表 3-5，取 $\sigma_0/f \approx 0$，$\delta_1 = 5.4$，此时刚性垫块上表面处梁端有效支承长度 $a_{0,b}$ 为：

$$a_{0,b} = 5.4 \sqrt{\frac{h_c}{f}} = 5.4 \sqrt{\frac{500}{1.3}} = 106 \text{mm}$$

$M_1^{(1)} = N_{5l}^{(1)} (y - 0.4 a_{0,b}) = 91.86 \times (0.12 - 0.4 \times 0.106) = 7.128 \text{kN} \cdot \text{m}$

$M_1^{(2)} = N_{5l}^{(2)} (y - 0.4 a_{0,b}) = 90.71 \times (0.12 - 0.4 \times 0.106) = 7.039 \text{kN} \cdot \text{m}$

$e_1^{(1)} = M_1^{(1)} / N_1^{(1)} = 7.128 / 112.24 = 0.064 \text{m}$

$e_1^{(2)} = M_1^{(2)} / N_1^{(2)} = 7.039 / 113.63 = 0.062 \text{m}$

②第四层截面 2-2 处：

轴向力为上述荷载 N_1 与本层墙自重之和，

$$N_2^{(1)} = 112.24 + 1.2 \times 44.33 = 165.44 \text{kN}$$
$$N_2^{(2)} = 113.63 + 1.35 \times 44.33 = 173.48 \text{kN}$$

2) 第三层：

①第三层截面 3-3 处：

轴向力为上述荷载 N_2 与本层楼盖荷载 N_{4l} 之和，
$$N_{4l}^{(1)} = 1.2 \times 42.21 + 1.4 \times 31.86 = 95.26 \text{kN}$$
$$N_3^{(1)} = 165.44 + 95.26 = 260.7 \text{kN}$$
$$\sigma_0^{(1)} = \frac{165.44 \times 10^{-3}}{1.8 \times 0.24} = 0.383 \text{MPa}, \quad \sigma_0^{(1)}/f = 0.383/1.3 = 0.30, \quad \text{查表}$$
3-5，$\delta_1^{(1)} = 5.85$，则
$$a_{0,b}^{(1)} = 5.85\sqrt{\frac{500}{1.3}} = 115 \text{mm}$$
$$M_3^{(1)} = N_{4l}^{(1)}(y - 0.4 a_{0,b}^{(1)})$$
$$= 95.26 \times (0.12 - 0.4 \times 0.115)$$
$$= 7.049 \text{kN} \cdot \text{m}$$
$$e_3^{(1)} = M_3^{(1)}/N_3^{(1)} = 7.049/260.7 = 0.027 \text{m}$$
$$N_{4l}^{(2)} = 1.35 \times 42.21 + 1.4 \times 0.7 \times 31.86 = 88.21 \text{kN}$$
$$N_3^{(2)} = 173.48 + 88.21 = 261.69 \text{kN}$$
$$\sigma_0^{(2)} = \frac{173.48 \times 10^{-3}}{1.8 \times 0.24} = 0.402 \text{MPa}$$
$$\sigma_0^{(2)}/f = 0.402/1.3 = 0.309$$

查表 3-5，$\delta_1^{(2)} = 5.86$，则
$$a_{0,b}^{(2)} = 5.86\sqrt{\frac{500}{1.3}} = 115 \text{mm}$$
$$M_3^{(2)} = N_{4l}^{(2)}(y - 0.4 a_{0,b}^{(2)})$$
$$= 88.21 \times (0.12 - 0.4 \times 0.115)$$
$$= 6.528 \text{kN} \cdot \text{m}$$
$$e_3^{(2)} = M_3^{(2)}/N_3^{(2)} = 6.528/261.69 = 0.025 \text{m}$$

②第三层截面 4-4 处：

轴向力为上述荷载 N_3 与本层墙自重之和，
$$N_4^{(1)} = 260.7 + 1.2 \times 44.33 = 313.90 \text{kN}$$
$$N_4^{(2)} = 261.69 + 1.35 \times 44.33 = 321.54 \text{kN}$$

3) 第二层：

①第二层截面 5-5 处：

轴向力为上述荷载 N_4 与本层楼盖荷载之和，
$$N_{3l}^{(1)} = 95.26 \text{kN}$$

$$N_5^{(1)} = 313.90 + 95.26 = 409.16 \text{kN}$$
$$\sigma_0^{(1)} = 313.90 \times 10^{-3}/0.5126 = 0.612 \text{MPa}$$
$$\sigma_0^{(1)}/f = 0.612/1.5 = 0.408$$

查表 3-5，$\delta_1^{(1)} = 6.03$，则

$$a_{0,b}^{(1)} = 6.03\sqrt{\frac{500}{1.5}} = 110 \text{mm}$$
$$M_5^{(1)} = N_{3l}^{(1)}(y_2 - 0.4a_{0,b}^{(1)}) - N_4^{(1)}(y_1 - y)$$
$$= 95.26 \times (0.221 - 0.4 \times 0.110) - 313.90 \times (0.149 - 0.12)$$
$$= 7.758 \text{kN} \cdot \text{m}$$
$$e_5^{(1)} = M_5^{(1)}/N_5^{(1)} = 7.758/409.16 = 0.019 \text{m}$$
$$N_{3l}^{(2)} = 88.21 \text{kN}$$
$$N_5^{(2)} = 321.54 + 88.21 = 409.75 \text{kN}$$
$$\sigma_0^{(2)} = 321.54 \times 10^{-3}/0.5126 = 0.627 \text{MPa}$$
$$\sigma_0^{(2)}/f = 0.627/1.5 = 0.418$$

查表 3-5，$\delta_1^{(2)} = 6.08$，则

$$a_{0,b}^{(2)} = 6.08\sqrt{\frac{500}{1.5}} = 111 \text{mm}$$
$$M_5^{(2)} = 88.21 \times (0.221 - 0.4 \times 0.111) - 321.54 \times (0.149 - 0.12)$$
$$= 6.253 \text{kN} \cdot \text{m}$$
$$e_5^{(2)} = 6.253/409.75 = 0.015 \text{m}$$

②第二层截面 6-6 处：

轴向力为上述荷载 N_5 与本层墙体自重之和，

$$N_6^{(1)} = 409.16 + 1.2 \times 49.39 = 468.43 \text{kN}$$
$$N_6^{(2)} = 409.75 + 1.35 \times 49.39 = 476.43 \text{kN}$$

4）第一层：

①第一层截面 7-7 处：

轴向力为上述荷载 N_6 与本层楼盖荷载之和，

$$N_{2l}^{(1)} = 95.26 \text{kN}$$
$$N_7^{(1)} = 468.43 + 95.26 = 563.69 \text{kN}$$
$$\sigma_0^{(1)} = 468.43 \times 10^{-3}/(1.8 \times 0.37) = 0.703 \text{MPa}$$
$$\sigma_0^{(1)}/f = 0.703/1.5 = 0.47$$

查表 3-5，$\delta_1^{(1)} = 6.32$，则

$$a_{0,b}^{(1)} = 6.32\sqrt{\frac{500}{1.5}} = 115 \text{mm}$$
$$M_7^{(1)} = N_{2l}^{(1)}(y - 0.4a_{0,b}^{(1)}) - N_6^{(1)}(y - y_1)$$
$$= 95.26 \times (0.185 - 0.4 \times 0.115) - 468.43 \times (0.185 - 0.149)$$

$$= -3.622 \text{kN} \cdot \text{m}$$
$$e_7^{(1)} = 3.622/563.69 = 0.006 \text{m}$$
$$N_{21}^{(2)} = 88.21 \text{kN}$$
$$N_7^{(2)} = 476.43 + 88.21 = 564.64 \text{kN}$$
$$\sigma_0^{(2)} = 476.43 \times 10^{-3}/(1.8 \times 0.37) = 0.715 \text{MPa}$$
$$\sigma_0^{(2)}/f = 0.715/1.5 = 0.48$$

查表 3-5,$\delta_1^{(2)} = 6.36$,则

$$a_{0,b}^{(2)} = 6.36\sqrt{\frac{500}{1.5}} = 116 \text{mm}$$
$$M_7^{(2)} = 88.21 \times (0.185 - 0.4 \times 0.116) - 476.43 \times (0.185 - 0.149)$$
$$= -4.926 \text{kN} \cdot \text{m}$$
$$e_7^{(2)} = 4.926/564.64 = 0.009 \text{m}$$

②第一层截面 8-8 处:

轴向力为上述荷载 N_7 与本层墙体自重之和,

$$N_8^{(1)} = 563.69 + 1.2 \times 97.65 = 680.87 \text{kN}$$
$$N_8^{(2)} = 564.64 + 1.35 \times 97.65 = 696.47 \text{kN}$$

(5) 第四层窗间墙承载力验算

1) 第四层截面 1-1 处窗间墙受压承载力验算:

第一组内力　$N_1^{(1)} = 112.24 \text{kN}$,$e_1^{(1)} = 0.064 \text{m}$

第二组内力　$N_1^{(2)} = 113.63 \text{kN}$,$e_1^{(2)} = 0.062 \text{m}$

对于第一组内力:

$$e/h = 0.064/0.24 = 0.27$$
$$e/y = 0.064/0.12 = 0.53 < 0.6$$
$$\beta = H_0/h = 3.3/0.24 = 13.75$$

查表 3-2,$\varphi = 0.297$

按式 (3-17),

$\varphi f A = 0.297 \times 1.3 \times 1.8 \times 0.24 \times 10^3 = 166.80 \text{kN} > 112.24 \text{kN}$,满足要求。

对于第二组内力:

$$e/h = 0.062/0.24 = 0.26$$
$$e/y = 0.06/0.12 = 0.52 < 0.6$$
$$\beta = 13.75$$

查表 3-2,$\varphi = 0.30$

按式 (3-17),

$\varphi f A = 0.30 \times 1.3 \times 1.8 \times 0.24 \times 10^3 = 168.48 \text{kN} > 113.63 \text{kN}$,亦满足要求。

2) 第四层截面 2-2 处窗间墙受压承载力验算:

第一组内力　$N_2^{(1)} = 165.44 \text{kN}$,$e_2^{(1)} = 0$

第二组内力　$N_2^{(2)} = 173.48 \text{kN}$,$e_2^{(2)} = 0$

$e/h=0$,$\beta=13.75$,查表3-2,$\varphi=0.73$,
按式(3-17),
$\varphi fA=0.73\times1.3\times1.8\times0.24\times10^3=409.97\text{kN}>173.48\text{kN}$,满足要求。

3)梁端支承处(截面1-1)砌体局部受压承载力验算:

梁端设置尺寸为740mm×240mm×300mm的预制刚性垫块。

$$A_b=a_bb_b=0.24\times0.74=0.1776\text{m}^2$$

第一组内力 $\sigma_0=0.039\text{MPa}$,$N_{5l}=91.86\text{kN}$;$a_{0,b}=106\text{mm}$

$$N_0=\sigma_0 A_b=0.039\times0.1776\times10^3=6.93\text{kN}$$

$$N_0+N_{5l}=6.93+91.86=98.79\text{kN}$$

$$\begin{aligned}e&=N_{5l}(y-0.4a_{0,b})/(N_0+N_{5l})\\&=91.86(0.12-0.4\times0.106)/98.79\\&=0.072\text{m}\end{aligned}$$

$e/h=0.072/0.24=0.30$,$\beta\leqslant 3$时,查表3-2,$\varphi=0.48$

$$A_0=(0.74+2\times0.24)\times0.24=0.2928\text{m}^2$$

$$A_0/A_b=1.649$$

$$\gamma=1+0.35\sqrt{1.649-1}=1.282<2$$

$$\gamma_1=0.8\gamma=1.026$$

$$\begin{aligned}\varphi\gamma_1 fA_b&=0.48\times1.026\times1.3\times0.1776\times10^3\\&=113.70\text{kN}>N_0+N_{5l}(=98.79\text{kN}),\text{满足要求}。\end{aligned}$$

对于第二组内力,由于$a_{0,b}$相等,梁端反力略小些,对结构更有利些,因此采用740mm×240mm×300mm的刚性垫块能满足局压承载力的要求。

(6)第三层窗间墙承载力验算

1)窗间墙受压承载力验算结果列于表4-8。

第三层窗间墙受压承载力验算结果　　　　表4-8

项　目	第一组内力		第二组内力	
	截　面		截　面	
	3-3	4-4	3-3	4-4
N (kN)	260.70	313.90	261.69	321.54
e (mm)	27	0	25	0
e/h	0.11	—	0.10	—
y (mm)	120	—	120	—
e/y	0.22	—	0.20	—
β	13.75	13.75	13.75	13.75
φ	0.50	0.728	0.516	0.728
A (m²)	0.432>0.3	0.432>0.3	0.432>0.3	0.432>0.3
f (MPa)	1.3	1.3	1.3	1.3
φfA (kN)	280.8>260.70	408.84>313.90	289.79>261.69	408.84>321.54
结论	满足要求		满足要求	

2) 梁端支承处（截面 3-3）砌体局部受压承载力验算：

梁端设置尺寸为 740mm×240mm×300mm 的预制刚性垫块。

第一组内力 $\sigma_0 = 0.383\text{MPa}$，$N_{4l} = 95.26\text{kN}$，$a_{0,b} = 115\text{mm}$

$$N_0 = \sigma_0 A_b = 0.383 \times 0.1776 \times 10^3 = 68.02\text{kN}$$

$$N_0 + N_{4l} = 68.02 + 95.26 = 163.28\text{kN}$$

$$e = N_{4l}(y - 0.4 a_{0,b})/(N_0 + N_{4l})$$
$$= 95.26 \times (0.12 - 0.4 \times 0.115)/163.28$$
$$= 0.043\text{m}$$

$e/h = 0.043/0.24 = 0.18$，$\beta \leqslant 3$ 时，查表 3-2，$\varphi = 0.72$

由前面计算结果可知 $\gamma_1 = 1.026$

$$\varphi \gamma_1 f A_b = 0.72 \times 1.026 \times 1.3 \times 0.1776 \times 10^3$$
$$= 170.56\text{kN} > 163.28\text{kN}，满足要求。$$

对于第二组内力，$\sigma_0 = 0.402\text{MPa}$，$N_{4l} = 88.21\text{kN}$，$a_{0,b} = 115\text{mm}$。这组内力与上组内力相比，$a_{0,b}$ 相等，而梁端反力却小些，这对局压受力更加有利，因此采用 740mm×240mm×300mm 的刚性垫块能满足局压承载力的要求。

(7) 第二层窗间墙承载力验算

1) 窗间墙受压承载力验算结果列于表 4-9。

第二层窗间墙受压承载力验算结果　　　　　　　　　　表 4-9

项　目	第一组内力		第二组内力	
	截　面		截　面	
	5-5	6-6	5-5	6-6
N (kN)	409.16	468.43	409.75	476.43
e (mm)	19	0	15	0
e/h_T	19/328=0.06	—	15/328=0.05	—
y (mm)	221		221	
e/y	19/221=0.09	—	15/221=0.07	—
β	10.1	10.1	10.1	10.1
φ	0.74	0.87	0.76	0.87
A (m^2)	0.5126	0.5126	0.5126	0.5126
f (MPa)	1.5	1.5	1.5	1.5
$\varphi f A$ (kN)	568.99>409.16	668.94>468.43	584.36>409.75	668.94>476.43
结论	满足要求		满足要求	

2) 梁端支承处（截面 5-5）砌体局部受压承载力验算：

梁端设置尺寸为 620mm×370mm×240mm 的刚性垫块

$$A_b = 0.62 \times 0.37 = 0.2294\text{m}^2$$

通过分析前面的计算结果发现，墙顶部梁底面处的承载力由第一组内力组合控制，墙底面处的承载力则由第二组内力组合控制。

$$N_0 = \sigma_0 A_b = 0.612 \times 0.2294 \times 10^3 = 140.39\text{kN}$$
$$N_0 + N_{3l} = 140.39 + 95.26 = 235.65\text{kN}$$
$$e = 95.26 \times (0.185 - 0.4 \times 0.110)/235.65 = 0.057\text{m}$$
$$e/h = 0.057/0.37 = 0.15，按 \beta \leqslant 3，查表3-1，\varphi = 0.79$$
$A_0 = 0.62 \times 0.37 = 0.2294\text{m}^2$（只计壁柱面积），并取 $\gamma_1 = 1.0$，则
$$\varphi \gamma_1 f A_b = 0.79 \times 1.0 \times 1.5 \times 0.2294 \times 10^3 = 271.84\text{kN} > N_0 + N_{3l}（=235.65\text{kN}），满足局压承载力的要求。$$

（8）第一层窗间墙承载力验算

1）窗间墙受压承载力验算结果列于表 4-10。

第一层窗间墙受压承载力验算结果　　　　　　　表 4-10

项　目	第一组内力 截面		第二组内力 截面	
	7-7	8-8	7-7	8-8
N (kN)	563.69	680.87	564.64	696.47
e (mm)	6	—	9	—
e/h	6/370=0.016	—	9/370=0.024	—
y (mm)	185	—	185	—
e/y	6/185=0.032	—	9/185=0.049	—
β	12.2	12.2	12.2	12.2
φ	0.78	0.82	0.77	0.82
A (m²)	0.666	0.666	0.666	0.666
f (MPa)	1.5	1.5	1.5	1.5
$\varphi f A$ (kN)	779.22>563.69	819.18>680.87	769.23>564.64	819.18>696.47
结论	满足要求		满足要求	

2）梁端支承处（截面 7-7）砌体局部受压承载力验算：

梁端设置尺寸为 490mm×370mm×180mm 的刚性垫块。
$$A_b = a_b b_b = 0.49 \times 0.37 = 0.181\text{m}^2$$
对于第一组内力，$\sigma_0 = 0.703\text{MPa}$，$N_{2l} = 95.26\text{kN}$，$a_{0,b} = 115\text{mm}$
$$N_0 = \sigma_0 A_b = 0.703 \times 0.181 \times 10^3 = 127.24\text{kN}$$
$$N_0 + N_{2l} = 127.24 + 95.26 = 222.50\text{kN}$$
$$e = 95.26 \times (0.185 - 0.4 \times 0.115)/222.50 = 0.060\text{m}$$
$$e/h = 0.060/0.37 = 0.16，按 \beta \leqslant 3，查表3-1，\varphi = 0.77$$
$$A_0 = (0.49 + 2 \times 0.37) \times 0.37 = 0.455\text{m}^2$$
$$A_0/A_b = 0.455/0.181 = 2.514$$
$$\gamma = 1 + 0.35\sqrt{2.514 - 1} = 1.431 < 2，\gamma_1 = 0.8\gamma = 1.145$$
$$\varphi \gamma_1 f A_b = 0.77 \times 1.145 \times 1.5 \times 0.181 \times 10^3 = 239.37\text{kN} > 222.50\text{kN}，满足要求。$$

对于第二组内力,由于 $a_{0,b}$ 基本接近且 N_{2l} 较小,采用此垫块亦能满足局压承载力的要求,故不必再验算。

4. 横墙承载力计算

以③轴线上的横墙为例,横墙上承受由屋面和楼面传来的均布荷载,可取 1m 宽的横墙进行计算,其受荷面积为 $1\times 3.6=3.6\text{m}^2$。由于该横墙为轴心受压构件,随着墙体材料、墙体高度不同,可只验算第三层的截面 4-4、第二层的截面 6-6 以及第一层的截面 8-8 的承载力。

(1) 荷载计算

取一个计算单元,作用于横墙的荷载标准值如下:

屋面恒荷载
$$4.18\times 3.6=15.05\text{kN/m}$$

屋面活荷载
$$2.0\times 3.6=7.2\text{kN/m}$$

二、三、四层楼面恒荷载
$$3.28\times 3.6=11.81\text{kN/m}$$

二、三、四层楼面活荷载
$$3.0\times 3.6=10.8\text{kN/m}$$

二、三、四层墙体自重
$$5.24\times 3.3=17.29\text{kN/m}$$

一层墙体自重
$$5.24\times 4.5=23.58\text{kN/m}$$

(2) 控制截面内力计算

1) 第三层截面 4-4 处:

轴向力包括屋面荷载、第四层楼面荷载和第三、四层墙体自重,

$N_4^{(1)}=1.2\times(15.05+11.81+2\times 17.29)+1.4\times(7.2+10.8)$
$\quad\quad =98.93\text{kN/m}$

$N_4^{(2)}=1.35\times(15.05+11.81+2\times 17.29)+1.4\times 0.7\times(7.2+10.8)$
$\quad\quad =100.58\text{kN/m}$

2) 第二层截面 6-6 处:

轴向力为上述荷载 N_4 和第三层楼面荷载及第二层墙体自重之和,

$N_6^{(1)}=98.93+1.2\times(11.81+17.29)+1.4\times 10.8$
$\quad\quad =148.97\text{kN/m}$

$N_6^{(2)}=100.58+1.35\times(11.81+17.29)+1.4\times 0.7\times 10.8$
$\quad\quad =150.45\text{kN/m}$

3) 第一层截面 8-8 处:

轴向力为上述荷载 N_6 和第二层楼面荷载及第一层墙体自重之和,

$$N_8^{(1)} = 148.97 + 1.2 \times (11.81 + 23.58) + 1.4 \times 10.8$$
$$= 206.56 \text{kN/m}$$
$$N_8^{(2)} = 150.45 + 1.35 \times (11.81 + 23.58) + 1.4 \times 0.7 \times 10.8$$
$$= 208.81 \text{kN/m}$$

(3) 横墙承载力验算

1) 第三层截面 4-4：

$e/h = 0$，$\beta = 3.3/0.24 = 13.75$，查表 3-2，$\varphi = 0.73$，$A = 1 \times 0.24 = 0.24 \text{m}^2$

由式 (3-17)，

$\varphi fA = 0.73 \times 1.3 \times 0.24 \times 10^3 = 227.76 \text{kN} > 100.58 \text{kN}$，满足要求。

2) 第二层截面 6-6：

$e/h = 0$，$\beta = 13.75$，查表 3-1，$\varphi = 0.78$，

由式 (3-17)，

$\varphi fA = 0.78 \times 1.5 \times 0.24 \times 10^3 = 280.8 \text{kN} > 150.45 \text{kN}$，满足要求。

3) 第一层截面 8-8：

$e/h = 0$，$\beta = 4.5/0.24 = 18.75$，查表 3-1，$\varphi = 0.65$，

由式 (3-17)，

$\varphi fA = 0.65 \times 1.5 \times 0.24 \times 10^3 = 234 \text{kN} > 208.81 \text{kN}$，满足要求。

上述验算结果表明，该横墙有较大的安全储备，显然其他横墙的承载力均不必验算。

【例题 4-4】 试设计例题 4-3 外纵墙（轴线 D 上）和内横墙（轴线 3 上）下基础。工程地质资料：自然地表下 0.2m 内为填土，填土下 1m 内为黏土（$f_a = 220 \text{kN/m}^2$），其下层为砾石层（$f_a = 366 \text{kN/m}^2$）。

【解】 根据工程地质条件，墙下条形基础的埋深取 $d = 0.8 \text{m}$。取 1.0m 长条形基础为计算单元。采用砖基础。

1. 外纵墙下条形基础

$$F_K = (16.98 + 51.77 + 42.21 \times 3 + 44.33 \times 2 + 49.39 + 97.65$$
$$+ 31.86 + 21.24 \times 0.7 + 31.86 \times 0.7 \times 2)/3.6$$
$$= 145.11 \text{kN/m}$$

由式 (4-28)，

$$b \geqslant \frac{F_K}{f_a - \gamma_m d} = \frac{145.11}{220 - 20 \times 0.8} = 0.71 \text{m}$$

基础剖面如图 4-28 (a) 所示。

2. 内横墙下条形基础

$$F_K = 15.05 + 11.81 \times 3 + 17.29 \times 3 + 23.58 + 10.8$$
$$+ 7.2 \times 0.7 + 10.8 \times 0.7 \times 2$$
$$= 156.89 \text{kN/m}$$

由式（4-28），

$$b \geqslant \frac{156.89}{220 - 20 \times 0.8} = 0.77\mathrm{m}$$

基础剖面如图 4-26（b）所示。

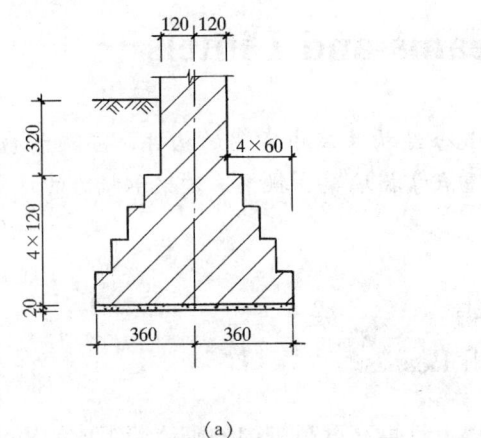
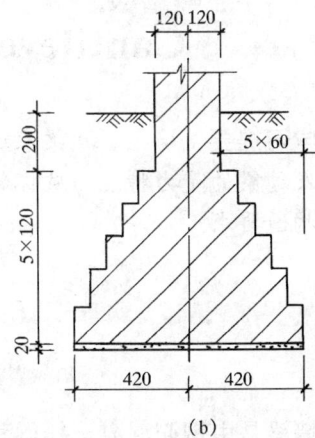

图 4-26　例题 4-4 刚性基础

思　考　题　与　习　题
Questions and Exercises

4-1　混合结构房屋有哪几种承重形式？各自的特点是什么？

4-2　确定混合结构房屋静力计算方案的目的是什么？分为哪几类？

4-3　混合结构房屋的墙、柱为何应进行高厚比验算？带壁柱墙和带构造柱墙的高厚比如何验算？

4-4　引起墙体开裂的原因有哪些？采取哪些措施可防止或减轻墙体开裂？

4-5　刚性和刚弹性方案房屋的横墙应满足哪些要求？

4-6　弹性方案和刚弹性方案房屋墙、柱内力分析方法上有哪些相同点和不同点？

4-7　设计混合结构房屋墙、柱时，应对哪些部位或截面进行承载力验算？

4-8　刚性基础的主要特点是什么？设计时应满足何要求？

4-9　某刚弹性方案房屋的砖柱截面为 490mm×620mm，计算高度 H_0 为 3.6m。采用烧结页岩砖 MU10、水泥混合砂浆 M5 砌筑，施工质量控制等级为 B 级。试验算该柱的高厚比是否满足要求。

4-10　条件与［例题 4-1］相同，但房屋开间为 3900mm，C－D 轴线间的距离为 6200mm。试设计 D 轴纵墙及其基础。

第 5 章　墙梁、挑梁及过梁设计
Design and Calculation of Wall Beams, Cantilever Beams and Lintels

学习提要　墙梁、挑梁及过梁是混合结构房屋中常用的构件，应熟悉墙梁、挑梁及过梁的受力特点与破坏特征，重点掌握墙梁、挑梁、过梁承载力的计算方法及构造要求。

5.1　墙　梁
Wall Beams

墙梁是由钢筋混凝土托梁和托梁以上计算高度范围内的砌体墙组成的组合构件。与钢筋混凝土框架结构相比，墙梁可节约钢材 40%、模板 50%、水泥 25%，降低造价 20%，同时具有施工速度快的优势。墙梁可用于工业与民用建筑，如商场、住宅、旅馆建筑以及工业厂房的围护墙。

根据支承情况不同，墙梁可分为简支墙梁、连续墙梁以及框支墙梁，如图 5-1 所示。

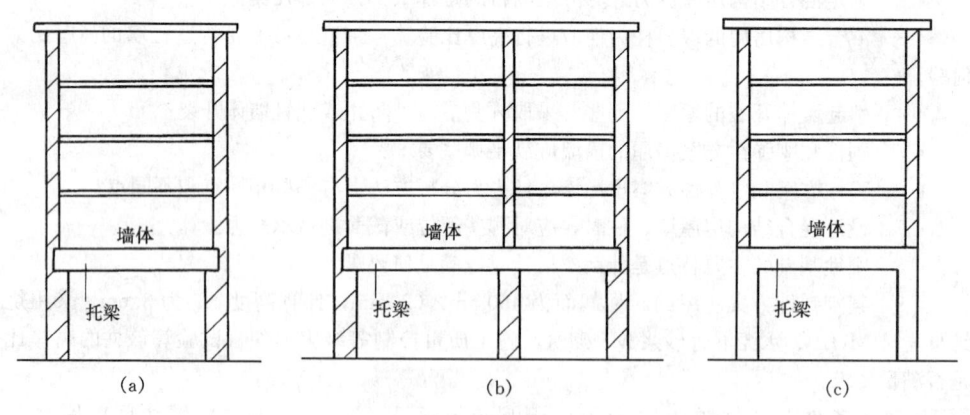

图 5-1　墙梁
(a) 简支墙梁；(b) 连续墙梁；(c) 框支墙梁

根据墙梁是否承受梁、板荷载，墙梁可分为承重墙梁和自承重墙梁，仅仅承受托梁自重和托梁顶面以上墙体自重的墙梁，称为自承重墙梁，如工业厂房中的基础梁、连系梁与其上部墙体形成自承重墙梁。承重墙梁则还要承受梁、板荷载,如二层为住宅或旅馆、公寓,底层为较大空间的商店或餐厅,通常采用承重墙梁。

根据墙上是否开洞,墙梁又可分为无洞口墙梁和有洞口墙梁。

5.1.1 墙梁的受力性能
Resistance Feature of Wall Beams

墙梁中的墙体不仅作为荷载作用于钢筋混凝土托梁上,而且与托梁共同受力形成组合构件。因此,墙梁的受力性能与支承情况、托梁和墙体的材料、托梁的高跨比、墙体的高跨比、墙体上是否开洞、洞口的大小与位置等因素有关。

1. 无洞口简支墙梁

试验研究及有限元分析表明,墙梁的受力性能类似于钢筋混凝土深梁。墙梁在竖向均布荷载作用下的截面应力分布与托梁、墙体的刚度有关。托梁的刚度愈大,作用于托梁跨中的竖向应力 σ_y 也愈大,当托梁的刚度无限大时,作用于托梁上的竖向应力 σ_y 则呈均匀分布。当托梁的刚度不大时,由于墙体内存在的拱作用,墙梁顶面的均布荷载主要沿主压应力轨迹线逐渐向支座传递,愈靠近托梁,水平截面上的竖向应力 σ_y 由均匀分布变成向两端集中的非均匀分布,托梁承受的弯矩将减小。按墙梁竖向截面内水平应力 σ_x 的分布,墙梁上部墙体大部分受压,托梁的全部或大部分截面受拉,托梁跨中截面内的水平应力 σ_x 呈梯形分布。与此同时,在托梁与墙体的交界面上,剪应力 τ_{xy} 变化较大,且在支座处形成明显的应力集中现象。由此可见,对于无洞口墙梁,墙梁顶部荷载由墙体的内拱作用和托梁的拉杆作用共同承受,即墙体以受压为主,托梁则处于小偏心受拉状态。

墙梁的受力较为复杂,其破坏形态是墙梁设计的重要依据。墙梁在顶部荷载作用下有如下几种破坏形态。

(1) 弯曲破坏

当托梁中的配筋较少而砌体强度较高、墙体高跨比 h_w/l_0 较小时,一般首先在跨中形成垂直裂缝,随着荷载增加,垂直裂缝不断向上延伸并穿过界面进入墙体。托梁内的纵向钢筋屈服后,裂缝则迅速扩展并在墙体内延伸,产生正截面弯曲破坏,如图 5-2 (a) 所示。受压区砌体即使墙体高跨比小、受压区高度很小时亦未出现压碎现象。

(2) 剪切破坏

当托梁中的配筋较多而砌体强度较低、h_w/l_0 适中时,支座上方砌体产生斜裂缝,引起墙体的剪切破坏。基于斜裂缝形成的原因不同,墙体的剪切破坏又呈两种破坏形态。

1) 斜拉破坏。

当墙体高跨比较小($h_w/l_0<0.40$)或集中荷载作用下的剪跨比(a/l_0)较

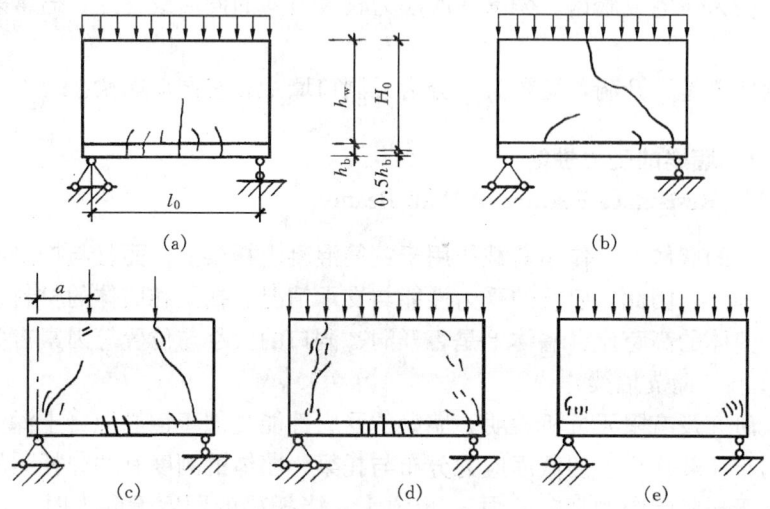

图 5-2 简支墙梁的破坏形态
(a) 弯曲破坏；(b) 斜拉破坏；(c) 集中荷载下的斜拉破坏；
(d) 斜压破坏；(e) 局部受压破坏

大时，墙体中部因主拉应力大于砌体沿齿缝截面的抗拉强度而产生斜拉（剪拉）破坏，如图 5-2（b、c）所示。

2) 斜压破坏。

当墙体高跨比较大（$h_w/l_0 > 0.40$）或集中荷载作用下的剪跨比较小时，墙体中部因主压应力大于砌体的斜向抗压强度而形成较陡的斜裂缝，形成斜压破坏，如图 5-2（d）所示。

无论斜压破坏还是斜拉破坏，均属脆性破坏，相对而言，斜压破坏时的墙体抗剪承载力较大。墙梁墙体的受剪承载力计算方法正是建立在斜压破坏形态的基础上。

托梁因其顶面的竖向应力 σ_y 在支座处高度集中且梁顶面又有水平剪应力 τ_{xy} 的作用，因此具有很高的受剪承载力而不易发生剪切破坏。试验中仅当混凝土强度等级过低或无腹筋时，才出现托梁的剪切破坏。

(3) 局部受压破坏

托梁配筋较多、砌体强度低，且墙梁的墙体高跨比较大（$h_w/l_0 > 0.75 \sim 0.80$）时，支座上方砌体因集中压应力大于砌体的局部抗压强度而在托梁端部较小范围的砌体内形成微小裂缝，产生局部受压破坏，如图 5-2（e）所示。墙梁两端设置的翼墙或构造柱可减小应力集中，改善墙体的局部受压性能，从而可提高托梁上砌体的局部受压承载力，尤其以构造柱的作用更加明显。此外，当托梁中纵向受力钢筋伸入支座的锚固长度不够，支座垫板刚度较小时也易使托梁支座上部砌体形成局部受压破坏。

2. 有洞口简支墙梁

对于有洞口墙梁，洞口位置对墙梁的应力分布和破坏形态影响较大。当洞口居中布置时，由于洞口处于低应力区，并不影响墙梁的受力拱作用，因此其受力性能类似于无洞口墙梁，为拉杆拱组合受力机构，其破坏形态也与无洞口墙梁相似。当洞口靠近支座时形成偏开洞墙梁，形成大拱套小拱的组合拱受力体系，此时托梁既作为拉杆又作为小拱的弹性支座而承受较大的弯矩，托梁处于大偏心受拉状态。洞口的存在导致墙体刚度和整体性的削弱，因此有洞口墙梁的变形较无洞口墙梁的变形大，但由于墙梁的组合作用其变形仍小于一般钢筋混凝土梁的变形。

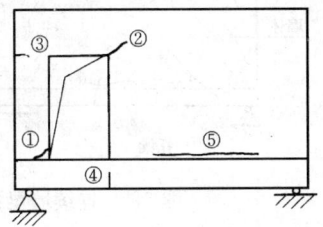

图 5-3 偏开洞简支墙梁的裂缝分布图

对图 5-3 所示的偏开洞墙梁，试验中可能出现五种裂缝，当荷载约为破坏荷载的 30%～60% 时，首先在洞口外侧沿界面产生水平裂缝①，随即在洞口内侧上角产生阶梯形斜裂缝②，随着荷载的增加，在洞口侧墙的外侧产生水平裂缝③，当荷载约为破坏荷载的 60%～80% 时，托梁在洞口内侧截面产生竖向裂缝④，一般也同时在界面产生水平裂缝⑤。根据墙梁最终破坏的原因不同，偏开洞墙梁可能呈现下列几种破坏形态：

(1) 弯曲破坏

分两种情形，一种情形是当洞口边至墙梁最近支座中心的距离较小（$a/l_0 < 1/4$）时，墙梁的最终破坏是由于裂缝④的不断发展从而引起该截面托梁底部纵向受拉钢筋屈服（而上部纵向钢筋受压），托梁呈大偏心受拉破坏；另一种情形是洞距较大（$a/l_0 > 1/4$）时，裂缝④处托梁全截面受拉，一旦纵向钢筋屈服，托梁呈小偏心受拉破坏。

(2) 剪切破坏

由于裂缝①和③的不断发展容易导致洞口外侧较窄墙体发生剪切破坏，一般斜裂缝较陡，裂缝既穿过灰缝亦穿过块体，具有斜压破坏的特征。

当洞距较小时，由于托梁处于偏心受拉状态，托梁在洞口部位又存在较大剪力，因此，托梁在洞口部位易发生剪切破坏。

(3) 局部受压破坏

托梁支座上方砌体及侧墙洞顶处由于存在竖向压应力集中现象，当集中压应力大于砌体的局部抗压强度时，引起砌体的局部受压破坏。

3. 连续墙梁

连续墙梁是由钢筋混凝土连续托梁和支承于连续托梁上的计算高度范围内的墙体组成的组合构件。按构造要求，墙梁顶面处应设置圈梁，并宜在墙上拉通从而形成连续墙梁的顶梁。由托梁、墙体和顶梁组合的连续墙梁，其受力性能类似于连续深梁，高跨比愈大，边支座反力增大，中间支座则将降低；跨中弯矩增大，支座弯矩减小。有限元分析结果表明，托梁大部分区段处于偏心受拉状态，

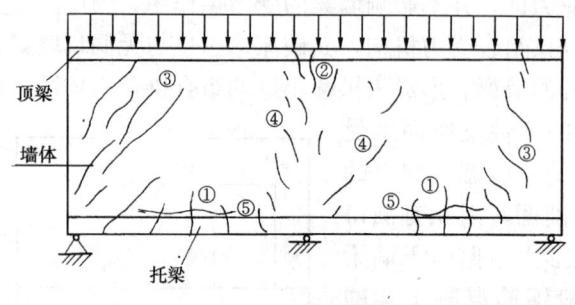

图 5-4 连续墙梁裂缝分布图

托梁中间支座附近小部分区段处于偏心受压状态。

连续墙梁裂缝分布如图 5-4 所示，随着竖向荷载增大，首先在连续托梁跨中区段产生多条竖向裂缝①并且迅速向上延伸至墙体，然后在中间支座上方顶梁产生贯通的竖向裂缝②，同时向下继续发展延伸至墙体。当边支座或中间支座上方墙体中产生斜裂缝③、④并延伸至托梁时，连续墙梁逐渐转变为连续组合拱受力结构。临近破坏时，托梁与墙体界面将产生水平裂缝⑤。

连续墙梁的破坏形态有下列几种：

(1) 弯曲破坏

由于裂缝①、②的不断发展引起托梁跨中截面下部和上部钢筋先后屈服，然后支座截面顶梁钢筋受拉屈服，在跨中和支座截面先后产生塑性铰，连续墙梁形成弯曲破坏机构。

(2) 剪切破坏

由于裂缝③的发展引起墙体斜压破坏或集中荷载作用下的劈裂破坏，其破坏与简支墙梁的相似，不同的是由于中间支座处托梁承担的剪力比简支托梁的大，中间支座处托梁比简支墙梁的托梁更易发生剪切破坏。

(3) 局部受压破坏

由于中间支座处托梁上方砌体所受的局部压应力比边支座处托梁上方砌体所受的大，因而更易发生局部受压破坏。最后由于中间支座托梁上方砌体内形成的向斜上方辐射状斜裂缝④导致砌体局部压坏。

4. 框支墙梁

框支墙梁是由钢筋混凝土框架和砌筑在框架上的计算高度范围内的墙体组成的组合构件。试验研究表明，作用于框支墙梁顶面的竖向荷载达到破坏荷载的 40% 左右时，竖向裂缝首先在托梁跨中截面形成，并迅速向上延伸进入墙体中。当荷载增大至破坏荷载的 70%～80% 时，斜裂缝将在墙体或托梁端部形成，并向托梁或墙体延伸发展。接近破坏时，水平裂缝可能在托梁与墙体界面形成，框架柱中产生竖向或水平裂缝。在竖向荷载作用下，框支墙梁逐渐成为框架—拱组合受力体系。

根据破坏特征的不同，框支墙梁有以下几种破坏形态：

(1) 弯曲破坏

当托梁或柱的配筋较少而砌体强度较高，h_w/l_0 稍小时，跨中竖向裂缝不断向上发展从而导致托梁纵向钢筋屈服形成拉弯塑性铰,随后在框架柱上截面外侧纵向钢筋屈服产生大偏心受压破坏形成压弯塑性铰或者托梁端截面的负弯矩使上部纵向钢筋屈服形成塑性铰,最后使框支墙梁形成弯曲破坏机构而破坏,如图5-5(a)所示。

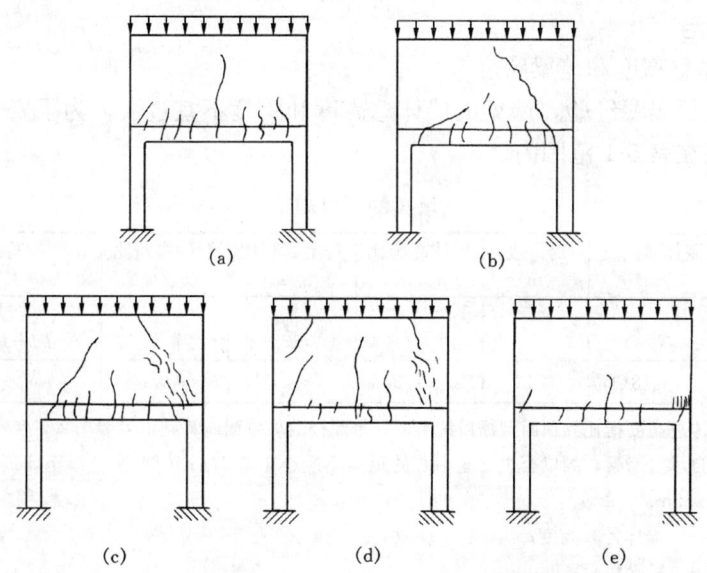

图 5-5 框支墙梁的破坏形态
(a) 弯曲破坏;(b) 斜拉破坏;(c) 斜压破坏;
(d) 弯剪破坏;(e) 局压破坏

(2) 剪切破坏

与简支墙梁和连续墙梁相似,当托梁或柱的配筋较多而砌体强度较低,h_w/l_0 适中时,因托梁端部或墙体中的斜裂缝的发展导致剪切破坏。此时,托梁跨中和支座截面、柱上截面钢筋均未屈服,墙体的剪切破坏分斜拉破坏(图5-5b)和斜压破坏(图5-5c)两种形态。

(3) 弯剪破坏

弯剪破坏是介于弯曲破坏和剪切破坏之间的界限破坏,发生于托梁配筋率和砌体强度均较适当,托梁抗弯承载力和墙体抗剪承载力接近时。其特征是托梁跨中竖向裂缝贯穿托梁整个高度并向墙体中延伸很长,导致纵向钢筋屈服。同时,墙体斜裂缝发展引起斜压破坏,最后,托梁梁端上部钢筋或者框架柱上部截面外侧边钢筋亦可能屈服(如图5-5d所示)。

(4) 局部受压破坏

与简支墙梁和连续墙梁相似,框架柱上方砌体发生局部受压破坏,如图5-5(e)所示。

5.1.2 墙梁的一般规定
General Rules of Wall Beams

为了保证墙梁的组合工作和避免某些承载能力很低的破坏形态的发生，采用烧结普通砖、烧结多孔砖、混凝土砌块砌体和配筋砌体的墙梁，在设计时应符合表 5-1 的规定。

1. 墙体总高度和墙梁跨度

根据工程实践经验，墙梁的墙体总高度和跨度不宜过大，为了安全、稳妥起见，应控制在表 5-1 范围内。

墙梁的一般规定 表 5-1

墙梁类别	墙体总高度 (m)	跨度 (m)	墙体高跨比 h_w/l_{0i}	托梁高跨比 h_b/l_{0i}	洞的宽跨比 b_h/l_{0i}	洞高 h_h
承重墙梁	≤18	≤9	≥0.4	≥1/10	≤0.3	≤$5h_w/6$ 且 $h_w - h_h ≥ 0.4$m
自承重墙梁	≤18	≤12	≥1/3	≥1/15	≤0.8	

注：1. 墙体总高度指托梁顶面到檐口的高度，带阁楼的坡屋面应算到山尖墙 1/2 高度处；
  2. 对自承重墙梁，洞口至边支座中心的距离不应小于 $0.1l_{0i}$；门窗洞上口至墙顶的距离不应小于 0.5m；
  3. h_w——墙体计算高度；
   h_b——托梁截面高度；
   l_{0i}——墙梁计算跨度；
   b_h——洞口宽度；
   h_h——洞口高度，对窗洞取洞顶至托梁顶面距离。

2. 墙体高跨比和托梁高跨比

试验表明，当墙体高跨比 $h_w/l_{0i} < 0.35 \sim 0.40$ 时，易发生承载力较低的斜拉破坏，为此墙体高跨比 h_w/l_{0i} 不应小于 0.4（承重墙梁）或 1/3（自承重墙梁）。

托梁是墙梁的关键受力构件，应具有足够的承载力和刚度。托梁刚度愈大，对改善墙体的抗剪性能和托梁支座上部砌体的局部受压性能愈有利，因此托梁的高跨比 h_b/l_{0i} 不应小于 1/10（承重墙梁）或 1/15（自承重墙梁）。另一方面，托梁的高跨比 h_b/l_{0i} 也不宜过大，理由是随着 h_b/l_{0i} 的增大，竖向荷载不是向支座集聚而是向跨中分布，墙体与托梁的组合作用将受到削弱。

3. 洞口的设置

墙上设置洞口，尤其是设置偏开洞口，对墙梁组合作用的发挥十分不利，墙梁的刚度和承载能力均受到不同程度的影响，墙梁将由无洞时的拉杆拱组合受力机构变成梁-拱组合受力机构。当洞口过宽（b_h/l_{0i} 过大）时，将明显降低墙梁的组合作用，因此，洞的宽跨比 b_h/l_{0i} 不应大于 0.3（承重墙梁）或 0.8（自承重墙梁）。另外，当洞口过高（h_h/h_w 过大）时，洞顶部位砌体极易产生脆性的剪切破坏,因此,承重墙梁的洞高比 h_h/h_w 不应大于 5/6 且洞口顶面至墙梁顶面应有一定的距离,不小于 0.4m。

洞口边至支座中心的距离 a_i 对墙梁的受力性能影响也较大,随着洞距 a_i/l_{0i} 减小,托梁在洞口内侧截面上的弯矩和剪力将增大。此外,当洞口外墙肢过小时,墙肢非常容易发生剪切破坏甚至被推出。因此,洞距 a_i 不宜过小,洞口边至支座中心的距离 a_i,距边支座不应小于 $0.15l_{0i}$,距中支座不应小于 $0.07l_{0i}$。

墙梁计算高度范围内每跨允许设置一个洞口,对多层房屋的墙梁,各层洞口宜设置在相同位置,并应上、下对齐。基于大开间墙梁模型拟动力试验和深梁试验,对称开两个洞的墙梁和偏开一个洞的墙梁在受力性能上是相似的,因此对多层房屋的纵向连续墙梁每跨对称开两个窗洞时亦可参照表 5-1 使用。

4. 自承重墙梁

自承重墙梁所受的荷载比承重墙梁的小,因而其适用条件也就规定得较宽些。

5.1.3 墙梁设计总则
General Design Principles of Wall Beams

1. 计算简图

墙梁的墙体总高度往往大于墙梁的跨度,此时跨中截面的内力臂与墙体总高度无关,约为墙梁跨度的 0.60~0.70 倍。对有多层墙体的墙梁,其底层应力最大,但略小于相同荷载条件下的单层墙梁的应力,破坏仍发生在底层。研究结果表明,当 $h_w > l_0$ 时,主要是 $h_w = l_0$ 范围内的墙体与托梁共同工作。为了安全和简化计算,仅取一层层高即按单层取计算简图,如图 5-6 所示,图中的计算参数

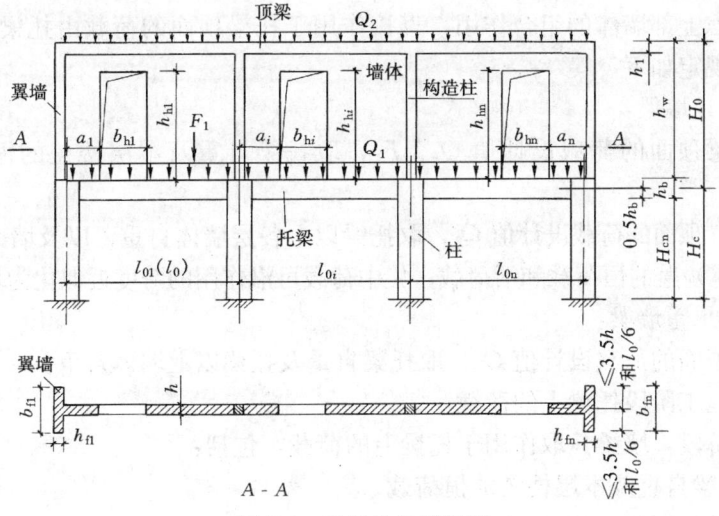

图 5-6 墙梁的计算简图

应按下列规定采用。

(1) 墙梁计算跨度 l_0（l_{0i}）

墙梁作为组合深梁，其支座反力的分布较均匀，因此墙梁的计算跨度 l_0（l_{0i}），对简支墙梁和连续墙梁取 $1.1l_n$（$1.1l_{ni}$）或 l_c（l_{ci}）两者的较小值，其中 l_n（l_{ni}）为净跨，l_c（l_{ci}）为支座中心线距离。对框支墙梁，取框架柱中心线间的距离 l_c（l_{ci}）。

(2) 墙体计算高度 h_w

墙体计算高度 h_w 取托梁顶面上一层墙体高度。当 $h_w > l_0$ 时，取 $h_w = l_0$。对于连续墙梁和多跨框支墙梁，l_0 取各跨的平均值。

(3) 墙梁跨中截面计算高度 H_0

鉴于托梁轴向拉力作用于托梁中心，取 $H_0 = h_w + 0.5h_b$。

(4) 翼墙计算宽度 b_f

基于试验结果和弹性理论分析且偏于安全，b_f 取窗间墙宽度或横墙间距的 2/3，且每边不大于 $3.5h$（h 为墙体厚度）和 $l_0/6$。

(5) 框架柱计算高度 H_c

取 $H_c = H_{cn} + 0.5h_b$，其中，H_{cn} 为框架柱的净高，即取基础顶面至托梁底面的距离。

2. 墙梁的计算荷载

墙梁设计包括使用阶段和施工阶段，两个阶段作用于墙梁上的荷载不同，应分别按下列方法确定。

(1) 使用阶段墙梁上的荷载

使用阶段墙梁上的荷载包括作用于托梁顶面的荷载和作用于墙梁顶面的荷载。在托梁顶面的竖向荷载作用下，界面上存在较大的竖向拉应力，为了安全起见，不考虑上部墙体的组合作用，直接作用于托梁顶面的荷载由托梁单独承担。具体计算规定如下。

1) 承重墙梁：

①托梁顶面的荷载设计值 Q_1、F_1，取托梁自重及本层楼盖的恒荷载和活荷载。

②墙梁顶面的荷载设计值 Q_2，取托梁以上各层墙体自重，以及墙梁顶面以上各层楼（屋）盖的恒荷载和活荷载；集中荷载可沿作用的跨度近似化为均布荷载。

2) 自承重墙梁：

墙梁顶面的荷载设计值 Q_2，取托梁自重及托梁以上墙体自重。

(2) 施工阶段托梁上的荷载

施工阶段，墙梁只取作用于托梁上的荷载，包括：

1) 托梁自重及本层楼盖的恒荷载。

2) 本层楼盖的施工荷载。

3) 墙体自重。墙梁墙体在砌筑过程中，托梁挠度和钢筋应力随墙体高度的增加而增大。实测结果表明：当墙体砌筑高度大于墙梁跨度的 1/2.5 时，由于墙体和托梁共同工作，托梁挠度和钢筋应力趋于稳定。因此，墙体自重可取 $l_{0\max}/3$ 高度的墙体自重，其中 $l_{0\max}$ 为各计算跨度的最大值。对于开洞墙梁，洞口不利于墙体和托梁组合作用的发挥，此时应按洞顶以下实际分布的墙体自重复核托梁的承载力。

3. 承载力计算的项目

根据前面对墙梁组合受力性能及其破坏形态的分析，墙梁应分别进行托梁使用阶段正截面受弯承载力和斜截面受剪承载力计算、墙体受剪承载力和托梁支座上部砌体局部受压承载力计算。此外，还应进行托梁施工阶段的受弯、受剪承载力验算。研究表明，自承重墙梁的墙体受剪承载力和托梁支座上部砌体局部受压承载力能满足要求，可不必验算。

5.1.4 墙梁的托梁正截面承载力计算
Strength of Reinforced Concrete Beams in Wall Beams

1. 托梁跨中截面

对于无洞和有洞简支墙梁、连续墙梁和框支墙梁，托梁跨中截面均按钢筋混凝土偏心受拉构件计算，其弯矩 M_{bi} 和轴心拉力 N_{bti} 可按下列公式确定：

$$M_{bi} = M_{1i} + \alpha_M M_{2i} \tag{5-1}$$

$$N_{bti} = \eta_N \frac{M_{2i}}{H_0} \tag{5-2}$$

对于简支墙梁，

$$\alpha_M = \psi_M \left(1.7 \frac{h_b}{l_0} - 0.03\right) \tag{5-3}$$

$$\psi_M = 4.5 - 10 \frac{a}{l_0} \tag{5-4}$$

$$\eta_N = 0.44 + 2.1 \frac{h_w}{l_0} \tag{5-5}$$

对于连续墙梁和框支墙梁，

$$\alpha_M = \psi_M \left(2.7 \frac{h_b}{l_{0i}} - 0.08\right) \tag{5-6}$$

$$\psi_M = 3.8 - 8 \frac{a_i}{l_{0i}} \tag{5-7}$$

$$\eta_N = 0.8 + 2.6 \frac{h_w}{l_{0i}} \tag{5-8}$$

式中　M_{1i}——荷载设计值 Q_1、F_1 作用下的简支梁跨中弯矩或按连续梁或框架分析的托梁各跨跨中最大弯矩；

M_{2i}——荷载设计值 Q_2 作用下的简支梁跨中弯矩或按连续梁或框架分析的托梁各跨跨中弯矩中的最大值；

α_M——考虑墙梁组合作用的托梁跨中弯矩系数，可按式（5-3）或式（5-6）计算，但对自承重简支墙梁应乘以 0.8；当式（5-3）中的 $h_b/l_0 > 1/6$ 时，取 $h_b/l_0 = 1/6$；当式（5-6）中的 $h_b/l_{0i} > 1/7$ 时，取 $h_b/l_{0i} = 1/7$；

η_N——考虑墙梁组合作用的托梁跨中轴力系数，可按式（5-5）或式（5-8）计算，但对自承重简支墙梁应乘以 0.8；式中，当 $h_w/l_{0i} > 1$ 时，取 $h_w/l_{0i} = 1$；

ψ_M——洞口对托梁弯矩的影响系数，对无洞口墙梁取 1.0，对有洞口墙梁可按式（5-4）或式（5-7）计算；

a_i——洞口边至墙梁最近支座的距离，当 $a_i > 0.35l_{0i}$ 时，取 $a_i = 0.35l_{0i}$。

2. 托梁支座截面

有限元分析表明，连续墙梁和框支墙梁的托梁支座截面处于大偏心受压状态。但为了简化计算并偏于安全，忽略轴向压力的影响，支座截面按受弯构件计算。托梁支座弯矩按下列公式确定：

$$M_{bj} = M_{1j} + \alpha_M M_{2j} \tag{5-9}$$

$$\alpha_M = 0.75 - \frac{a_i}{l_{0i}} \tag{5-10}$$

式中 M_{1j}——荷载设计值 Q_1、F_1 作用下按连续梁或框架分析的托梁支座弯矩；

M_{2j}——荷载设计值 Q_2 作用下按连续梁或框架分析的托梁支座弯矩；

α_M——考虑组合作用的托梁支座弯矩系数，无洞口墙梁取 0.4，有洞口墙梁可按式（5-10）计算，当支座两边的墙体均有洞口时，a_i 取较小值。

上述 M_{1j}、M_{2j} 均按一般结构力学方法确定。

此外，对于多跨框支墙梁，由于边柱与边柱之间存在大拱效应，使边柱轴力增大，中间柱轴力降低。因此，对在墙梁顶面荷载 Q_2 作用下的多跨框支墙梁的框支柱，当边柱的轴力不利时，应乘以修正系数 1.2。

5.1.5 墙梁的托梁斜截面受剪承载力计算

Shear Strength of Diagonal Section of Reinforced Concrete Beams in Wall Beams

试验研究表明，墙梁发生剪切破坏时，通常墙体先于托梁剪坏。只有当托梁采用的混凝土强度相对较低、箍筋配置较少时，或墙体采用构造柱与圈梁约束砌体的情况下，托梁可能稍先剪坏。因此，为了保证墙梁的斜截面抗剪能力，应对托梁和墙体分别进行受剪承载力计算。

托梁的斜截面受剪承载力应按钢筋混凝土受弯构件计算，其剪力可按下式计算：

$$V_{bj} = V_{1j} + \beta_V V_{2j} \tag{5-11}$$

式中 V_{1j}——荷载设计值 Q_1、F_1 作用下按连续梁或框架分析的托梁支座边剪力或简支梁支座边剪力；

V_{2j}——荷载设计值 Q_2 作用下按连续梁或框架分析的托梁支座边剪力或简支梁支座边剪力；

β_V——考虑组合作用的托梁剪力系数，无洞口墙梁边支座取 0.6，中间支座取 0.7；有洞口墙梁边支座取 0.7，中间支座取 0.8。对于自承重墙梁，无洞口时取 0.45，有洞口时取 0.5。

5.1.6 墙梁的墙体受剪承载力计算
Shear strength of Masonry Walls in Wall Beams

前面已指出，墙梁设计时只要满足表 5-1 的规定，墙梁的墙体就可避免发生抗剪能力很低的斜拉破坏。

影响墙体的受剪承载力的因素较多，主要包括砌体抗压强度 f、墙体厚度 h 及高度 h_w、墙梁是否开洞、是否设置翼墙或构造柱及圈梁。其中，墙体上的门洞将削弱墙体的刚度和整体性、不利于墙体抗剪。两个两层带翼墙的墙梁试验结果表明，当 $b_f/l_0 = 0.13 \sim 0.3$ 时，翼墙将分担墙梁顶面楼面荷载的 30%～50%，从而改善墙梁墙体的受剪性能。有限元分析表明，墙梁支座处设置的落地混凝土构造柱可以分担墙梁顶面楼面荷载的 35%～65%，对提高墙体抗剪效果更加明显。墙梁顶面设置的圈梁（称为顶梁），亦能将部分楼面荷载传至托梁支座，并和托梁一起约束墙体的横向变形，延缓和阻滞斜裂缝的开展，亦可提高墙体受剪承载力。

为了避免墙梁墙体发生斜压破坏，墙体的受剪承载力应按下式计算：

$$V_2 \leqslant \xi_1 \xi_2 \left(0.2 + \frac{h_b}{l_{0i}} + \frac{h_t}{l_{0i}}\right) f h h_w \tag{5-12}$$

式中 V_2——在荷载设计值 Q_2 作用下墙梁支座边剪力的最大值；

ξ_1——翼墙或构造柱影响系数，对单层墙梁取 1.0，对多层墙梁，当 $b_f/h = 3$ 时取 1.3，当 $b_f/h = 7$ 或设置构造柱时取 1.5，当 $3 < b_f/h < 7$ 时，按线性插入取值；

ξ_2——洞口影响系数，无洞口墙梁取 1.0，多层有洞口墙梁取 0.9，单层有洞口墙梁取 0.6；

h_t——墙梁顶面圈梁截面高度。

5.1.7 托梁支座上部砌体局部受压承载力计算
Local Load-Bearing Strength of Masonry above Reinforced Concrete Beams

试验表明，当墙梁的墙体高跨比 $h_w/l_0 > 0.75 \sim 0.80$，无翼墙，且砌体强度又较低时，托梁支座上方因竖向正应力集中容易引起砌体局部受压破坏。为此要求托梁支座上部砌体的最大竖向压应力满足下列条件：

$$\sigma_{ymax} \leqslant \gamma f \tag{5-13}$$

令应力集中系数 $C = \sigma_{ymax} h/Q_2$，则式（5-13）改为：

$$Q_2 \leqslant \gamma f h/C \tag{5-14}$$

再令 $\zeta = \gamma/C$，ζ 称为局压系数，则式（5-14）可进一步简化。因此，托梁支座上部砌体的局部受压承载力按式（5-15）计算：

$$Q_2 \leqslant \zeta f h \tag{5-15}$$

墙梁的翼墙使墙体内的应力集中减少，改善墙体的局部受压性能，因此式（5-15）中的局压系数可按式（5-16）确定：

$$\zeta = 0.25 + 0.08 b_f/h \tag{5-16}$$

式中 ζ——局压系数，当 $\zeta > 0.81$ 时，取 $\zeta = 0.81$。

墙梁支座处设置落地构造柱可大大减轻应力集中现象，对改善砌体局部受压的作用更加明显。当 $b_f/h \geqslant 5$ 或墙梁支座处设置上、下贯通的落地构造柱时，托梁支座上部砌体局部受压承载力足够，因此可不必验算其局部受压承载力。

5.1.8 墙梁在施工阶段托梁的承载力验算
Strength Check of Reinforced Concrete Beams during Construction Stage of Wall Beams

首先确定施工阶段作用于托梁上的荷载，然后按钢筋混凝土受弯构件验算托梁的受弯和受剪承载力。

5.1.9 墙梁的构造要求
Detailing Requirements of Wall Beams

为了保证托梁与上部墙体组合作用的正常发挥，墙梁不仅需满足表 5-1 的一般规定和《混凝土结构设计规范》（GB 50010—2002）的有关构造规定，而且应符合下列构造要求。

1. 材料

1) 托梁的混凝土强度等级不应低于 C30。

2) 纵向钢筋应采用 HRB335、HRB400 或 RRB400 级钢筋。

3) 承重墙梁的块体强度等级不应低于 MU10，计算高度范围内墙体的砂浆强度等级不应低于 M10。

2. 墙体

1) 框支墙梁的上部砌体房屋，以及设有承重的简支墙梁或连续墙梁的房屋，应满足刚性方案房屋的要求。

2) 墙梁的计算高度范围内的墙体厚度，对砖砌体不应小于240mm，对混凝土砌块砌体不应小于190mm。

3) 墙梁洞口上方应设置混凝土过梁，其支承长度不应小于240mm；洞口范围内不应施加集中荷载。

4) 承重墙梁的支座处应设置落地翼墙，墙宽度不应小于墙梁墙体厚度的3倍，并应与墙梁墙体同时砌筑。当不能设置翼墙时，应设置落地且上、下贯通的构造柱。

5) 当墙梁墙体在靠近支座1/3跨度范围内开洞时，支座处应设置落地且上、下贯通的构造柱，并应与每层圈梁连接。

6) 墙梁计算高度范围内的墙体，每天可砌高度不应超过1.5m，否则，应加设临时支撑。

3. 托梁

1) 有墙梁的房屋的托梁两边各一个开间及相邻开间处应采用现浇混凝土楼盖，楼板厚度不宜小于120mm，当楼板厚度大于150mm时，应采用双层双向钢筋网，楼板上应少开洞，洞口尺寸大于800mm时应设洞口边梁。

2) 托梁每跨底部的纵向受力钢筋应通长设置，不得在跨中段弯起或截断。钢筋接长应采用机械连接或焊接。

3) 为了防止墙梁的托梁发生突然的脆性破坏，托梁跨中截面纵向受力钢筋总配筋率不应小于0.6%。

4) 由于托梁端部界面存在剪应力和一定的负弯矩，如果梁端上部钢筋配置过少，在负弯矩和剪力的共同作用下，将出现自上而下的弯剪斜裂缝。因此，在托梁距边支座边$l_0/4$范围内，托梁上部纵向钢筋面积不应小于跨中下部纵向钢筋面积的1/3。连续墙梁或多跨框支墙梁的托梁中支座上部附加纵向钢筋从支座边算起每边延伸不少于$l_0/4$。

5) 承重墙梁的托梁在砌体墙、柱上的支承长度不应小于350mm。纵向受力钢筋伸入支座应符合受拉钢筋的锚固要求。

6) 当托梁高度$h_b \geqslant 500mm$时，应沿梁高设置通长水平腰筋，直径不应小于12mm，间距不应大于200mm。

7) 墙梁偏开洞口的宽度及两侧各一个梁高h_b范围内直至靠近洞口的支座边的托梁箍筋直径不应小于8mm，间距不应大于100mm，如图5-7所示。

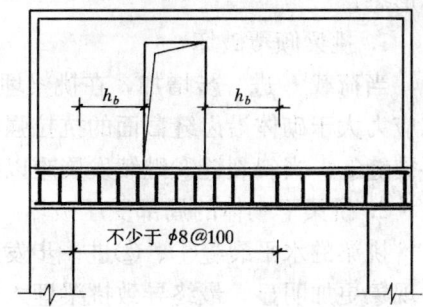

图5-7 偏开洞时托梁箍筋加密区

5.2 挑　　梁
Cantilever Beams

混合结构房屋的墙体中，往往将钢筋混凝土的梁悬挑在墙外用以支承屋面挑檐、阳台、雨篷以及悬挑外廊等。这种一端嵌固在砌体墙内的悬挑式钢筋混凝土梁，称为挑梁。

5.2.1 挑梁的受力性能
Resistance Feature of Cantilever Beams

挑梁（图 5-8）在荷载作用下，钢筋混凝土梁与砌体共同工作，是一种组合构件。梁的埋入端由于受到上部和下部砌体的约束，其变形与挑梁埋入端的刚度和砌体刚度等有关。当梁的刚度较小且埋入砌体的长度较大，埋入砌体内的梁的竖向变形主要因弯曲变形引起，称为弹性挑梁。当梁的刚度较大且埋入砌体的长度较小，埋入砌体内的梁的竖向变形主要因转动变形引起，称为刚性挑梁。随着荷载 F 的增加，挑梁埋入段外端（A 部位）下砌体压缩变形增加，应力呈凹抛物线分布，上部砌体界面产生竖向拉应力，该拉应力很易超过砌体沿通缝截面的弯曲抗拉强度，因而首先在 A 处表面形成水平裂缝①而与上部砌体脱开。继续增加荷载，挑梁埋入段尾部的下方（B 部位）产生水平裂缝②，与下部砌体脱开。当钢筋混凝土梁本身受弯和受剪承载力足够时，挑梁可能发生两种破坏形态。

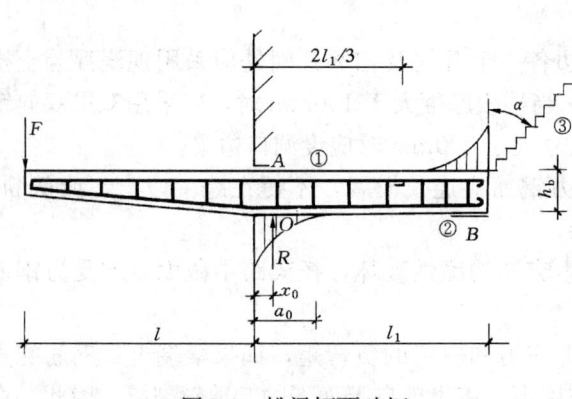

图 5-8 挑梁倾覆破坏

1. 挑梁倾覆破坏

当荷载 F 进一步增加，在挑梁埋入段的尾部（B）的上方，由于砌体内的主拉应力大于砌体沿齿缝截面的抗拉强度而产生 $\alpha > 45°$（试验平均值为 $57.1°$）的斜裂缝③。当斜裂缝③继续发展难以抑制时，挑梁即产生倾覆破坏。

2. 挑梁下砌体的局部受压破坏

挑梁的水平裂缝①、②进一步发展时，挑梁下砌体受压区不断减小，应力集中现象更加明显，最终导致挑梁埋入段前部（A 部位）下方的砌体局部压碎，引起挑梁下砌体的局部受压破坏。

通过对挑梁受力性能的分析,为了防止挑梁发生倾覆破坏和挑梁下砌体的局部受压破坏,设计时应对挑梁进行抗倾覆验算和挑梁下砌体的局部受压承载力验算。同时挑梁中的钢筋混凝土梁本身应按《混凝土结构设计规范》(GB 50010—2002)进行受弯和受剪承载力计算,以免钢筋混凝土梁由于正截面受弯承载力、斜截面受剪承载力不足发生破坏。

5.2.2 挑梁的抗倾覆验算
Check of Resisting Overturning of Cantilever Beams

试验中挑梁是沿一个局部的支承面转动而发生倾覆破坏,因此很难观测到它是沿哪一点倾覆。为了便于分析,将图 5-9 中点 O 作为挑梁倾覆时的计算倾覆点。它至墙外边缘的距离为 x_0,可按下列规定采用:

当 $l_1 \geqslant 2.2h_b$ 时,属弹性挑梁,取 $x_0 = 0.3h_b$,且不大于 $0.13l_1$。

当 $l_1 < 2.2h_b$ 时,属刚性挑梁,取 $x_0 = 0.13l_1$。

式中 l_1——挑梁埋入砌体墙中的长度(mm);

h_b——挑梁的截面高度(mm);

x_0——计算倾覆点至墙外边缘的距离(mm)。

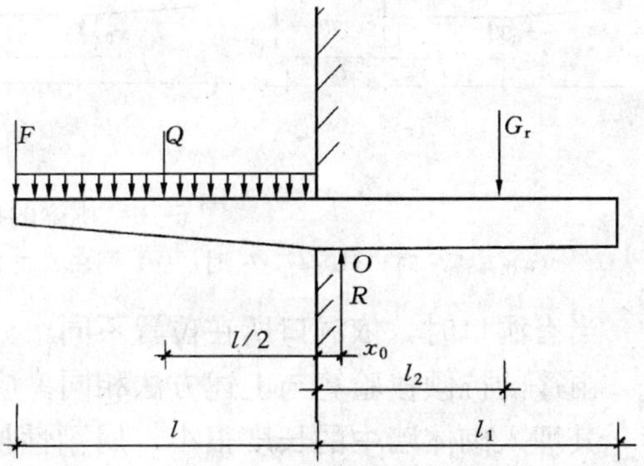

图 5-9 抗倾覆计算简图

当挑梁下设有构造柱时,计算倾覆点至墙外边缘的距离可取 $0.5x_0$。

砌体墙中钢筋混凝土挑梁的抗倾覆应按下列公式计算:

$$M_{0v} \leqslant M_r \quad (5-17)$$

$$M_r = 0.8G_r(l_2 - x_0) \quad (5-18)$$

式中 M_{0v}——挑梁的荷载设计值对计算倾覆点产生的倾覆力矩;

M_r——挑梁的抗倾覆力矩设计值;

G_r——挑梁的抗倾覆荷载,取挑梁尾端上部 45°扩展角的阴影范围(其水平长度为 l_3)内本层的砌体与楼面恒荷载标准值之和(如图 5-10 所示);

l_2——G_r 作用点至墙外边缘的距离。

G_r 则按下述方法确定:

当 $l_3 \leqslant l_1$ 时,按图 5-10(a)计算;

当 $l_3 > l_1$ 时,按图 5-10(b)计算;

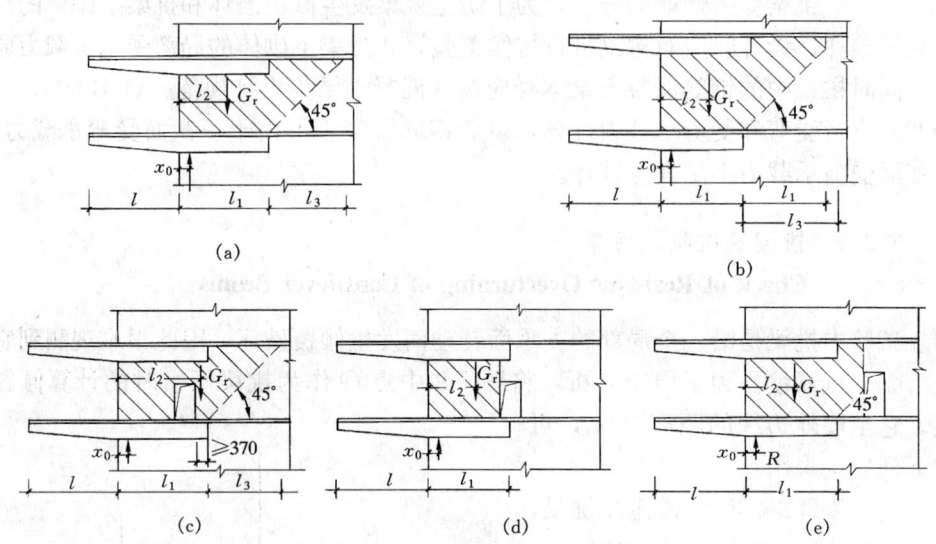

图 5-10 挑梁的抗倾覆荷载

(a) $l_3 \leqslant l_1$ 时；(b) $l_3 > l_1$ 时；(c) 洞在 l_1 之内；(d) 洞在尾端部；(e) 洞在 l_1 之外

当有洞口时，依洞口所在位置不同，分别按图 5-10（c）～（e）计算。

雨篷的抗倾覆验算与上述方法相同。应注意的是雨篷梁的宽度往往与墙厚相等，其埋入砌体墙中的长度很小，属刚性挑梁。此外，其抗倾覆荷载 G_r 为雨篷梁外端向上倾斜 45°扩散角范围（水平投影每边长取 $l_3 = l_n/2$）内的砌体与楼面恒荷载标准值之和，如图 5-11 所示，G_r 距墙外边缘的距离为 $l_2 = l_1/2$。

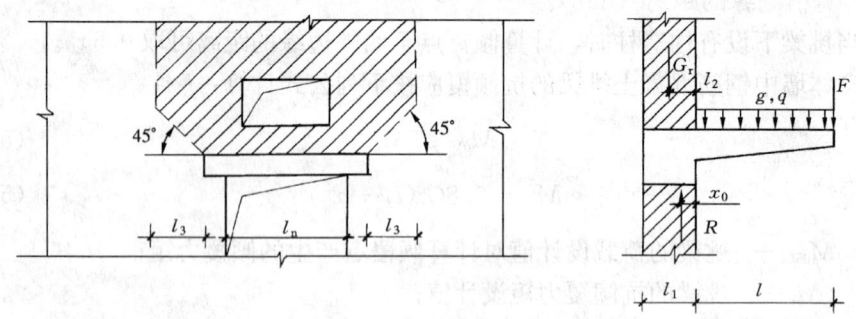

图 5-11 雨篷的抗倾覆荷载

5.2.3 挑梁下砌体局部受压承载力验算
Local Load-Bearing Strength of Masonry Below Cantilever Beams

挑梁下砌体的局部受压承载力可按下式进行验算：

$$N_l \leqslant \eta \gamma f A_l \tag{5-19}$$

式中　N_l——挑梁下的支承压力，可取 $N_l=2R$，R 为挑梁的倾覆荷载设计值；

　　　η——梁端底面压应力图形的完整系数，可取 0.7；

　　　γ——砌体局部抗压强度提高系数，按图 5-12 采用；

　　　A_l——挑梁下砌体局部受压面积，可取 $A_l=1.2bh_b$，b 为挑梁截面宽度，h_b 为挑梁截面高度。

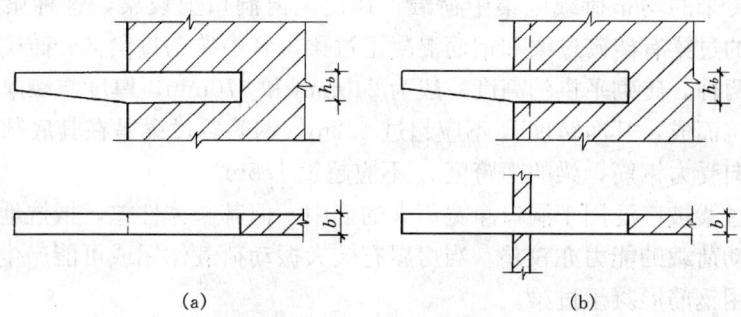

图 5-12　挑梁下砌体局部抗压强度提高系数 γ
(a) 挑梁支承在一字墙 $\gamma=1.25$；(b) 挑梁支承在丁字墙 $\gamma=1.5$

如果式 (5-19) 不能满足要求，则应在挑梁下与墙体相交处设置刚性垫块或采取其他措施提高挑梁下砌体局部受压承载力。

5.2.4　钢筋混凝土梁的承载力计算
Strength of reinforced concrete beams

挑梁中钢筋混凝土梁的计算方法与一般钢筋混凝土梁的计算方法完全相同，关键是挑梁最不利内力的确定。试验和分析表明，挑梁的最大弯矩与倾覆力矩接近，因此可取挑梁的最大弯矩设计值 $M_{max}=M_{0V}$。最大剪力设计值 $V_{max}=V_0$，其中 V_0 为挑梁的荷载设计值在挑梁墙外边缘处截面产生的剪力。

5.2.5　构造规定
Detailing Requirements

挑梁设计除了应符合《混凝土结构设计规范》(GB 50010—2002) 的有关规定外，尚应满足下列构造要求：

1) 按弹性地基梁对挑梁进行分析，挑梁在埋入 $l_1/2$ 处的弯矩仍较大，约为 $M_{max}/2$，因此挑梁中纵向受力钢筋至少应有 1/2 的钢筋面积伸入梁尾端，且不少于 $2\phi 12$，为了锚固更可靠，其余钢筋伸入支座的长度不应小于 $2l_1/3$（如图 5-8 所示）。

2) 挑梁埋入砌体长度 l_1 与挑出长度 l 之比宜大于 1.2；当挑梁上无砌体（如全靠楼盖自重抗倾覆）时，l_1 与 l 之比宜大于 2。

5.3 过　　梁
Lintels

混合结构房屋中，为了承担门、窗洞口以上墙体自重，有时还需承担上层楼面梁、板传来的均布荷载或集中荷载，在门、窗洞口上设梁，这种梁常称为过梁。常用的过梁有砖砌过梁和钢筋混凝土过梁，其中砖砌过梁又分砖砌平拱和钢筋砖过梁两种。砖砌平拱的高度一般为 240mm 和 370mm，厚度与墙厚相同，将砖侧立砌筑而成，其净跨度 l_n 不应超过 1.2m。钢筋砖过梁是在其底部水平灰缝内配置纵向受力钢筋，梁的净跨度 l_n 不应超过 1.5m。

砖砌过梁被广泛用于洞口净宽不大的墙中，但其整体性差，抵抗地基不均匀沉降和振动荷载的能力亦较差。当房屋有较大振动荷载作用或可能产生不均匀沉降时应采用钢筋混凝土过梁。

1. 过梁上的荷载

过梁上的荷载是指作用于过梁上的墙体自重和过梁计算高度范围内的梁、板荷载。

试验表明，过梁在墙体自重作用下，墙体内存在内拱效应。对于砖砌体过梁，当过梁上砌体的高度超过 $l_n/3$ 后，部分墙体自重将直接传递到过梁支座（如两端的窗间墙）上，过梁挠度并不会随墙体高度增大而增大。同理，当外荷载作用在过梁上 $0.8l_n$ 高度处时，过梁挠度几乎没有变化。过梁上的荷载应按下列规定采用：

（1）墙体荷载

对砖砌体，当过梁上的墙体高度 $h_w < l_n/3$ 时，墙体荷载应按墙体的均布自重采用，如图 5-13（a）所示；当墙体高度 $h_w \geqslant l_n/3$ 时，应按高度为 $l_n/3$ 墙体的均布自重采用，如图 5-13（b）所示，与门窗洞口上 45°斜方向围成的三角形范围内墙体自重基本接近。

对混凝土砌块砌体，当过梁上的墙体高度 $h_w < l_n/2$ 时，墙体荷载应按墙体的均布自重采用，如图 5-13（c）所示；当墙体高度 $h_w \geqslant l_n/2$ 时，应按高度为 $l_n/2$ 墙体的均布自重采用，如图 5-13（d）所示。

（2）梁、板荷载

对砖和混凝土小型砌块砌体，当梁、板下的墙体高度 $h_w < l_n$ 时，应考虑梁、板传来的荷载；当梁、板下的墙体高度 $h_w \geqslant l_n$ 时，可不考虑梁、板传来的荷载，如图 5-14 所示。

2. 过梁计算

砖砌过梁在竖向荷载作用下，可能出现如图 5-15 所示几种裂缝。其中裂缝①是由于正截面受弯承载力不足引起的，在支座附近沿灰缝产生大致 45°方向的阶梯形裂缝②则是由于砌体受剪承载力不够引起的，当洞口侧墙宽度 a 较小时，

5.3 过梁

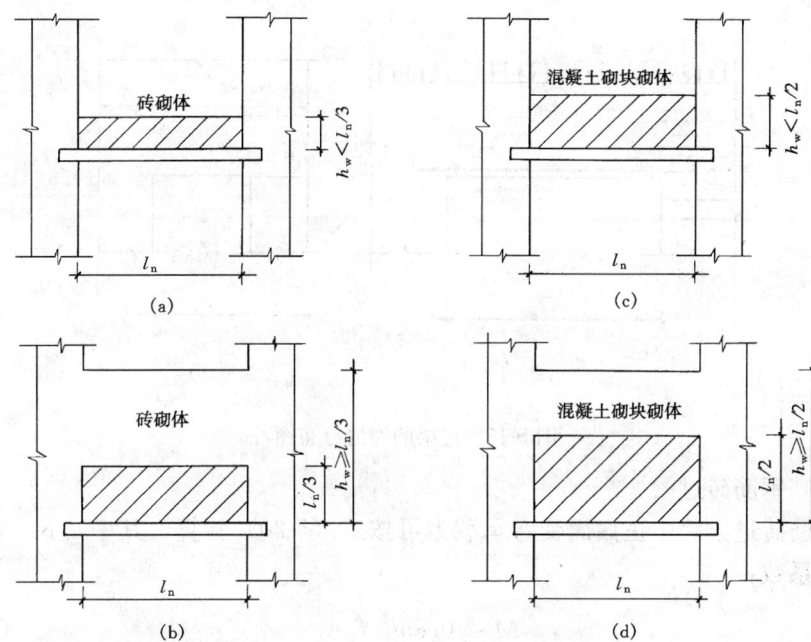

图 5-13 过梁上的墙体荷载

亦有可能在墙端部由于沿灰缝截面的受剪承载力不够引起水平裂缝③。

按理，过梁的受力性能与墙梁的受力性能是相同的，但在过梁的荷载及承载力计算上采取了较墙梁简化的方法。但是至今尚未提出一个准确界定过梁与墙梁的定义。

（1）砖砌平拱

为了防止出现沿裂缝①的正截面受弯破坏，砖砌平拱可按式（3-40）进行受弯承载力验算，其中 f_{tm} 取沿齿缝截面的弯曲抗拉强度设计值。

砖砌平拱的受剪承载力一般能满足，不必进行验算。

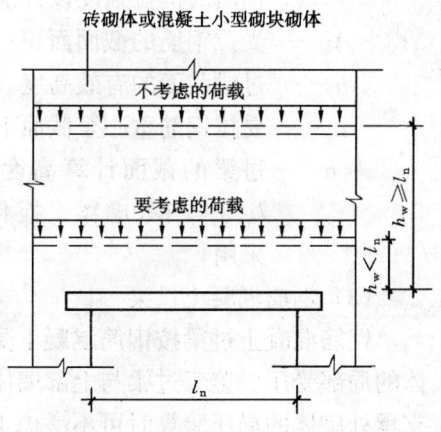

图 5-14 过梁上的梁、板荷载

根据受弯承载力，砖砌平拱的允许均布荷载标准值可直接查表 5-2 确定。

砖砌平拱的允许均布荷载标准值 $[q_k]$ 表 5-2

墙厚 h (mm)	240		370	
净跨 l_n (mm)	$l_n \leqslant 1200$			
砂浆强度等级	M2.5	M5	M2.5	M5
$[q_k]$ (kN/m)	4.97	6.73	7.66	10.37

注：砖砌平拱的计算高度按 $l_n/3$ 考虑。

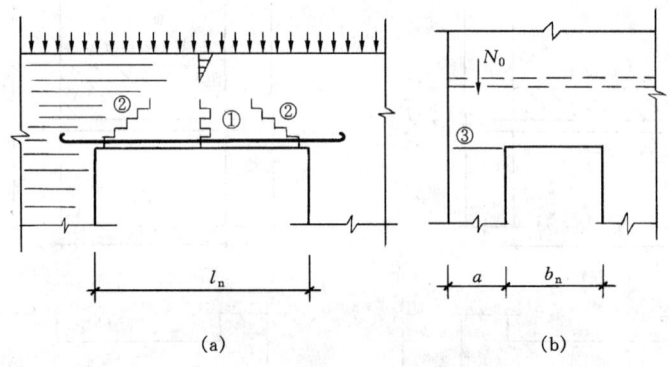

图 5-15 过梁的裂缝分布图

(2) 钢筋砖过梁

钢筋砖过梁跨中正截面受弯承载力可按式（5-20）验算，其中 0.85 为内力臂折减系数：

$$M \leqslant 0.85 h_0 f_y A_s \tag{5-20}$$

式中　M——按简支梁计算的跨中弯矩设计值；
　　　f_y——钢筋的抗拉强度设计值；
　　　A_s——受拉钢筋的截面面积；
　　　h_0——过梁截面的有效高度，$h_0 = h - a_s$；
　　　a_s——受拉钢筋重心至截面下边缘的距离；
　　　h——过梁的截面计算高度，取过梁底面以上的墙体高度，但不大于 $l_n/3$；当考虑梁、板传来的荷载时，则按梁、板下的墙体高度采用。

(3) 钢筋混凝土过梁

钢筋混凝土过梁按钢筋混凝土受弯构件设计，同时尚应验算过梁端支承处砌体的局部受压。鉴于过梁与上部墙体的共同工作且梁端变形极小，因此，过梁端支承处砌体的局压验算时可不考虑上部荷载的影响，即取 $\psi = 0$ 且 $\eta = 1.0$，$\gamma = 1.25$，$a_0 = a$。

3. 过梁的构造要求

砖砌过梁应满足下列构造要求：

(1) 砖砌过梁截面计算高度内的砂浆不宜低于 M5；

(2) 砖砌平拱用竖砖砌筑部分的高度不应小于 240mm；

(3) 钢筋砖过梁底面砂浆层处的钢筋，其直径不应小于 5mm，间距不宜大于 120mm，钢筋伸入支座砌体内的长度不宜小于 240mm，砂浆层的厚度不宜小于 30mm。

5.4 计 算 例 题
Examples

【例题 5-1】 某商店—办公楼底层设有墙梁，如图 5-16。已知设计资料如下：

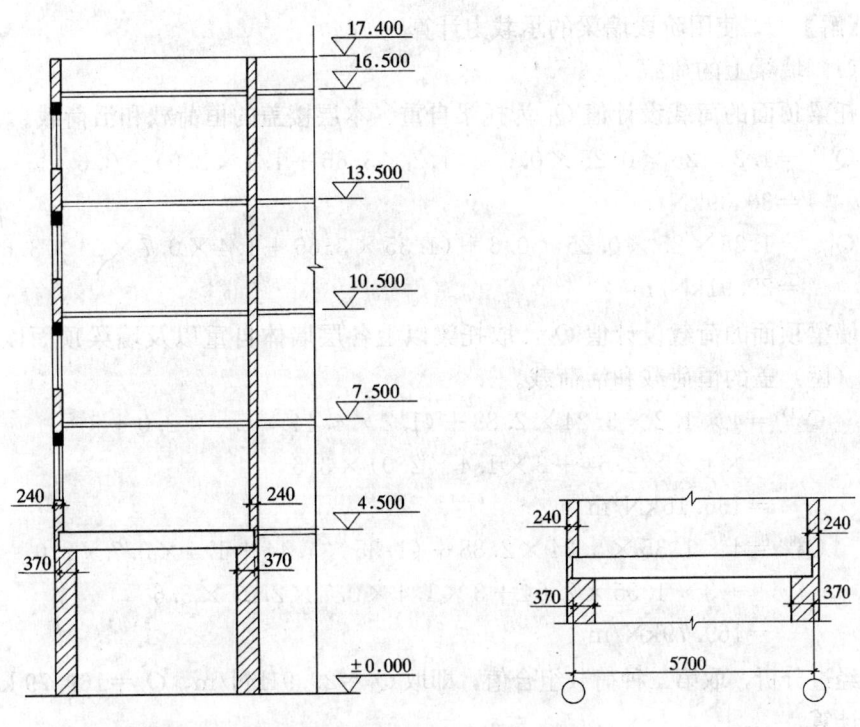

图 5-16 某商店-办公楼墙梁

屋面恒荷载标准值	4.44kN/m²
三～五层楼面恒荷载标准值	2.64kN/m²
二层楼面恒荷载标准值	3.66kN/m²
屋面活荷载标准值（上人）	2.0kN/m²
二～五层楼面活荷载标准值	2.0kN/m²
240mm 墙（双面抹灰）自重标准值	5.24kN/m²

房屋开间 3.6m

二层墙体由 MU10 烧结粉煤灰砖、M10 水泥混合砂浆砌筑，$f=1.89$MPa，施工质量控制等级为 B 级。

墙梁顶面设圈梁 240mm×180mm；混凝土采用 C30（$f_c=14.3$MPa），纵筋采用 HRB335（$f_y=300$MPa）、箍筋采用 HPB235（$f_y=210$MPa）级钢筋。

墙体计算高度 $h_w = 2.88$m。

托梁支承长度为370mm，净跨 $l_n = 5.7 - 2 \times 0.37 = 4.96$m，支座中心线距离 $l_c = 5.7 - 0.37 = 5.33$m，墙梁计算跨度 $l_0 = 5.33$m $< 1.1 l_n = 5.456$m。

外墙窗宽1.8m，翼墙计算宽度 b_f 取 $l_0/3$（$=1.777$m）和 $2 \times 3.5h$（$= 7 \times 0.24 = 1.68$m）中的较小值，$b_f = 1.68$m。其他有关资料详见图5-16。设计该墙梁。

【解】 1. 使用阶段墙梁的承载力计算

（1）墙梁上的荷载

托梁顶面的荷载设计值 Q_1 为托梁自重、本层楼盖的恒荷载和活荷载。

$Q_1^{(1)} = 1.2 \times 25 \times 0.25 \times 0.6 + (1.2 \times 3.66 + 1.4 \times 2.0) \times 3.6$
$= 30.39$kN/m

$Q_1^{(2)} = 1.35 \times 25 \times 0.25 \times 0.6 + (1.35 \times 3.66 + 1.4 \times 0.7 \times 2) \times 3.6$
$= 29.91$kN/m

墙梁顶面的荷载设计值 Q_2，取托梁以上各层墙体自重以及墙梁顶面以上各层楼（屋）盖的恒荷载和活荷载。

$Q_2^{(1)} = 4 \times 1.2 \times 5.24 \times 2.88 + (1.2 \times 4.44 + 1.4 \times 2.0 + 3 \times 1.2 \times 2.64 + 3 \times 1.4 \times 2.0) \times 3.6$
$= 166.15$kN/m

$Q_2^{(2)} = 4 \times 1.35 \times 5.24 \times 2.88 + (1.35 \times 4.44 + 1.4 \times 0.7 \times 2.0 + 3 \times 1.35 \times 2.64 + 3 \times 1.4 \times 0.7 \times 2.0) \times 3.6$
$= 169.79$kN/m

经过分析，取第二种荷载组合值，即取 $Q_1 = 29.91$kN/m，$Q_2 = 169.79$ kN/m 进行计算。

（2）墙梁计算简图

本题为无洞口简支墙梁，其计算简图如图5-17所示。

（3）墙梁的托梁正截面承载力计算

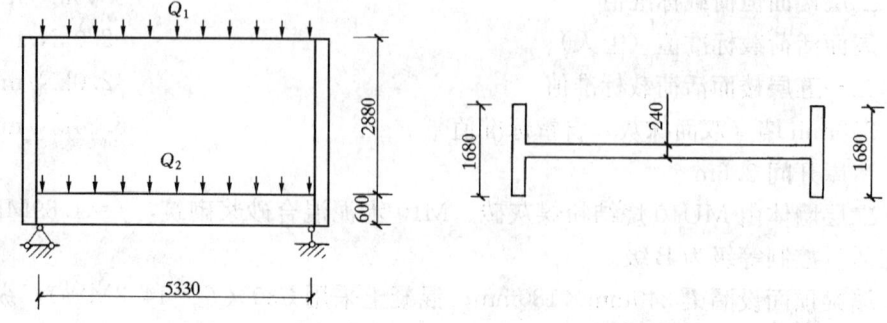

图5-17 某商店-办公楼墙梁的计算简图

$$M_1 = \frac{1}{8}Q_1 l_0^2 = \frac{1}{8} \times 29.91 \times 5.33^2 = 106.21 \text{kN} \cdot \text{m}$$

$$M_2 = \frac{1}{8}Q_2 l_0^2 = \frac{1}{8} \times 169.79 \times 5.33^2 = 602.94 \text{kN} \cdot \text{m}$$

由式 (5-3),

$$\alpha_M = \psi_M \left(1.7 \frac{h_b}{l_0} - 0.03\right) = 1.0 \times \left(1.7 \times \frac{0.6}{5.33} - 0.03\right) = 0.161$$

由式 (5-1),

$$M_b = M_1 + \alpha_M M_2 = 106.21 + 0.161 \times 602.94 = 203.28 \text{kN} \cdot \text{m}$$

由式 (5-5),

$$\eta_N = 0.44 + 2.1 \frac{h_w}{l_0} = 0.44 + 2.1 \times \frac{2.88}{5.33} = 1.575$$

由式 (5-2),

$$N_{bt} = \eta_N \frac{M_2}{H_0} = 1.575 \times \frac{602.94}{(2.88 + 0.5 \times 0.6)} = 298.63 \text{kN}$$

托梁按钢筋混凝土偏心受拉构件计算

$$e_0 = \frac{M_b}{N_{bt}} = \frac{203.28}{298.63} = 0.681 \text{m} > \frac{h_b}{2} - a_s = 0.265 \text{m}$$

属大偏心受拉构件

C30 混凝土,$f_{cu,k} = 30 \text{MPa}$,$\varepsilon_{cu} = 0.0033 - (f_{cu,k} - 50) \times 10^{-5} = 0.0035 > 0.0033$,故取 $\varepsilon_{cu} = 0.0033$

$$\xi_b = \frac{\beta_1}{1 + \frac{f_y}{E_s \varepsilon_{cu}}} = \frac{0.8}{1 + \frac{300}{2.0 \times 10^5 \times 0.0033}} = 0.55$$

$$e = e_0 - \frac{h_b}{2} + a_s = 0.681 - \frac{0.6}{2} + 0.035 = 0.416 \text{m}$$

$$e' = e_0 + \frac{h_b}{2} - a_s' = 0.681 + \frac{0.6}{2} - 0.035 = 0.946 \text{m}$$

令 $\xi = \xi_b = 0.55$,则

$$A_s' = \frac{N_{bt} e - \alpha_1 f_c b h_0^2 \xi_b (1 - 0.5\xi_b)}{f_y'(h_0 - a_s')} \quad (\alpha_1 = 1.0)$$

$$= \frac{298.63 \times 10^3 \times 416 - 14.3 \times 250 \times 565^2 \times 0.55(1 - 0.5 \times 0.55)}{300 \times (565 - 35)} < 0$$

取 $A_s' = 0.002bh = 0.002 \times 250 \times 600 = 300 \text{mm}^2$

选用 3 Φ 16 (603mm²)

重新计算 ξ,

$$\xi = 1 - \sqrt{1 - \frac{N_{bt}e - f_y' A_s'(h_0 - a_s')}{0.5 f_c b h_0^2}}$$

$$= 1 - \sqrt{1 - \frac{298630 \times 416 - 300 \times 603 \times (565 - 35)}{0.5 \times 14.3 \times 250 \times 565^2}}$$

$$= 0.025 < 2a'_s/h_0 = 0.124$$

取 $\xi = 2a'_s/h_0 = 0.124$，得

$$A_s = \frac{N_{bt}e'}{f_y(h'_0 - a_s)} = \frac{298630 \times 946}{300 \times (565 - 35)} = 1776.8 \text{mm}^2$$

选用 $2\Phi22 + 2\Phi25$（1742mm²），跨中截面纵向受力钢筋总配筋率 $\rho = \frac{1742 + 603}{250 \times 565} = 1.66\% > 0.6\%$，托梁上部采用 $3\Phi16$ 钢筋通长布置，其面积大于跨中下部纵向钢筋面积的 1/3（603mm² > 581mm²）。

(4) 托梁斜截面受剪承载力计算

$$V_1 = \frac{1}{2}Q_1 l_n = \frac{1}{2} \times 29.91 \times 4.96 = 74.18 \text{kN}$$

$$V_2 = \frac{1}{2}Q_2 l_n = \frac{1}{2} \times 169.79 \times 4.96 = 421.08 \text{kN}$$

由式 (5-11)，

$$V_b = V_1 + \beta_v V_2 = 74.18 + 0.6 \times 421.08 = 326.83 \text{kN}$$

梁端受剪按钢筋混凝土受弯构件计算

$$0.7 f_t b h_0 = 0.7 \times 1.43 \times 250 \times 565 \times 10^{-3} = 141.39 \text{kN}$$

$$0.25 \beta_c f_c b h_0 = 0.25 \times 1.0 \times 14.3 \times 250 \times 565 \times 10^{-3} = 504.97 \text{kN}$$

因 $0.7 f_t b h_0 < V_b < 0.25 \beta_c f_c b h_0$，需按计算配置箍筋，由

$$V_b \leq 0.7 f_t b h_0 + 1.25 f_{yv} \frac{A_{sv}}{s} h_0$$

得

$$\frac{A_{sv}}{s} = \frac{V_b - 0.7 f_t b h_0}{1.25 f_{yv} h_0} = \frac{326830 - 141390}{1.25 \times 210 \times 565} = 1.250$$

选用双肢箍筋 $\phi10@120 \left(\frac{A_{sv}}{s} = \frac{157}{120} = 1.308\right)$

(5) 墙梁的墙体受剪承载力计算

因 $b_f/h = 1.68/0.24 = 7$，故 $\xi_1 = 1.5$

由式 (5-12)，

$$\xi_1 \xi_2 \left(0.2 + \frac{h_b}{l_0} + \frac{h_t}{l_0}\right) f h h_w = 1.5 \times 1.0 \times \left(0.2 + \frac{0.6}{5.33} + \frac{0.18}{5.33}\right) \times 1.89 \times 240$$

$\times 2.88 = 678.67 \text{kN} > V_2$，安全。

(6) 托梁支座上部砌体局部受压承载力计算

因 $b_f/h = 7 > 5$，故不必验算局部受压承载力，满足要求。

2. 施工阶段托梁的承载力验算

(1) 托梁上的荷载

$$Q_1^{(1)} = 30.39 + \frac{1}{3} \times 5.33 \times 1.2 \times 5.24 = 41.56 \text{ kN/m}$$

$$Q_1^{(2)} = 29.91 + \frac{1}{3} \times 5.33 \times 1.35 \times 5.24 = 42.48 \text{ kN/m}$$

取 $Q_1 = 42.48 \text{kN/m}$

(2) 托梁正截面受弯承载力验算

$$M_1 = \frac{1}{8} Q_1 l_0^2 = \frac{1}{8} \times 42.48 \times 5.33^2 = 150.85 \text{kN} \cdot \text{m}$$

$$\alpha_s = \frac{M}{f_c b h_0^2} = \frac{150.85 \times 10^6}{14.3 \times 250 \times 565^2} = 0.132$$

$$\xi = 1 - \sqrt{1 - 2\alpha_s} = 0.142 < \xi_b = 0.55$$

$$A_s = f_c b h_0 \xi / f_y = 14.3 \times 250 \times 565 \times 0.142 / 300 = 956 \text{mm}^2$$

小于按使用阶段的计算结果。

(3) 托梁斜截面受剪承载力验算

$$V_1 = \frac{1}{2} Q_1 l_n = \frac{1}{2} \times 42.48 \times 4.96 = 105.35 \text{kN} < 0.7 f_t b h_0$$

对于托梁，最后应按使用阶段的计算结果进行配筋，如图 5-18 所示。

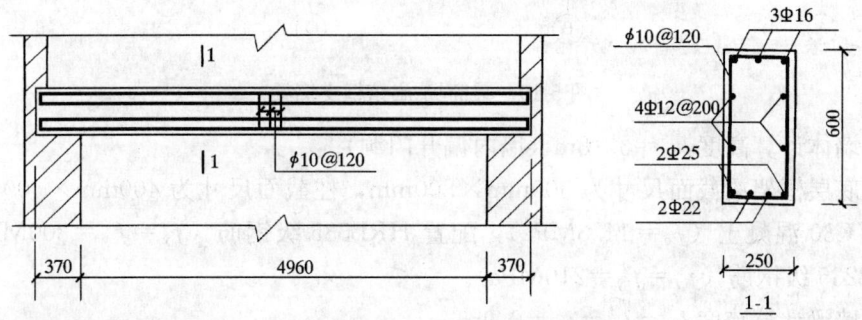

图 5-18 例题 5-1 托梁配筋图

【**例题 5-2**】 某商场一旅馆底层设有框支墙梁，如图 5-19 所示。已知设计资料如下：

屋面恒荷载标准值	4.44kN/m²
屋面活荷载标准值（上人）	2.0kN/m²
三~四层楼面恒荷载标准值	2.64kN/m²
二层楼面恒荷载标准值	3.66kN/m²
二~四层楼面活荷载标准值	2.0kN/m²
240mm 墙（双面抹灰）自重标准值	5.24kN/m²

房屋开间 4.2m，二层墙体由 MU15 烧结页岩砖、M10 水泥混合砂浆砌筑，$f = 2.31 \text{MPa}$，施工质量控制等级为 B 级。

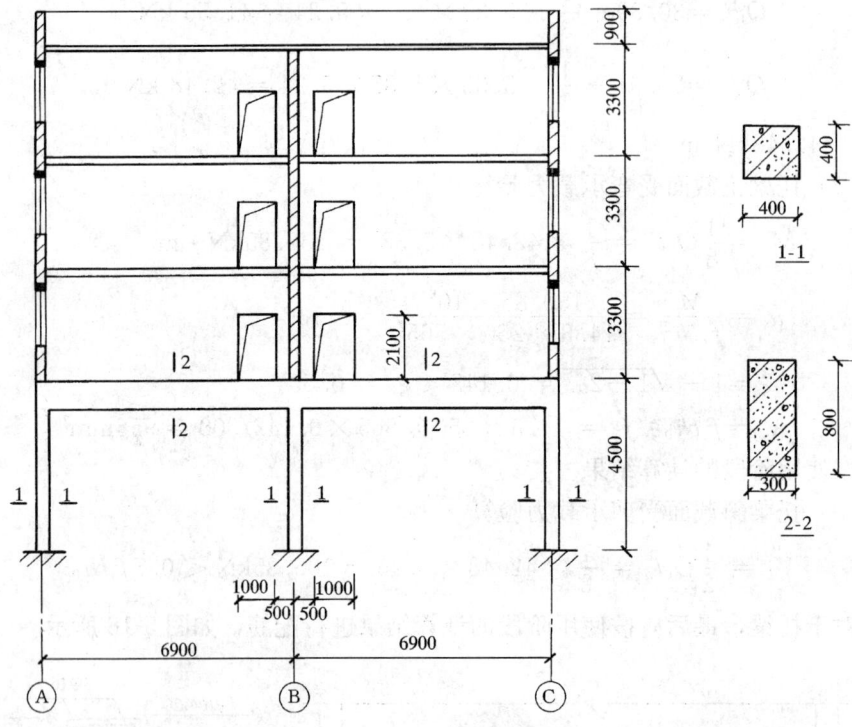

图 5-19 某商场-旅馆框支墙梁

墙体计算高度 $h_w = 3.18\text{m}$（墙内偏开门洞）。

底层框架梁截面尺寸为 $300\text{mm} \times 800\text{mm}$，柱截面尺寸为 $400\text{mm} \times 400\text{mm}$，采用 C30 混凝土（$f_c = 14.3\text{MPa}$），配置 HRB335 级钢筋（$f_y = f'_y = 300\text{MPa}$），HPB235 级钢筋（$f_y = f'_y = 210\text{MPa}$）。

墙梁计算跨度 $l_{01} = l_{02} = l_{ci} = 6.9\text{m}$。

外墙窗宽 2.4m，翼墙计算宽度取 $b_f = 7h = 7 \times 240 = 1680 < l_{ci}/3 = 2300\text{mm}$。其他有关资料详见图 5-19。试设计该墙梁。

【解】 1. 使用阶段墙梁的承载力计算

（1）墙梁上的荷载

托梁顶面的荷载设计值 Q_1 为托梁自重、本层楼盖的恒荷载和活荷载。

$$Q_1^{(1)} = 1.2 \times 25 \times 0.3 \times 0.8 + (1.2 \times 3.66 + 1.4 \times 2.0) \times 4.2$$
$$= 37.41\text{kN/m}$$

$$Q_1^{(2)} = 1.35 \times 25 \times 0.3 \times 0.8 + (1.35 \times 3.66 + 1.4 \times 0.7 \times 2.0) \times 4.2$$
$$= 37.08\text{kN/m}$$

托梁以上各层墙体自重：

$$g_w^{(1)} = 3 \times 1.2 \times 5.24 \times (3.18 \times 6.9 - 1 \times 2.1)/6.9 = 54.25\text{kN/m}$$

$$g_w^{(2)} = 3 \times 1.35 \times 5.24 \times (3.18 \times 6.9 - 1 \times 2.1)/6.9 = 61.03 \text{kN/m}$$

墙梁顶面的荷载设计值 Q_2，取托梁以上各层墙体自重以及墙梁顶面以上各层楼（屋）盖的恒荷载和活荷载。

$$Q_2^{(1)} = 54.25 + (1.2 \times 2.64 \times 2 + 1.2 \times 4.44 + 14 \times 2.0 \times 3) \times 4.2$$
$$= 138.52 \text{kN/m}$$

$$Q_2^{(2)} = 61.03 + (1.35 \times 2.64 \times 2 + 1.35 \times 4.44 + 1.4 \times 0.7 \times 20 \times 3) \times 4.2$$
$$= 140.84 \text{kN/m}$$

经过比较，最后取第二种荷载组合值，即取 $Q_1 = 37.08 \text{kN/m}$，$Q_2 = 140.84 \text{kN/m}$，进行计算。

(2) 墙梁计算简图

本题为两跨、偏开洞框支墙梁，其计算简图如图 5-20 所示。

(3) 墙梁的托梁正截面承载力计算

底层框架在 Q_1、Q_2 作用下的弯矩图如图 5-21 所示。

1) 托梁跨中截面：

由图 5-21 可知，在 Q_1、Q_2 作用下托梁跨中最大弯矩分别为：

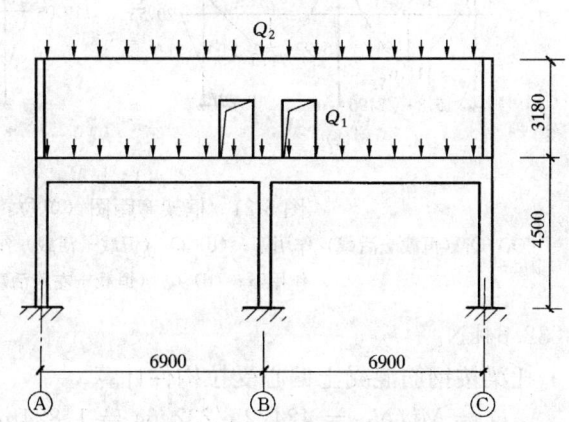

图 5-20 框支墙梁的计算简图

$$M_{11} = M_{12} = 111.62 \text{kN} \cdot \text{m}$$
$$M_{21} = M_{22} = 416.84 \text{kN} \cdot \text{m}$$

由式 (5-7)，
$$\psi_M = 3.8 - 8a_1/l_{01} = 3.8 - 8 \times 0.5/6.9 = 3.220$$

由式 (5-6)，
$$\alpha_M = \psi_M(2.7h_b/l_{01} - 0.08) = 3.22 \times (2.7 \times 0.8/6.9 - 0.08)$$
$$= 0.750$$

由式 (5-8)，
$$\eta_N = 0.8 + 2.6h_w/l_{01} = 0.8 + 2.6 \times 3.18/6.9 = 1.998$$

由式 (5-1)，
$$M_{b1} = M_{11} + \alpha_M M_{21} = 111.62 + 0.750 \times 416.84 = 424.25 \text{kN} \cdot \text{m}$$

由式 (5-2)，
$$N_{bt1} = \eta_N M_{21}/H_0 = 1.998 \times 416.84/(3.18 + 0.5 \times 0.8)$$
$$= 232.64 \text{kN}$$

由于结构的对称性，同理可得 $M_{b2} = M_{b1} = 424.25 \text{kN} \cdot \text{m}$，$N_{bt2} = N_{bt1}$

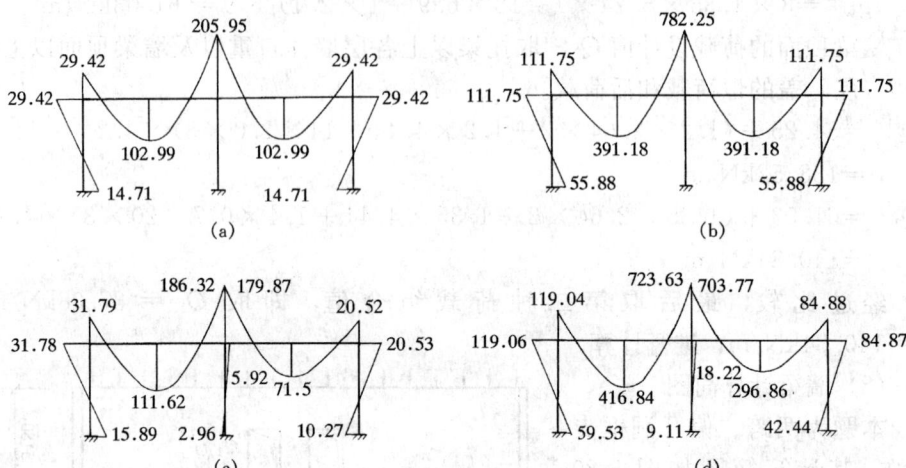

图 5-21 框架弯距图（单位：kN·m）
(a) Q_1（恒载+活载）作用下；(b) Q_2（恒载+活载）作用下；(c) Q_1（恒载+左跨活载）作用下；(d) Q_2（恒载+左跨活载）作用下

$=232.64\text{kN}$。

托梁按钢筋混凝土偏心受拉构件计算

$$e_0 = M_b/N_{bt} = 424.25/232.64 = 1.824\text{m} > h_b/2 - a_s = 0.365\text{m}$$

属大偏心受拉构件

$$e = e_0 - h_b/2 + a_s = 1.824 - 0.8/2 + 0.035 = 1.459\text{m}$$

$$e' = e_0 + h_b/2 - a_s = 1.824 + 0.8/2 - 0.035 = 2.189\text{m}$$

C30 混凝土，HRB 级钢筋的界限相对受压区高度 $\xi_b = 0.55$，令 $\xi = \xi_b = 0.55$，则

$$A'_s = \frac{N_{bt}e - \alpha_1 f_c b h_0^2 \xi_b (1 - 0.5\xi_b)}{f'_y(h_0 - a'_s)} \quad (\alpha_1 = 1.0)$$

$$= \frac{232640 \times 1459 - 14.3 \times 300 \times 765^2 \times 0.55 \times (1 - 0.5 \times 0.55)}{300 \times (765 - 35)} < 0$$

取 $A'_s = 0.002bh = 0.002 \times 300 \times 800 = 480\text{mm}^2$

选用 2Φ18（509mm²），重新计算 ξ：

$$\xi = 1 - \sqrt{1 - \frac{N_{bt}e - f'_y A'_s(h_0 - a'_s)}{0.5 f_c b h_0^2}}$$

$$= 1 - \sqrt{1 - \frac{232640 \times 1459 - 300 \times 509 \times (765 - 35)}{0.5 \times 14.3 \times 300 \times 765^2}}$$

$$= 0.095 > 2a'_s/h_0 = 2 \times 35/765 = 0.092$$

$$A_s = \frac{N_{bt} + f_c b h_0 \xi + f'_y A'_s}{f_y}$$

$$=\frac{232640+14.3\times300\times765\times0.095+300\times509}{300}$$
$$=2323.7\text{mm}^2$$

选用 5 Φ 25 (2454mm²),跨中截面纵向受力钢筋总配筋率 $\rho=$ (2454+509)/(300×765)=1.29%>0.6%。

2) 托梁支座截面:

对于边支座,在 Q_1、Q_2 作用下支座最大弯矩分别为:
$$M_1=31.79\text{kN}\cdot\text{m},\ M_2=119.04\text{kN}\cdot\text{m}$$

由式 (5-9),
$$M_b=M_1+(0.75-a_i/l_{01})M_2=31.79+(0.75-0.5/6.9)\times119.04$$
$$=112.44\text{kN}\cdot\text{m}$$

对于中间支座,在 Q_1、Q_2 作用下支座最大弯矩分别为:
$$M_1=205.95\text{kN}\cdot\text{m},\ M_2=782.25\text{kN}\cdot\text{m}$$

由式 (5-9),
$$M_b=205.95+(0.75-0.5/6.9)\times782.25=735.95\text{kN}\cdot\text{m}$$

托梁支座截面按钢筋混凝土受弯构件计算,对于边支座,
$$\alpha_s=M_b/f_cbh_0^2=112.44\times10^6/(14.3\times300\times765^2)$$
$$=0.045$$
$$\xi=1-\sqrt{1-2\alpha_s}=0.046<\xi_b=0.55$$
$$A_s=f_cbh_0\xi/f_y=14.3\times300\times765\times0.046/300=503.2\text{mm}^2$$
$$\rho_{\min}=45f_t/f_y\times0.01=45\times1.43/300\times0.01=0.215\%$$
$$\rho_{\min}bh=0.215\%\times300\times800=516\text{mm}^2$$

选用 2 Φ 18 (509mm²)

对于中间支座,钢筋按两排布置,$h_0=740$mm
$$\alpha_s=M_b/f_cbh_0^2=735.95\times10^6/(14.3\times300\times740^2)=0.313$$
$$\xi=1-\sqrt{1-2\alpha_s}=0.388<\xi_b=0.55$$
$$A_s=f_cbh_0\xi/f_y=14.3\times300\times740\times0.388/300=4105.8\text{mm}^2$$

选用 2 Φ 28+6 Φ 25 (4177mm²)

(4) 墙梁的托梁斜截面受剪承载力计算

底层框架在 Q_1、Q_2 作用下的剪力图如图 5-22 所示。

托梁斜截面受剪承载力按钢筋混凝土受弯构件计算。

在 Q_1、Q_2 作用下,托梁边支座截面最大剪力分别为:$V_1=105.53$kN,$V_2=398.28$kN

由式 (5-11),
$$V_b=V_1+\beta_V V_2=105.53+0.7\times398.28=384.33\text{kN}$$

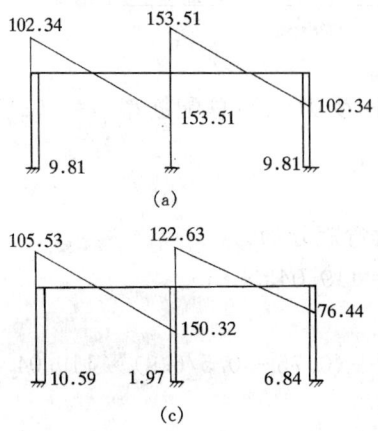
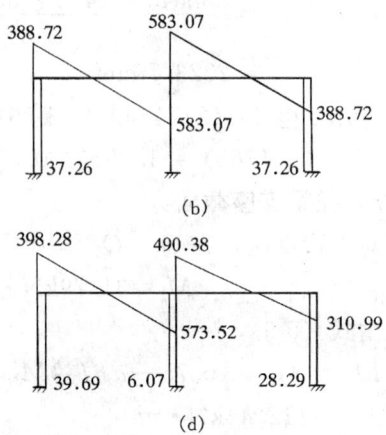

图 5-22 框架剪力图（单位：kN）

(a) Q_1（恒载＋活载）作用下；(b) Q_2（恒载＋活载）作用下；(c) Q_1（恒载＋左跨活载）作用下；(d) Q_2（恒载＋左跨活载）作用下

对于中间支座，托梁最大剪力分别为 $V_1=153.51\text{kN}$，$V_2=583.07\text{kN}$
由式（5-11），
$$V_b=153.51+0.8\times583.07=619.97\text{kN}$$
现取 $V_b=619.97\text{kN}$ 进行计算。
$$0.7f_tbh_0=0.7\times1.43\times300\times740\times10^{-3}=222.22\text{kN}$$
$$0.25\beta_c f_c bh_0=0.25\times1.0\times14.3\times300\times740\times10^{-3}=793.65\text{kN}$$
因 $0.7f_tbh_0<V_b<0.25\beta_c f_c bh_0$，需按计算配置箍筋，由
$$V_b\leqslant 0.7f_tbh_0+1.25f_{yv}\frac{A_{sv}}{s}h_0$$
得
$$\frac{A_{sv}}{s}=\frac{619970-222220}{1.25\times210\times740}=2.05\text{mm}^2/\text{mm}$$

选用双肢箍筋 $\phi 12@110\left(\dfrac{A_{sv}}{s}=\dfrac{226}{110}=2.05\text{mm}^2/\text{mm}\right)$

(5) 墙梁的墙体受剪承载力计算
因 $b_f/h=1680/240=7$，故 $\xi_1=1.5$
由式（5-12），
$$\xi_1\xi_2(0.2+h_b/l_{01}+h_t/l_{01})fhh_w$$
$$=1.5\times0.9\times(0.2+0.8/6.9+0.18/6.9)\times2.31\times240\times3.18$$
$$=814.04\text{kN}>V_2=583.07\text{kN}，安全。$$

(6) 托梁支座上部砌体局部受压承载力计算
因 $b_f/h=7>5$，故可不必验算局部受压承载力，能满足要求。

2. 施工阶段托梁的承载力验算

(1) 托梁上的荷载

$Q_1^{(1)} = 37.41 + 1.2 \times 5.24 \times (2.1 \times 6.9 - 2.1 \times 1)/6.9 = 48.70 \text{kN/m}$

$Q_1^{(2)} = 37.08 + 1.35 \times 5.24 \times (2.1 \times 6.9 - 2.1 \times 1)/6.9 = 49.78 \text{kN/m}$

取 $Q_1 = 49.78 \text{kN/m}$

(2) 托梁正截面受弯承载力验算

底层框架梁在 Q_1 作用下的跨中最大弯矩 $M_1 = 138.26 \text{kN} \cdot \text{m}$,中间支座弯矩 $M_{b1} = 276.49 \text{kN} \cdot \text{m}$,边支座弯矩 $M_{b1} = 39.50 \text{kN} \cdot \text{m}$。

1) 跨中截面:

$$\alpha_s = M/f_c b h_0^2 = 138.26 \times 10^6 /(14.3 \times 300 \times 765^2) = 0.055$$

$$\xi = 1 - \sqrt{1 - 2\alpha_s} = 0.057$$

$$A_s = f_c b h_0 \xi / f_y = 14.3 \times 300 \times 765 \times 0.057/300 = 623.6 \text{mm}^2$$

小于按使用阶段的计算结果。

2) 中间支座弯矩和边支座弯矩均小于使用阶段时的相应弯矩,故不必再验算。

(3) 托梁斜截面受剪承载力验算

在 Q_1 作用下中间支座剪力最大,$V_{bmax} = 206.09 \text{kN} < 619.97 \text{kN}$,因此,对于托梁,最后应按使用阶段的计算结果进行配筋,如图 5-23 所示。

为了满足托梁边支座处配筋构造要求,边支座上部配筋改用 3 Φ 25（1473mm²）,大于跨中下部纵向钢筋面积的 1/3（4177/3=1392mm²）。

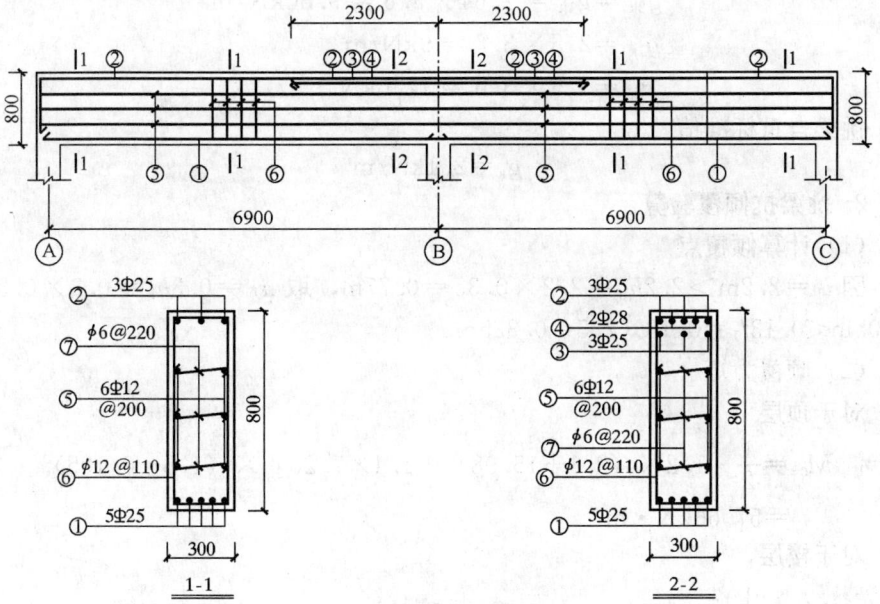

图 5-23 例题 5-2 托梁配筋图

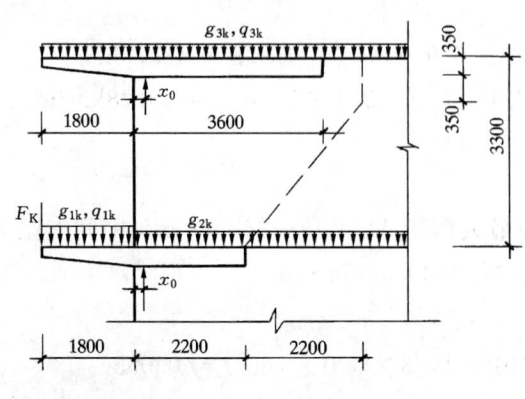

图 5-24 例题 5-3 挑梁计算简图

【例题 5-3】 某钢筋混凝土挑梁,如图 5-24 所示,埋置于丁字形(带翼墙)截面的墙体中。挑梁采用 C25 混凝土,截面 $b \times h_b =$ 240mm×350mm。挑梁上、下墙厚均为 240mm,采用 MU10 烧结页岩砖、M2.5 水泥混合砂浆砌筑,施工质量控制等级为 B 级。挑梁挑出长度 $l = 1.8$m,埋入长度 $l_1 = 2.2$m,顶层埋入长度为 3.6m,挑梁间墙体净高为 2.95m。已知墙面荷载标准值为 5.24kN/m²;楼面恒荷载标准值为 2.64kN/m²,活荷载标准值为 2.0kN/m²;屋面恒荷载标准值为 4.44kN/m²,屋面活荷载标准值为 2.0kN/m²;阳台恒荷载标准值为 2.64kN/m²,活荷载标准值为 2.5kN/m²;挑梁自重标准值为 2.1kN/m,房屋开间为 3.6m。试设计该挑梁。

【解】 1. 荷载计算

屋面均布荷载标准值:
$$g_{3k} = 4.44 \times 3.6 = 15.98 \text{kN/m}$$
$$q_{3k} = 2.0 \times 3.6 = 7.20 \text{kN/m}$$

楼面均布荷载标准值:
$$g_{2k} = g_{1k} = 2.64 \times 3.6 = 9.50 \text{kN/m}$$
$$q_{1k} = 2.5 \times 3.6 = 9 \text{kN/m}$$
$$F_k = 3.5 \times 3.6 = 12.6 \text{kN}$$

挑梁自重标准值:
$$g_k = 2.1 \text{kN/m}$$

2. 挑梁抗倾覆验算

(1) 计算倾覆点

因 $l_1 = 2.2$m > $2.2h_b = 2.2 \times 0.35 = 0.77$m,取 $x_0 = 0.3 h_b = 0.3 \times 0.35 = 0.105$m < $0.13 l_1 = 0.13 \times 2.5 = 0.325$m。

(2) 倾覆力矩

对于顶层

$$M_{0v} = \frac{1}{2} [1.2 \times (2.1 + 15.98) + 1.4 \times 7.20] \times (1.8 + 0.105)^2$$
$$= 57.66 \text{kN} \cdot \text{m}$$

对于楼层,

$$M_{0v} = \frac{1}{2} [1.2 \times (2.1 + 9.5) + 1.4 \times 9] \times (1.8 + 0.105)^2 + 1.2$$

$$\times 12.6 \times (1.8+0.105)$$
$$=76.92 \text{kN} \cdot \text{m}$$

(3) 抗倾覆力矩

挑梁的抗倾覆力矩由本层挑梁尾端上部45°扩展角范围内的墙体和楼面恒荷载标准值产生。

对于顶层

$$G_r = (2.1+15.98) \times (3.6-0.105) = 63.19 \text{kN}$$

由式 (5-18),

$$M_r = 0.8 G_r (l_2-x_0)$$
$$= 0.8 \times 63.19 \times (3.6-0.105) \times 0.5$$
$$= 88.34 \text{kN} \cdot \text{m} > 57.66 \text{kN} \cdot \text{m}$$

满足要求。

对于楼层,

$$M_r = 0.8 \Sigma G_r (l_2-x_0)$$
$$= 0.8[(2.1+9.5) \times (2.2-0.105)^2/2 + 5.24 \times (2.2 \times 2.95 \times 3.195 + 2.2 \times 2.95 \times 0.995 - 2.2 \times 2.2 \times 3.56/2)]$$
$$= 98.24 \text{kN} \cdot \text{m} > 76.92 \text{kN} \cdot \text{m}$$

满足要求。

3. 挑梁下砌体局部受压承载力验算

挑梁下的支承压力,对于顶层,

$$N_l = 2R = 2[1.2 \times (2.1+15.98) + 1.4 \times 7.2] \times (1.8+0.105)$$
$$= 121.07 \text{kN}$$

由式 (5-19),

$$\eta \gamma A_l f = 0.7 \times 1.5 \times 1.2 \times 0.24 \times 0.35 \times 1.3 \times 10^3 = 137.59 \text{kN} > 121.07 \text{kN},$$ 满足要求。

对于楼层,

$$N_l = 2\{[1.2 \times (2.1+9.5) + 1.4 \times 9] \times (1.8+0.105) + 1.2 \times 12.6\}$$
$$= 131.28 \text{kN}$$

由式 (5-19),

$$\eta \gamma A_l f = 0.7 \times 1.5 \times 1.2 \times 0.24 \times 0.35 \times 1.3 \times 10^3 = 137.59 \text{kN} > 131.28 \text{kN},$$ 满足要求。

4. 钢筋混凝土梁承载力计算

以楼层挑梁为例,

$$V_{\max} = V_0 = 1.2 \times 12.6 + [1.2(2.1+9.5) + 1.4 \times 9] \times 1.8$$
$$= 62.86 \text{kN}$$

$$M_{\max} = M_{0v} = 76.92 \text{kN} \cdot \text{m}$$

按钢筋混凝土受弯构件计算梁的正截面和斜截面承载力,采用 C25 混凝土、HRB335 级钢筋。

$$\alpha_s = M/f_c b h_0^2$$
$$= 76.92 \times 10^6/(11.9 \times 240 \times 315^2) = 0.271$$
$$\xi = 1 - \sqrt{1-2\alpha_s} = 0.324 < \xi_b$$
$$A_s = f_c b h_0 \xi / f_y = 11.9 \times 240 \times 315 \times 0.324/300 = 971.6 \text{mm}^2$$

选用 2Φ25(982mm²)。

因 $0.7 f_t b h_0 = 0.7 \times 1.27 \times 240 \times 315 \times 10^{-3} = 67.21 \text{kN} > 62.86 \text{kN}$,因此可按构造配置箍筋,选用 $\phi 6@200$。

【例题 5-4】 某房屋中的雨篷,如图 5-25 所示,雨篷板挑出长度 $l = 1.5$m,门洞宽 1.8m,雨篷板宽 2.3m。雨篷梁截面尺寸为 240mm×300mm,雨篷梁两端各伸入墙内 0.5m。房屋层高为 3.3m,墙体采用 MU10 烧结粉煤灰砖、M2.5 水泥混合砂浆砌筑,墙厚为 240mm,两面粉刷各 20mm,施工质量控制等级为 B 级。试验算该雨篷的抗倾覆。

【解】 1. 荷载计算

雨篷板根部厚度 $h = \dfrac{l}{12} = \dfrac{1500}{12} = 125$mm,取 $h = 130$mm,板端厚度

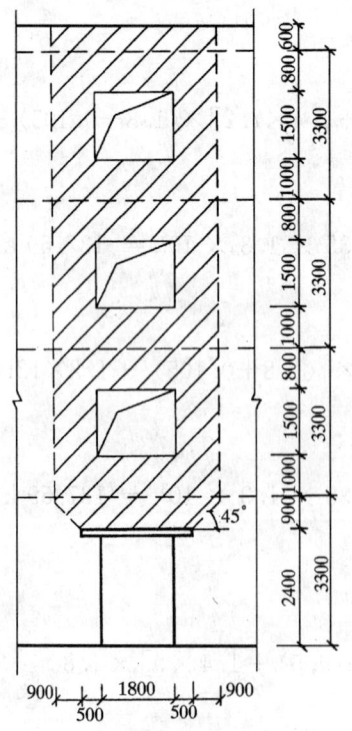
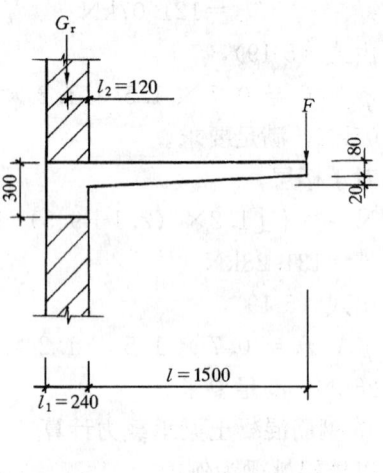

图 5-25 例题 5-4 附图

取 80mm。

雨篷板 1m 板带上的恒荷载标准值：

20mm 厚水泥砂浆面层	$20\times0.02=0.4$kN/m
板自重（取平均厚度）	$25\times0.105=2.63$kN/m
15mm 厚板底粉刷	$16\times0.015=0.24$kN/m
	合计 3.27kN/m

雨篷板 1m 板带上的活荷载标准值取 0.5kN/m。

雨篷板宽为 2.8m，因而只能取一个施工或检修集中荷载 $F_k=1$kN。

2. 倾覆点位置的确定

因 $l_1=0.24$m$<2.2h_b=2.2\times0.3=0.66$m，取 $x_0=0.13l_1=0.13\times0.24=0.03$m。

3. 倾覆力矩的计算

恒载＋活荷载（均布）

$$M_{0v}=(1.2\times3.27+1.4\times0.5)\times1.5\times(0.75+0.03)\times2.8$$
$$=15.15\text{kN}\cdot\text{m}$$

恒载＋集中荷载

$$M_{0v}=1.2\times3.27\times1.5\times(0.75+0.03)\times2.8+1\times1.4\times(1.5+0.03)$$
$$=15.0\text{kN}\cdot\text{m}$$

因此，恒载＋均布活荷载的组合所得的倾覆力矩更不利，取 $M_{0v}=15.15$kN·m

4. 抗倾覆力矩的计算

雨篷的抗倾覆力矩由雨篷梁尾端上部 45°扩展角范围内的墙体和雨篷梁的恒荷载标准值产生。

雨篷梁的恒荷载标准值：

$25\times0.24\times0.3\times2.8=5.04$kN

由式 (5-18)，

$$M_r=0.8\{5.04\times(0.12-0.03)+5.24\times[(4.6\times0.9-0.9\times0.9)$$
$$+(4.6\times10.5-1.8\times1.5\times3)]\times(0.12-0.03)\}$$
$$=16.79\text{kN}\cdot\text{m}>15.15\text{kN}\cdot\text{m}$$

满足要求。

【例题 5-5】 已知某墙窗洞净宽 $l_n=1.2$m，墙厚为 240mm，双面粉刷，以墙面计的墙体自重标准值为 5.24kN/m²，采用砖砌平拱，由烧结煤矸石砖 MU10，水泥混合砂浆 M5 砌筑，施工质量控制等级为 B 级。试求该过梁能承受的允许均布荷载设计值。

【解】 查表 2-10 得，$f_{v0}=0.11$MPa，砖砌体沿齿缝截面的弯曲抗拉强度设计值 $f_{tm}=0.23$MPa。

砖砌平拱上墙体的计算高度 $h_w=l_n/3=1.2/3=0.4$m，计算跨度近似取 $l_0=$

$l_n = 1.2\text{m}$。

由式（3-40），

$$M = Wf_{tm} = bh_w^2/6 \cdot f_{tm} = 240 \times 400^2/6 \times 0.23 = 1.472 \times 10^6 \text{N} \cdot \text{mm}$$

并令 $M = [q] l_n^2/8$，则砖砌平拱过梁能承受的允许均布荷载设计值为：

$$[q] = \frac{8M}{l_n^2} = \frac{8 \times 1.472 \times 10^6}{1200^2} = 8.18\text{kN/m}$$

然后验算受剪承载力，

$bzf_{v0} = 240 \times 2 \times 400/3 \times 0.11 = 7040 = 7.04\text{kN} > [q]l_n/2 = 8.18 \times 1.2/2 = 4.91\text{kN}$，满足要求。

【例题 5-6】 已知某墙窗洞净宽 1.2m，墙厚度为 240mm，双面粉刷，以墙面计的墙体自重标准值为 5.24kN/m^2。采用砖砌平拱，由烧结页岩砖 MU10、水泥混合砂浆 M5 砌筑，施工质量控制等级为 B 级。在距洞口顶面 500mm 处受有楼面均布荷载，楼面荷载设计值为 12.68kN/m。试验算此过梁的承载力是否满足要求。

【解】 因 $h_w = 0.5\text{m} < l_n = 1.2\text{m}$，故应计入楼面传来的荷载。

作用于过梁上的荷载包括墙体自重和楼板传来的荷载两部分，其设计值为：

$q = 1.35 \times 5.24 \times 1.2/3 + 12.68 = 15.51\text{kN/m} > [q] = 8.18\text{kN/m}$（见例题 5-5）

因此，该砖砌平拱不能满足承载力要求。

现改用钢筋砖过梁，选用 HPB235 级钢筋，由式（5-20），

$$A_s \geqslant \frac{M}{0.85 h_0 f_y} = \frac{15.51 \times 1.2^2 \times 10^6/8}{0.85 \times (500-20) \times 210} = 32.6\text{mm}^2$$

选用 $3\phi6$（85mm^2）

过梁端部剪力设计值：

$$V = \frac{1}{2}ql_n = \frac{1}{2} \times 15.51 \times 1.2 = 9.31\text{kN}$$

由式（3-41），

$bzf_{v0} = 240 \times 2 \times 500/3 \times 0.11 = 8800\text{N} = 8.8\text{kN} < V = 9.31\text{kN}$

因此，钢筋砖过梁受剪承载力不够，只能改用钢筋混凝土过梁。

假设钢筋混凝土过梁截面尺寸为 240mm×120mm，采用 C15 混凝土 HPB235 级钢筋，则

$$\alpha_s = \frac{M}{f_c b h_0^2} = \frac{15.51 \times 1.2^2 \times 10^6/8}{7.2 \times 240 \times (120-20)^2} = 0.162$$

$$\xi = 1 - \sqrt{1 - 2\alpha_s} = 0.177 < \xi_b$$

$A_s = f_c b h_0 \zeta/f_y = 7.2 \times 240 \times 100 \times 0.177/210 = 145.9\text{mm}^2 > \rho_{min} bh = 0.002 \times 240 \times 120 = 57.6\text{mm}^2$（$\rho_{min}$ 取 0.2‰和 $45f_t/f_y$‰中较大值）

选用 3ϕ8（$A_s = 151\text{mm}^2$）钢筋

$0.7 f_t b h_0 = 0.7 \times 0.91 \times 240 \times 100 = 15288\text{N} = 15.288\text{kN} > V = 9.31\text{kN}$

因此，此过梁受剪承载力能满足要求，同时由 $h < 150\text{mm}$，可不设箍筋。

思 考 题 与 习 题
Questions and Exercises

5-1　根据支承条件不同，墙梁有哪几种类型？

5-2　如何确定框支墙梁的计算简图？

5-3　偏开洞简支墙梁可能发生哪几种破坏形态？它们分别在什么条件下形成？

5-4　墙梁应进行哪些方面的承载力计算？

5-5　无洞口、跨中开洞以及偏开洞简支墙梁在受力性能上有何异同？设计时如何体现这些特点？

5-6　在使用阶段和施工阶段作用于墙梁上的荷载有何不同？应分别考虑哪些荷载？

5-7　刚性挑梁和弹性挑梁在变形性能上有何不同？

5-8　如何确定挑梁的计算倾覆点？

5-9　如何确定挑梁的抗倾覆荷载？

5-10　过梁有哪几种类型？各自的应用范围如何？

5-11　如何确定过梁上的荷载？

5-12　条件与［例题 5-2］相同，只是将框架梁跨度由 6.9m 改为 7.5m，试设计该框支墙梁。

第6章 配筋砌体结构设计
Design and Calculation of Reinforced Masonry Structures

学习提要 本章论述在我国应用的配筋砌体结构的设计方法。应了解网状配筋砖砌体构件、组合砖砌体构件及配筋混凝土砌块砌体构件的基本受力特点、承载力计算方法、构造要求及其适用范围。

在我国较早采用的配筋砌体结构主要是网状配筋砖砌体构件、砖砌体和钢筋混凝土面层或钢筋砂浆面层的组合砌体构件。近几年来发展了砖砌体和钢筋混凝土构造柱组合墙、配筋混凝土砌块砌体剪力墙,前者在单层与多层房屋中,后者在中高层房屋中得到推广应用。

我国的配筋砌体结构是根据工程实际的需要和不断深入研究而逐步产生的,这些配筋砌体结构在计算和应用上有许多内在联系,且与钢筋混凝土结构的设计与计算方法密不可分。

6.1 网状配筋砖砌体构件
Steel Mesh Reinforced Brick Masonry Members

1. 受压性能

网状配筋砖砌体轴心受压时,其破坏过程与无筋砌体类似,也可分为三个受力阶段。

第一阶段:随压力的增加至出现第一条或第一批裂缝。此阶段砌体的受力特点与无筋砌体的相同,仅产生第一批裂缝时的压力为破坏压力的 60%~75%,较无筋砌体的高。

第二阶段:随压力进一步增大至裂缝不断发展。此阶段砌体的破坏特征与无筋砌体的破坏特征有较大不同。主要表现在裂缝数量增多,但裂缝发展较为缓慢,且砌体内的竖向裂缝受横向钢筋网的约束均产生在钢筋网之间,而不能沿整个砌体高度形成连续的裂缝。

第三阶段,压力至极限值,砌体内有的砖严重开裂或被压碎,砖体完全破坏(图 6-1)。此阶段一般不会像无筋砌体那样形成竖向小柱体,砖的强度得到较充分发挥,砌体抗压强度有较大程度的提高。

砌体受压时，在产生竖向压缩变形的同时还产生横向变形，由于钢筋网与灰缝砂浆之间的摩擦力和粘结力，网状钢筋与砌体共同工作并能承受较大的横向拉应力，而且钢筋的弹性模量较砌体的高得多，从而使砌体的横向变形受到约束，网状钢筋还使被竖向裂缝分开的小柱体不至过早失稳破坏。正是上述作用间接地提高了砌体的抗压强度，亦是网状配筋砌体和无筋砌体在受压性能上有较大区别的主要原因。

图 6-1 网状配筋砖砌体轴心受压破坏

试验研究还表明，网状配筋砌体偏心受压时，当偏心距较大时，网状钢筋的作用减小，砌体受压承载力的提高有限。因此，在设计上要求其偏心距不应超过截面核心范围，对于矩形截面构件，即当 $e/y>1/3$（或 $e/h>0.17$）时，或偏心距虽未超过截面核心范围，但构件高厚比 $\beta>16$ 时，均不宜采用网状配筋砌体。

2. 受压承载力

网状配筋砖砌体受压构件的承载力，应按下式计算：

$$N \leqslant \varphi_n f_n A \tag{6-1}$$

式中 N——轴向力设计值。

(1) 承载力影响系数 φ_n

公式 (3-15) 也适用于网状配筋砖砌体构件，但应以网状配筋砖砌体构件的稳定系数 φ_{0n} 代替 φ_0。因而高厚比和配筋率以及轴向力的偏心距对网状配筋砖砌体受压构件承载力的影响系数，按式 (6-2) 计算，亦可查表 6-1：

$$\varphi_n = \cfrac{1}{1+12\left[\cfrac{e}{h}+\sqrt{\cfrac{1}{12}\left(\cfrac{1}{\varphi_{0n}}-1\right)}\right]^2} \tag{6-2}$$

同样道理，按公式 (3-11)，但考虑网状配筋砌体的变形特性，取 $\eta=\dfrac{1+3\rho}{667}$。

因而网状配筋砖砌体受压构件的稳定系数，按式 (6-3) 计算：

$$\varphi_{0n} = \cfrac{1}{1+\cfrac{1+3\rho}{667}\beta^2} \tag{6-3}$$

$$\rho = \dfrac{V_s}{V}100 \tag{6-4}$$

式中 ρ——体积配筋率，当采用截面面积为 A_s 的钢筋组成的方格网，网格尺寸为 a 和钢筋网的间距为 s_n 时，$\rho=\dfrac{2A_s}{as_n}100$；

V_s、V——分别为钢筋和砌体的体积。

(2) 抗压强度 f_n

网状配筋砖砌体的抗压强度设计值，按式（6-5）计算：

$$f_n = 1 + 2\left(1 + \frac{2e}{y}\right)\frac{\rho}{100}f_y \tag{6-5}$$

式中　　e——轴向力的偏心距；

f_y——钢筋的抗拉强度设计值，当 f_y 大于 320MPa 时，仍采用 320MPa。

影响系数 φ_n　　　　　　　　　　　　　表 6-1

ρ	β \ e/h	0	0.05	0.10	0.15	0.17
0.1	4	0.97	0.89	0.78	0.67	0.63
	6	0.93	0.84	0.73	0.62	0.58
	8	0.89	0.78	0.67	0.57	0.53
	10	0.84	0.72	0.62	0.52	0.48
	12	0.78	0.67	0.56	0.48	0.44
	14	0.72	0.61	0.52	0.44	0.41
	16	0.67	0.56	0.47	0.40	0.37
0.3	4	0.96	0.87	0.76	0.65	0.61
	6	0.91	0.80	0.69	0.59	0.55
	8	0.84	0.74	0.62	0.53	0.49
	10	0.78	0.67	0.56	0.47	0.44
	12	0.71	0.60	0.51	0.43	0.40
	14	0.64	0.54	0.46	0.38	0.36
	16	0.58	0.49	0.41	0.35	0.32
0.5	4	0.94	0.85	0.74	0.63	0.59
	6	0.88	0.77	0.66	0.56	0.52
	8	0.81	0.69	0.59	0.50	0.46
	10	0.73	0.62	0.52	0.44	0.41
	12	0.65	0.55	0.46	0.39	0.36
	14	0.58	0.49	0.41	0.35	0.32
	16	0.51	0.43	0.36	0.31	0.29
0.7	4	0.93	0.83	0.72	0.61	0.57
	6	0.86	0.75	0.63	0.53	0.50
	8	0.77	0.66	0.56	0.47	0.43
	10	0.68	0.58	0.49	0.41	0.38
	12	0.60	0.50	0.42	0.36	0.33
	14	0.52	0.44	0.37	0.31	0.30
	16	0.46	0.38	0.33	0.28	0.26
0.9	4	0.92	0.82	0.71	0.60	0.56
	6	0.83	0.72	0.61	0.52	0.48
	8	0.73	0.63	0.53	0.45	0.42
	10	0.64	0.54	0.46	0.38	0.36
	12	0.55	0.47	0.39	0.33	0.31
	14	0.48	0.40	0.34	0.29	0.27
	16	0.41	0.35	0.30	0.25	0.24
1.0	4	0.91	0.81	0.70	0.59	0.55
	6	0.82	0.71	0.60	0.51	0.47
	8	0.72	0.61	0.52	0.43	0.41
	10	0.62	0.53	0.44	0.37	0.35
	12	0.54	0.45	0.38	0.32	0.30
	14	0.46	0.39	0.33	0.28	0.26
	16	0.39	0.34	0.28	0.24	0.23

(3) 其他的验算

对矩形截面构件，当轴向力偏心方向的截面边长大于另一方向的边长时，除按偏心受压计算外，还应对较小边长方向按轴心受压进行验算。

当网状配筋砖砌体构件下端与无筋砌体交接时，尚应验算无筋砌体的局部受压承载力。

3. 构造要求

为了使网状配筋砖砌体受压构件安全而可靠地工作，在满足上述承载力的前提下，还应符合下列构造要求：

1) 研究表明，配筋率太小，砌体强度提高有限；配筋率太大，钢筋的强度不能充分利用。因此，网状配筋砖砌体中钢筋的体积配筋率不应小于 0.1%，也不应大于 1%。钢筋网的竖向间距，不应大于 5 皮砖，亦不应大于 400mm。

2) 由于钢筋网砌筑在灰缝砂浆内，考虑锈蚀的影响，设置较粗钢筋比较有利。但钢筋直径大，使灰缝增厚，对砌体受力不利。网状钢筋的直径宜采用 3~4mm，连弯钢筋的直径不应大于 8mm。

3) 当钢筋网的网孔尺寸（钢筋间距）过小时，灰缝中的砂浆不易密实；如过大，则网状钢筋的横向约束作用小。钢筋网中钢筋的间距不应小于 30mm，也不应大于 120mm。

4) 所采用的砌体材料强度等级不宜过低，采用强度高的砂浆，砂浆的粘结力大，也有利于保护钢筋。网状配筋砖砌体的砂浆强度等级不应低于 MU7.5。

5) 砌筑时水平灰缝的厚度亦应控制为 8~12mm，为使钢筋网居中设置，灰缝厚度应保证钢筋上、下至少各有 2mm 的砂浆层，既能保护钢筋，又使砂浆与块体较好地粘结。

6.2 组合砖砌体构件
Composite Brick Masonry Members

6.2.1 砖砌体和钢筋混凝土面层或钢筋砂浆面层的组合砌体构件
Composite Members with Brick Masonry and Face layers of Reinforced Concrete or Mortar

当无筋砌体受压构件的截面尺寸受限制，或设计不经济，以及轴向力的偏心距超过限值时，可以选用砖砌体和钢筋混凝土面层或钢筋砂浆面层的组合砖砌体构件。

1. 受压性能

1) 在砖砌体和钢筋混凝土面层的组合砌体中，砖能吸收混凝土中多余的水分，有利于混凝土的结硬，尤其在混凝土结硬的早期（4~10d 内）更为明显，使得组合砌体中的混凝土较一般情况下的混凝土能提前发挥受力作用。当面层为砂浆时也有类似的性能。

图 6-2 组合砖砌体轴心受压破坏

2) 组合砖砌体轴心受压时，往往在砌体与面层混凝土或面层砂浆的连接处产生第一批裂缝。随着压力增大，砖砌体内逐渐产生竖向裂缝，但发展较为缓慢，这是由于面层具有一定的横向约束作用。最终，砌体内的砖和面层混凝土或面层砂浆严重脱落甚至被压碎，或竖向钢筋在箍筋范围内压屈，组合砌体完全破坏，如图6-2所示。

3) 组合砖砌体受压时，由于面层的约束，砖砌体的受压变形能力增大，当组合砖砌体达极限承载力时，其内砌体的强度未充分利用。在有砂浆面层的情况下，组合砖砌体达极限承载力时的压应变小于钢筋的屈服应变，其内受压钢筋的强度亦未充分利用。根据试验结果，混凝土面层的组合砖砌体，其砖砌体的强度系数 $\eta_m=0.945$，钢筋的强度系数 $\eta_s=1.0$；有砂浆面层时，其 $\eta_m=0.928$，$\eta_s=0.933$。在承载力计算时，对于混凝土面层，可取 $\eta_m=0.9$，$\eta_s=1.0$；对于砂浆面层，可取 $\eta_m=0.85$，$\eta_s=0.9$。

4) 组合砖砌体轴心受压构件的稳定系数 φ_{com} 介于同样截面的无筋砖砌体构件的稳定系数 φ_0 和钢筋混凝土构件的稳定系数 φ_{rc} 之间。根据试验结果，φ_{com} 可按式（6-6）计算：

$$\varphi_{com} = \varphi_0 + 100\rho(\varphi_{rc} - \varphi_0) \leqslant \varphi_{rc} \quad (6-6)$$

式（6-6）表明，当组合砖砌体构件截面的配筋率 $\rho=0$ 时，$\varphi_{com}=\varphi_0$；当 $\rho=1\%$ 时，$\varphi_{com}=\varphi_{rc}$。$\varphi_{com}$ 也可从表6-2中查得。

组合砖砌体构件的稳定系数 φ_{com} 表 6-2

高厚比 β	配筋率 ρ（%）					
	0	0.2	0.4	0.6	0.8	≥1.0
8	0.91	0.93	0.95	0.97	0.99	1.00
10	0.87	0.90	0.92	0.94	0.96	0.98
12	0.82	0.85	0.88	0.91	0.93	0.95
14	0.77	0.80	0.83	0.86	0.89	0.92
16	0.72	0.75	0.78	0.81	0.84	0.87
18	0.67	0.70	0.73	0.76	0.79	0.81
20	0.62	0.65	0.68	0.71	0.73	0.75
22	0.58	0.61	0.64	0.66	0.68	0.70
24	0.54	0.57	0.59	0.61	0.63	0.65
26	0.50	0.52	0.54	0.56	0.58	0.60
28	0.46	0.48	0.50	0.52	0.54	0.56

注：组合砖砌体构件截面的配筋率 $\rho=A'_s/bh$。

2. 组合砖砌体轴心受压构件承载力

组合砖砌体轴心受压构件（图 6-3）的承载力，应按式（6-7）计算：

$$N \leqslant \varphi_{com}(fA + f_c A_c + \eta_s f'_y A'_s) \quad (6-7)$$

式中 φ_{com}——组合砖砌体构件的稳定系数，可按表 6-2 采用；

A——砖砌体的截面面积；

f_c——混凝土或面层砂浆的轴心抗压强度设计值，砂浆的轴心抗压强度设计值可取为同强度等级混凝土的轴心抗压强度设计值的 70%，当砂浆为 M15 时，取 5.2MPa；当砂浆为 M10 时，取 3.5MPa；当砂浆为 M7.5 时，取 2.6MPa；

A_c——混凝土或砂浆面层的截面面积；

η_s——受压钢筋的强度系数，当为混凝土面层时可取 1.0；当为砂浆面层时可取 0.9；

f'_y——钢筋的抗压强度设计值；

A'_s——受压钢筋的截面面积。

3. 组合砖砌体偏心受压构件承载力

研究和分析表明，组合砖砌体构件在偏心受压时（图 6-4）的受力和变形性能与钢筋混凝土构件的接近。因此，在分析组合砖砌体构件偏心受压的附加偏心距、钢筋应力和截面受压区高度界限值等方面，采用与钢筋混凝土偏心受压构件相类似的方法。

(1) 附加偏心距

它是为了考虑组合砖砌体构件偏心受压后纵向弯曲的影响。根据平截面变形假定，通过截面破坏时的曲率，可求得构件的水平

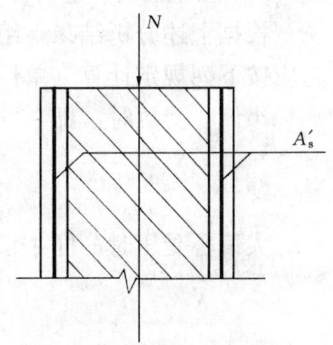

图 6-3 组合砖砌体轴心受压构件

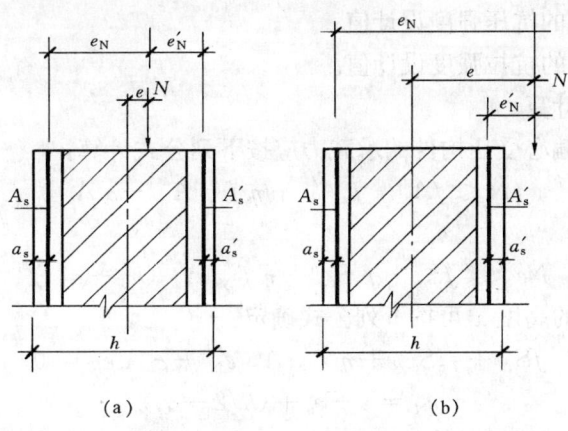

图 6-4 组合砖砌体偏心受压构件
(a) 小偏心受压；(b) 大偏心受压

位移。该水平位移即为轴向力的附加偏心距。由此并根据试验结果取：

$$e_a = \frac{\beta^2 h}{2200}(1 - 0.022\beta) \tag{6-8}$$

式中 e_a——组合砖砌体构件在轴向力作用下的附加偏心距；

β——构件高厚比，按偏心方向的边长计算；

h——构件截面高度。

(2) 截面钢筋应力及受压区相对高度的界限值

试验研究表明，组合砖砌体构件在大、小偏心受压时，距轴向力 N 较近侧钢筋 (A_s') 的应力均可达到屈服；在大偏心受压时（图 6-4b），距 N 较远侧钢筋 (A_s) 的应力亦达到屈服；在小偏心受压时（图 6-4a），距 N 较远侧钢筋 (A_s) 的应力 (σ_s) 随受压区的不同而变化，$\sigma_s = 650 - 800\xi$。当钢筋 A_s 的应力达屈服时，由此可求得组合砖砌体构件截面受压区相对高度的界限值 ξ_b。当采用 HPB235 级钢筋时，$\xi_b = 0.55$，当采用 HRB335 级钢筋时，$\xi_b = 0.425$。

根据上述分析结果，组合砖砌体构件中钢筋 A_s' 的应力为 f_y'，钢筋 A_s 的应力应按下列规定计算（单位为"MPa"，正值为拉应力，负值为压应力）：

小偏心受压时，即 $\xi > \xi_b$

$$\sigma_s = 650 - 800\xi \tag{6-9}$$

$$-f_y' \leqslant \sigma_s \leqslant f_y \tag{6-10}$$

大偏心受压时，即 $\xi \leqslant \xi_b$

$$\sigma_s = f_y \tag{6-11}$$

$$\xi = x/h_0 \tag{6-12}$$

式中 ξ——组合砖砌体构件截面的相对受压区高度；

ξ_b——组合砖砌体构件截面受压区相对高度的界限值；

x——组合砖砌体构件截面的受压区高度；

f_y'——钢筋的抗压强度设计值；

f_y——钢筋的抗拉强度设计值。

(3) 承载力计算

组合砖砌体偏心受压构件的承载力应按下列公式计算：

$$N \leqslant fA' + f_c A_c' + \eta_s f_y' A_s' - \sigma_s A_s \tag{6-13}$$

或

$$Ne_N \leqslant fS_s + f_c S_{c,s} + \eta_s f_y' A_s' (h_0 - a_s') \tag{6-14}$$

此时受压区的高度 x 可按下列公式确定：

$$fS_N + f_c S_{c,N} + \eta_s f_y' A_s' e_N' - \sigma_s A_s e_N = 0 \tag{6-15}$$

$$e_N = e + e_a + (h/2 - a_s) \tag{6-16}$$

$$e_N' = e + e_a - (h/2 - a_s') \tag{6-17}$$

式中 σ_s——钢筋 A_s 的应力；

A_s——距轴向力 N 较远侧钢筋的截面面积；

A'——砖砌体受压部分的面积；

A'_c——混凝土或砂浆面层受压部分的面积；

S_s——砖砌体受压部分的面积对钢筋 A_s 重心的面积矩；

$S_{c,s}$——混凝土或砂浆面层受压部分的面积对钢筋 A_s 重心的面积矩；

S_N——砖砌体受压部分的面积对轴向力 N 作用点的面积矩；

$S_{c,N}$——混凝土或砂浆面层受压部分的面积对轴向力 N 作用点的面积矩；

e_N, e'_N——分别为钢筋 A_s 和 A'_s 重心至轴向力 N 作用点的距离（图 6-4）；

e——轴向力的初始偏心距，按荷载设计值计算，当 e 小于 $0.05h$ 时，应取 e 等于 $0.05h$；

e_a——组合砖砌体构件在轴向力作用下的附加偏心距，应按公式（6-8）计算；

h_0——组合砖砌体构件截面的有效高度，取 $h_0 = h - a_s$；

a_s, a'_s——分别为钢筋 A_s 和 A'_s 重心至截面较近边的距离。

计算时，公式（6-15）中各项的正、负号按图 6-5 确定，即各分力对轴向力 N 作用点取矩时，顺时针者为正，反之为负。例如小偏心受压且 A_s 的应力为压应力（σ_s 取负号），则在公式（6-15）中，它对 N 点的力矩项为正号（负乘负得正）；当 N 作用在 A_s 和 A'_s 重心间距离以内时，$e'_N = e + e_i - (h/2 - a'_s)$ 的值为负号，则在公式（6-15）中 A'_s 项产生的力矩为负号。

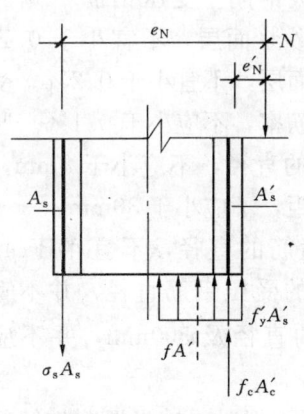

图 6-5 组合砖砌体构件截面内力图

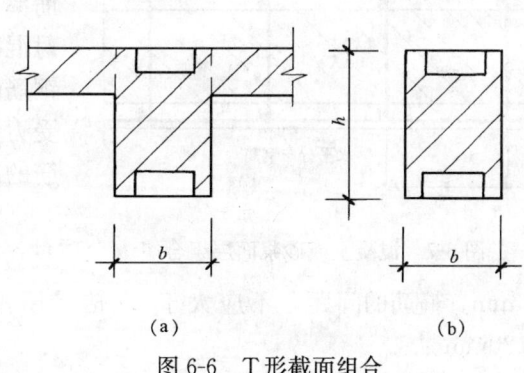

图 6-6 T 形截面组合砖砌体构件

分析表明，组合砖砌体构件当 $e = 0.05h$ 时，按轴心受压计算的承载力与按偏心受压计算的承载力很接近。但当 $0 \leqslant e < 0.05h$ 时，按前者计算的承载力略低于后者的承载力。为避免这一矛盾，规定当偏心距很小，即 $e < 0.05h$ 时，取 $e = 0.05h$，并按偏心受压的公式计算承载力。

对于砖墙与组合砌体一同砌筑的 T 形截面构件（图 6-6a），其承载力可按矩形截面组合砖砌体构件计算（图 6-6b）。但在验算高厚比时 β 仍按 T 形截面考虑，截面的翼缘宽度按 4.3 节的规定采用。

4. 构造要求

组合砖砌体由砌体和面层混凝土或面层砂浆组成，为了保证它们之间有良好的整体性和共同工作能力，应符合下列构造要求：

1）面层混凝土强度等级宜采用 C20。面层水泥砂浆强度等级不宜低于 M10。砌筑砂浆的强度等级不宜低于 M7.5。

2）竖向受力钢筋的混凝土保护层厚度，不应小于表 6-3 中的规定。竖向受力钢筋距砖砌体表面的距离不应小于 5mm。

混凝土保护层最小厚度（mm）　　　　　　表 6-3

构件类别	环境条件	
	室内正常环境	露天或室内潮湿环境
墙	15	25
柱	25	35

注：当面层为水泥砂浆时，对于柱，保护层厚度可减小 5mm。

3）砂浆面层的厚度，可采用 30～45mm。当面层厚度大于 45mm 时，其面层宜采用混凝土。

4）竖向受力钢筋宜采用 HPB235 级钢筋，对于混凝土面层，亦可采用 HRB335 级钢筋。受压钢筋一侧的配筋率，对砂浆面层，不宜小于 0.1%，对混凝土面层，不宜小于 0.2%。受拉钢筋的配筋率，不应小于 0.1%。竖向受力钢筋的直径，不应小于 8mm，钢筋的净间距，不应小于 30mm。

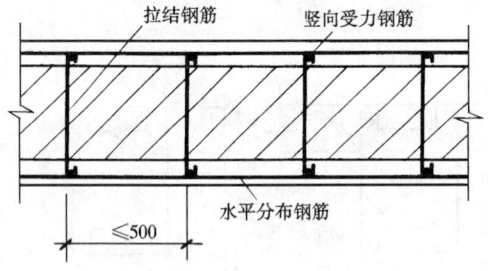

图 6-7　混凝土或砂浆面层组合墙

5）箍筋的直径，不宜小于 4mm 及 0.2 倍的受压钢筋直径，并不宜大于 6mm。箍筋的间距，不应大于 20 倍受压钢筋的直径及 500mm，并不应小于 120mm。

6）当组合砖砌体构件一侧的竖向受力钢筋多于 4 根时，应设置附加箍筋或拉结钢筋。

7）对于截面长短边相差较大的构件如墙体等，应采用穿通墙体的拉结钢筋作为箍筋，同时设置水平分布钢筋。水平分布钢筋的竖向间距及拉结钢筋的水平间距，均不应大于 500mm（图 6-7）。

8）组合砖砌体构件的顶部及底部，以及牛腿部位，必须设置钢筋混凝土垫块。竖向受力钢筋伸入垫块的长度，必须满足锚固要求。

6.2.2 砖砌体和钢筋混凝土构造柱组合墙
Composite Walls with Brick Masonry and Structural Concrete Column

1. 受压性能

(1) 受力阶段

图 6-8 所示砖砌体和钢筋混凝土构造柱组合墙在轴心受压时，其破坏过程可分为三个受力阶段。

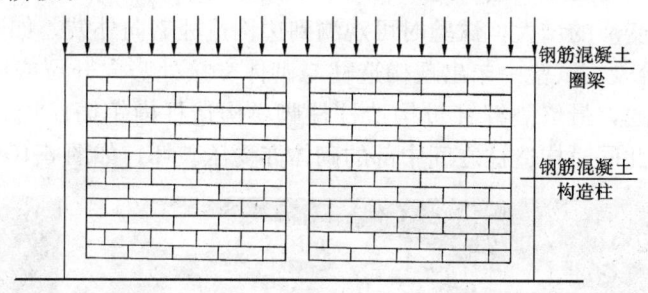

图 6-8 砖砌体和钢筋混凝土构造柱组合墙

1) 从组合墙开始受压至压力小于破坏压力的约 40% 时，处于弹性受力阶段。砌体内竖向压应力的分布与有限元分析结果大致相同，图 6-9（a）为主应力迹线示意图，图中实线为主压应力迹线，它明显向构造柱扩散（图中虚线为主拉应力迹线，其值很小）；砌体内竖向压应力的分布不均匀，图 6-9（b）中虚线为墙体开裂前的竖向压应力的分布，在墙顶部、中部和底部截面上（分别为Ⅰ-Ⅰ、Ⅱ-Ⅱ和Ⅲ-Ⅲ截面），竖向压应力为上部大、下部小，它沿墙体水平方向是中间大、两端小。

2) 弹塑性工作阶段。随着压力的增加，上圈梁与构造柱连接的附近及构造

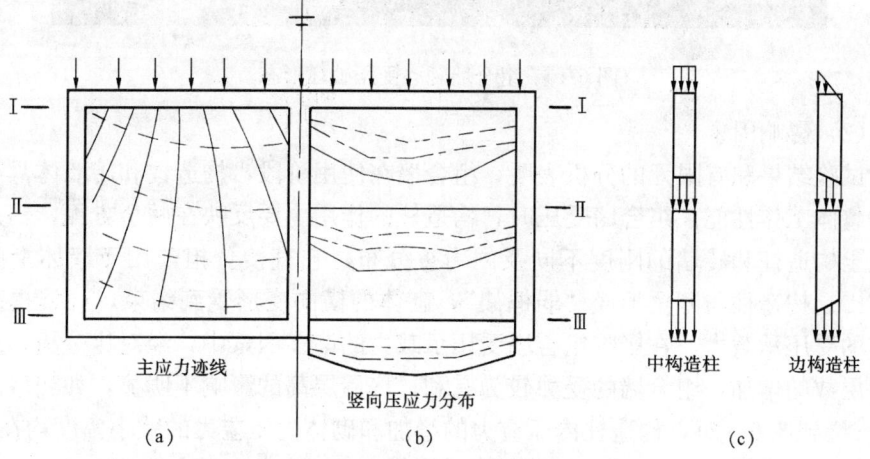

图 6-9 按有限元分析的组合墙的受力
(a) 主应力迹线；(b) 竖向压应力分布；(c) 中构造柱、边构造柱的压应力

柱之间中部砌体出现竖向裂缝，且上部圈梁在跨中处产生自下而上的竖向裂缝，如图 6-10 所示。图 6-9（b）中点划线为按有限元分析开裂时砌体内的竖向压应力分布。由于构造柱与圈梁形成的约束作用，直至压力达破坏压力的约 70% 时，裂缝发展缓慢，裂缝走向大多指向构造柱柱脚。这一阶段经历的时间较长，所施加压力可达破坏压力的 90%。图 6-9（b）中实线为临近破坏时砌体内的竖向压应力分布。按有限元分析，构造柱下部截面压应力较上部截面压应力增加较多，中部构造柱为均匀受压，边构造柱则处于小偏心受压，如图 6-9（c）所示。由于边构造柱横向变形的增大，试验时可观测到边构造柱略向外鼓，如图 6-10 所示。

3）破坏阶段。试验中未出现构造柱与砌体交接处竖向开裂或脱离现象，但砌体内裂缝贯通，最终裂缝穿过构造柱柱脚，构造柱内钢筋压屈，混凝土被压碎、剥落，与此同时构造柱之间中部的砌体亦受压破坏，如图 6-10 所示。

图 6-10　组合墙轴心受压破坏形态

（2）影响因素

试验结果和有限元的分析表明，组合墙在使用阶段，构造柱和砖墙体具有良好的整体工作性能。组合墙受压时，构造柱的作用主要反映在两个方面，一是因混凝土构造柱和砖墙的刚度不同及内力重分布，它直接分担作用于墙体上的压力；二是构造柱与圈梁形成"弱框架"，砌体的横向变形受到约束，间接提高了墙体的受压承载力。在影响组合墙受压承载力的诸多因素中，经对比分析，随着房屋层数的增加，组合墙的受力较为有利；房屋层高的影响不明显，如当墙高由 2.8m 增到 3.6m 时，构造柱内压应力的增加和砌体内压应力的减小幅度均在 5% 以内；构造柱间距的影响最为显著。组合墙的受压承载力随构造柱间距的减小而明显增加，构造柱间距为 2m 左右时，构造柱的作用得到充分发挥。构造柱间距较大时，它约束砌体横向变形的能力减弱，间距大于4m时，构造柱对组合墙受压承载力的影响很小。

2. 受压承载力

砖砌体和钢筋混凝土构造柱组成的组合砖墙（图6-11）的轴心受压承载力应按下列公式计算：

$$N \leqslant \varphi_{com}[fA_n + \eta(f_cA_c + f_y'A_s')] \tag{6-18}$$

$$\eta = \left[\frac{1}{\dfrac{l}{b_c}-3}\right]^{\frac{1}{4}} \tag{6-19}$$

式中 φ_{com}——组合砖墙的稳定系数，可按表6-2采用；

η——强度系数，当l/b_c小于4时取l/b_c等于4；

l——沿墙长方向构造柱的间距；

b_c——沿墙长方向构造柱的宽度；

A_n——砖砌体的净截面面积（扣除门窗洞口或构造柱的面积）；

A_c——构造柱的截面面积。

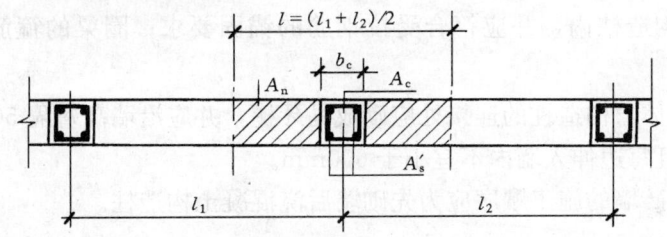

图6-11 砖砌体和构造柱组合墙截面

将公式（6-18）与公式（6-7）进行比较，可以看出二者计算模式相同，只相差一个强度系数η。根据有限元非线性分析，构造柱间距小于1m时，按公式（6-18）与公式（6-7）计算得到的极限承载力很接近，因而当$l/b_c<4$时，取$l/b_c=4$。上述两种组合砖砌体构件的轴心受压承载力不仅计算模式相同、计算公式相互衔接，且具有在分析理论上的一致性。

在工程设计上，应当注意到公式（6-18）是建立在构造柱水平的基础之上的，即构造柱的截面尺寸、混凝土强度等级和配置的竖向受力钢筋的级别、直径和根数是按一般要求选定的。当组合墙的轴心受压承载力低于设计要求的承载力较多时，减小构造柱间距是较适宜的选择。此外，对这种组合墙的偏心受压承载力虽有一些试验和分析，但在《砌体结构设计规范》中尚未给出其计算公式，有待进一步探讨。

3. 构造要求

砖砌体和钢筋混凝土构造柱组合墙是按间距l设置构造柱，在房屋楼层处设置混凝土圈梁，且构造柱与圈梁和砖砌体可靠连接而形成的一种组合砌体结构构件，为保证其整体受力性能和可靠地工作，对组合墙的材料和构造提出了下列要求：

1) 砂浆的强度等级不应低于 M5，构造柱的混凝土强度等级不宜低于 C20。

2) 柱内竖向受力钢筋的混凝土保护层厚度，应符合表 6-3 的规定。

3) 构造柱的截面尺寸不宜小于 240mm×240mm，其厚度不应小于墙厚，边柱、角柱的截面宽度宜适当加大。柱内竖向受力钢筋，对于中柱，不宜少于 4ϕ12；对于边柱、角柱，不宜少于 4ϕ14。构造柱的竖向受力钢筋的直径也不宜大于 16mm。其箍筋，一般部位宜采用 ϕ6、间距 200mm，楼层上、下 500mm 范围内宜采用 ϕ6、间距 100mm。构造柱的竖向受力钢筋应在基础梁和楼层圈梁中锚固，并应符合受拉钢筋的锚固要求。

4) 组合砖墙砌体结构房屋，应在纵横墙交接处、墙端部和较大洞口的洞边设置构造柱，其间距不宜大于 4m。各层洞口宜设置在相应位置，并宜上下对齐。

5) 组合砖墙砌体结构房屋应在基础顶面、有组合墙的楼层处设置现浇钢筋混凝土圈梁。圈梁的截面高度不宜小于 240mm；纵向钢筋不宜小于 4ϕ12，纵向钢筋应伸入构造柱内，并应符合受拉钢筋的锚固要求；圈梁的箍筋宜采用 ϕ6、间距 200mm。

6) 砖砌体与构造柱的连接处应砌成马牙槎，并应沿墙高每隔 500mm 设 2ϕ6 拉结钢筋，且每边伸入墙内不宜小于 600mm。

7) 组合砖墙的施工顺序应为先砌墙后浇混凝土构造柱。

6.3 配筋混凝土砌块砌体剪力墙
Reinforced Concrete Masonry Shearwall Structures

6.3.1 配筋混凝土砌块砌体剪力墙、柱轴心受压承载力
Axially Compressive Strength of Reinforced Concrete Masonry Shearwalls or Columns

1. 受压性能

配筋混凝土砌块墙在轴心压力作用下，经历三个受力阶段。

(1) 初裂阶段

砌体和竖向钢筋的应变均很小，第一条或第一批竖向裂缝大多在有竖向钢筋的附近砌体内产生。墙体产生第一条裂缝时的压力为破坏压力的 40%～70%。随竖向钢筋配筋率的增加，该比值有所降低，但变化不大。

(2) 裂缝发展阶段

随着压力的增大，墙体裂缝增多、加长，且大多分布在竖向钢筋之间的砌体

内，形成条带状。由于钢筋的约束作用，裂缝分布较均匀，裂缝密而细；在水平钢筋处，上、下竖向裂缝不贯通而有错位。

(3) 破坏阶段

破坏时竖向钢筋可达屈服强度。最终因墙体竖向裂缝较宽，甚至个别砌块被压碎而破坏，如图 6-12 所示。由于钢筋的约束，墙体破坏时仍保持良好的整体性。

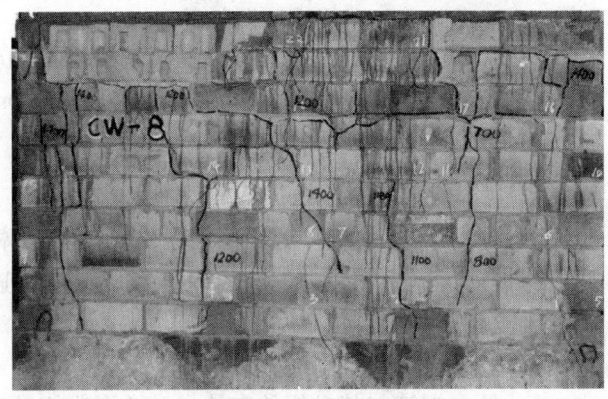

图 6-12 配筋混凝土砌块墙轴心受压破坏

此外，配筋混凝土砌块砌体的抗压强度、弹性模量，较之用相应的砌块和砂浆的空心砌块砌体的抗压强度、弹性模量均有较大程度的提高。

2. 承载力计算

配有箍筋或水平分布钢筋的配筋砌块砌体剪力墙、柱，其轴心受压承载力，应按下式计算：

$$N \leqslant \varphi_{0g}(f_g A + 0.8 f'_y A'_s) \tag{6-20}$$

式中　N——轴向力设计值；

f_g——灌孔砌体的抗压强度设计值，应按公式（2-17）计算；

f'_y——钢筋的抗压强度设计值；

A——构件的毛截面面积；

A'_s——全部竖向钢筋的截面面积；

φ_{0g}——轴心受压构件的稳定系数，应按公式（6-21）计算。

当配筋混凝土砌块砌体剪力墙、柱中未配置箍筋或水平分布钢筋时，其轴心受压承载力仍按公式（6-20）计算，但应取 $f'_y A'_s = 0$。

根据混凝土砌块灌孔砌体的应力-应变关系和公式（3-10b）的方法，可得

$$\varphi_{0g} = \cfrac{1}{1+\cfrac{1}{400\sqrt{f_{g,m}}}\beta^2} \tag{6-21}$$

按一般情况下 $f_{g,m}$ 为 10MPa 推算，式中 β 项的系数约等于 0.0008，现偏于安全按式（6-21a）计算：

$$\varphi_{0g} = \frac{1}{1+0.001\beta^2} \tag{6-21a}$$

式中　β——构件的高厚比。

配筋混凝土砌块砌体剪力墙，当竖向钢筋仅配在中间时，其平面外偏心受压承载力可按公式（3-17）进行计算，但应采用灌孔砌体的抗压强度设计值，即

$$N \leqslant \varphi f_g A \tag{6-22}$$

6.3.2 配筋混凝土砌块砌体剪力墙正截面偏心受压承载力
Strength of Reinforced Concrete Masonry Shearwalls in Eccentric Compression

1. 基本假定

配筋混凝土砌块砌体剪力墙属于一种装配整体式钢筋混凝土剪力墙，其受力性能与钢筋混凝土的受力性能相近。为此，它在正截面承载力计算中采用了与钢筋混凝土相同的基本假定，即

1）截面应变保持平面；
2）竖向钢筋与其毗邻的砌体、灌孔混凝土的应变相同；
3）不考虑砌体、灌孔混凝土的抗拉强度；
4）根据材料选择砌体、灌孔混凝土的极限压应变，且不应大于0.003；
5）根据材料选择钢筋的极限拉应变，且不应大于0.01。

2. 受力性能

配筋混凝土砌块砌体剪力墙在偏心受压时，它的受力性能和破坏形态与一般的钢筋混凝土偏心受压构件的类同。

（1）大偏心受压

大偏心受压时，竖向受拉和受压主筋达到屈服强度；受压区的砌块砌体达到抗压极限强度；中和轴附近的竖向分布钢筋的应力较小，但离中和轴较远处的竖向分布钢筋可达屈服强度。其破坏形态如图6-13所示。

（2）小偏心受压

小偏心受压时，受压区的主筋达到屈服强度，另一侧的主筋达不到屈服强度；竖向分布钢筋大部分受压，其应力较小，即使一部分受拉，其应力亦较小。

图6-13 配筋混凝土砌块砌体墙大偏心受压破坏

（3）大、小偏心受压的界限

根据平截面变形假定，配筋混凝土砌块砌体剪力墙在偏心受压时，其界限相对受压区高度可按式（6-23）计算：

$$\xi_b = 0.8 \frac{\varepsilon_{mc}}{\varepsilon_{mc} + \varepsilon_s} \qquad (6-23)$$

根据试验结果，可取砌块砌体的极限压应变 $\varepsilon_{mc}=0.003$。钢筋的屈服应变 $\varepsilon_s = f_y/E_s$。以此代入式（6-23）可得：

配置HPB235级钢筋，$\xi_b = 0.60$；

配置 HRB335 级钢筋，$\xi_b = 0.53$。

因而对于矩形截面的配筋砌块砌体剪力墙：

当 $x \leqslant \xi_b h_0$ 时，为大偏心受压；

当 $x > \xi_b h_0$ 时，为小偏心受压。

式中　x——截面受压区高度；

　　　ξ_b——界限相对受压区高度；

　　　h_0——截面有效高度。

3. 矩形截面配筋砌块砌体剪力墙大偏心受压正截面承载力计算

图 6-14 为矩形截面配筋砌块砌体剪力墙偏心受压正截面承载力计算简图，从下述方法可知，它采用了与钢筋混凝土剪力墙相同的计算模式。按图 6-14（a）取平衡条件，其大偏心受压正截面承载力应按下列公式计算：

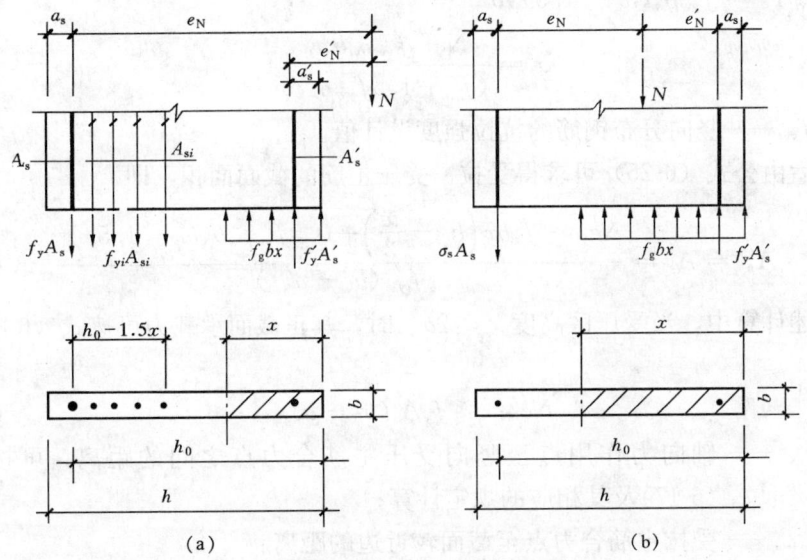

图 6-14　矩形截面偏心受压
(a) 大偏心受压；(b) 小偏心受压

$$N \leqslant f_g bx + f_y' A_s' - f_y A_s - \Sigma f_{yi} A_{si} \tag{6-24}$$

$$N e_N \leqslant f_g bx(h_0 - x/2) + f_y' A_s' (h_0 - a_s') - \Sigma f_{yi} S_{si} \tag{6-25}$$

式中　N——轴向力设计值；

　　　f_g——灌孔砌体的抗压强度设计值；

　　　f_y, f_y'——竖向受拉、受压主筋的强度设计值；

　　　b——截面宽度；

　　　f_{yi}——竖向分布钢筋的抗拉强度设计值；

A_s, A_s'——竖向受拉、受压主筋的截面面积；

A_{si}——单根竖向分布钢筋的截面面积；

S_{si}——第 i 根竖向分布钢筋对竖向受拉主筋的面积矩；

e_N——轴向力作用点到竖向受拉主筋合力点之间的距离，可按公式 (6-16) 及其相应的规定计算；

h_0——截面有效高度，$h_0 = h - a_s'$；

h——截面高度；

a_s'——受压主筋合力点至截面较近边的距离。

当采用对称配筋时，取 $f_y' A_s' = f_y A_s$。设计中可先选择竖向分布钢筋，之后由公式 (6-24) 求得截面受压区高度 x。若竖向分布钢筋的配筋率为 ρ_w，则公式 (6-24) 中

$$\Sigma f_{yi} A_{si} = f_{yw} \rho_w (h_0 - 1.5x) b，得$$

$$x = \frac{N + f_{yw} \rho_w b h_0}{(f_g + 1.5 f_{yw} \rho_w) b} \tag{6-26}$$

式中 f_{yw}——竖向分布钢筋的抗拉强度设计值。

最后由公式 (6-25) 可求得受拉、受压主筋的截面面积，即

$$A_s' = A_s = \frac{Ne_N - f_g bx \left(h_0 - \frac{x}{2}\right) + 0.5 f_{yw} \rho_w b (h_0 - 1.5x)^2}{f_y' (h_0 - a_s')} \tag{6-27}$$

上述计算中，当受压区高度 $x < 2a_s'$ 时，其正截面承载力可按式 (6-28) 计算：

$$Ne_N' \leqslant f_y A_s (h_0 - a_s) \tag{6-28}$$

式中 e_N'——轴向力作用点至竖向受压主筋合力点之间的距离，可按公式 (6-17) 及其相应的规定计算；

a_s——受拉主筋合力点至截面较近边的距离。

4. 矩形截面配筋砌块砌体剪力墙小偏心受压正截面承载力计算

按图 6-14 (b) 取平衡条件，其小偏心受压正截面承载力应按下列公式计算：

$$N \leqslant f_g bx + f_y' A_s' - \sigma_s A_s \tag{6-29}$$

$$Ne_N \leqslant f_g bx (h_0 - x/2) + f_y' A_s' (h_0 - a_s') \tag{6-30}$$

$$\sigma_s = \frac{f_y}{\xi_b - 0.8} \left(\frac{x}{h_0} - 0.8\right) \tag{6-31}$$

矩形截面对称配筋砌块砌体剪力墙小偏心受压时，也可近似按下列公式计算钢筋截面面积：

$$\xi = \frac{x}{h_0} = \frac{N - \xi_b f_g b h_0}{\dfrac{Ne_N - 0.43 f_g b h_0^2}{(0.8 - \xi_b)(h_0 - a'_s)} + f_g b h_0} + \xi_b \tag{6-32}$$

$$A_s = A'_s = \frac{Ne_N - \xi(1 - 0.5\xi) f_g b h_0^2}{f'_y (h_0 - a'_s)} \tag{6-33}$$

小偏心受压时，由于截面受压区大、竖向分布钢筋的应力较小，计算中未考虑其作用。当受压区竖向受压主筋无箍筋或无水平钢筋约束时，亦可不考虑其作用，即取 $f'_y A'_s = 0$。

6.3.3 配筋混凝土砌块砌体剪力墙斜截面受剪承载力
Shear Strength of Diagonal Section of Reinforced Concrete Masonry Shearwalls

1. 受力性能

试验研究表明，配筋混凝土砌块砌体剪力墙的受剪性能和破坏形态与一般钢筋混凝土剪力墙的类同。影响其抗剪承载力的主要因素是材料强度、垂直压应力、墙体的剪跨比以及水平钢筋的配筋率。

1）灌孔砌块砌体材料对墙体抗剪承载力的影响以 $f_{vg} = \Phi(f_g^{0.55})$ 的关系式表达，随块体、砌筑砂浆和灌孔混凝土强度等级的提高以及灌孔率的增大，灌孔砌块砌体的抗剪强度提高，其中灌孔混凝土的影响尤为明显。

2）墙体截面上的垂直压应力，直接影响墙体的破坏形态和抗剪强度。在轴压比较小时，墙体的抗剪能力和变形能力随垂直压应力的增加而增加。但当轴压比较大时，墙体转变成不利的斜压破坏，垂直压应力的增大反而使墙体的抗剪承载力减小。

3）随剪跨比的不同，墙体产生不同的应力状态和破坏形态。小剪跨比时，墙体趋于剪切破坏。大剪跨比时，则趋于弯曲破坏。墙体剪切破坏的抗剪承载力远大于弯曲破坏的抗剪承载力。

4）水平和竖向钢筋提高了墙体的变形能力和抗剪能力，其中水平钢筋在墙体产生斜裂缝后直接受拉抗剪，影响明显。

在偏心压力和剪力的作用下，墙体有剪拉、剪压和斜压三种破坏形态。图6-15为剪跨比等于 0.82 和 1.43 时配筋砌块砌体墙的破坏形态，属剪压破坏。

2. 承载力计算

根据上述受力性能和试验研究结果，配筋砌块砌体剪力墙斜截面受剪承载力计算公式的模式与钢筋混凝土剪力墙的相同，只是砌体项的影响以 f_{vg} 而不是以 f_t 表达，且水平钢筋的作用发挥得略低，反映了这种剪力墙的特性。

配筋混凝土砌块砌体剪力墙斜截面受剪承载力，应按下列方法计算：

 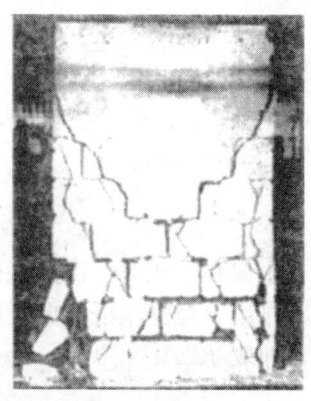

图 6-15　配筋混凝土砌块砌体墙剪压破坏

(1) 剪力墙的截面

为了防止墙体不产生斜压破坏，剪力墙的截面应符合式 (6-34) 要求：

$$V \leqslant 0.25 f_g bh \tag{6-34}$$

式中　V——剪力墙的剪力设计值；

　　　b——剪力墙截面宽度或 T 形、倒 L 形截面腹板宽度；

　　　h——剪力墙的截面高度。

(2) 剪力墙在偏心受压时的斜截面受剪承载力

剪力墙在偏心受压时的斜截面受剪承载力应按下列公式计算：

$$V \leqslant \frac{1}{\lambda - 0.5}\left(0.6 f_{vg} bh_0 + 0.12 N \frac{A_w}{A}\right) + 0.9 f_{yh} \frac{A_{sh}}{s} h_0 \tag{6-35}$$

$$\lambda = M/Vh_0 \tag{6-36}$$

式中　M、N、V——计算截面的弯矩、轴向力和剪力设计值，当 $N > 0.25 f_g bh$ 时，取 $N = 0.25 f_g bh$；

　　　λ——计算截面的剪跨比，当 $\lambda < 1.5$ 时取 1.5，当 $\lambda \geqslant 2.2$ 时，取 2.2；

　　　f_{vg}——灌孔砌体的抗剪强度设计值，应按公式 (2-19) 计算；

　　　h_0——剪力墙截面的有效高度；

　　　A_w——T 形或倒 L 形截面腹板的截面面积，对矩形截面取 A_w 等于 A；

　　　A——剪力墙的截面面积；

　　　f_{yh}——水平钢筋的抗拉强度设计值；

　　　A_{sh}——配置在凹槽砌块中同一截面内的水平分布钢筋的全部截面面积；

　　　s——水平分布钢筋的竖向间距。

(3) 剪力墙在偏心受拉时的斜截面受剪承载力

剪力墙在偏心受拉时的斜截面受剪承载力应按下式计算:

$$V \leqslant \frac{1}{\lambda - 0.5} \left(0.6 f_{vg} b h_0 - 0.22 N \frac{A_w}{A} \right) + 0.9 f_{yh} \frac{A_{sh}}{s} h_0 \quad (6-37)$$

6.3.4 配筋混凝土砌块砌体剪力墙中连梁的承载力
Strength of Coupling Wall-Beams

配筋混凝土砌块砌体剪力墙中的连梁可以采用配筋混凝土砌块砌体,亦可采用钢筋混凝土。这两种连梁的受力性能类同,配筋混凝土砌块砌体连梁承载力计算公式的模式与钢筋混凝土连梁的相同。

1. 配筋混凝土砌块砌体连梁

图 6-16 为一配筋混凝土砌块砌体连梁,它与墙体采用同样的施工方法。

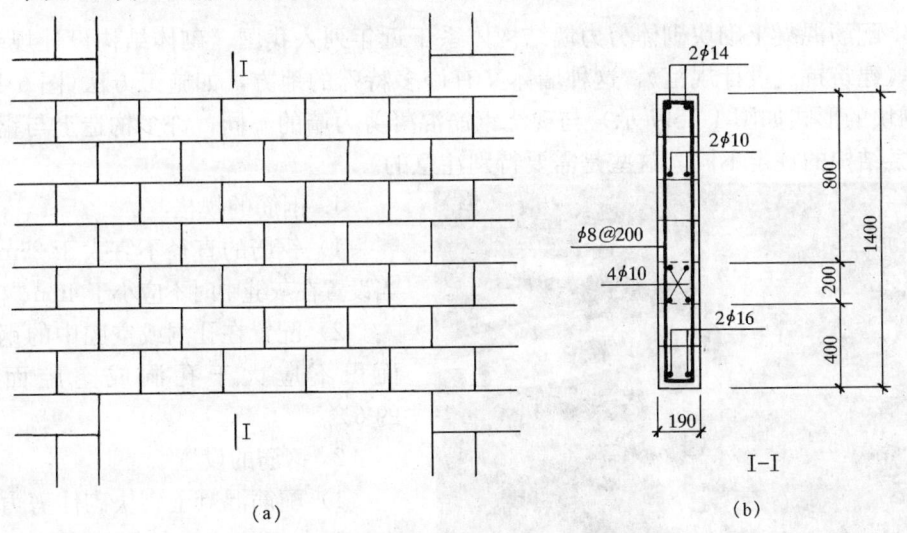

图 6-16 配筋混凝土砌块砌体连梁

(1) 正截面受弯承载力

配筋混凝土砌块砌体连梁的正截面受弯承载力,应按《混凝土结构设计规范》中受弯构件的有关规定进行计算,但采用配筋混凝土砌块砌体的计算参数和指标,如以 f_g 代替 f_c 等。

(2) 斜截面受剪承载力

1) 连梁的截面应符合下列要求:

$$V_b \leqslant 0.25 f_g b h \quad (6-38)$$

2) 连梁的斜截面受剪承载力应按式 (6-39) 计算:

$$V_b \leqslant 0.8 f_{vg} b h_0 + f_{yv} \frac{A_{sv}}{s} h_0 \quad (6-39)$$

式中 V_b——连梁的剪力设计值;

b——连梁的截面宽度；

h_0——连梁的截面有效高度；

A_{sv}——配置在同一截面内箍筋各肢的全部截面面积；

f_{yv}——箍筋的抗拉强度设计值；

s——沿构件长度方向箍筋的间距。

2. 钢筋混凝土连梁

钢筋混凝土连梁的正截面受弯承载力和斜截面受剪承载力，按《混凝土结构设计规范》的规定进行计算。

6.3.5 配筋混凝土砌块砌体剪力墙构造要求
Detailing Requirements of Reinforced Concrete Masonry Shearwalls

配筋混凝土砌块砌体剪力墙结构体系于近年列入我国《砌体结构设计规范》和《建筑抗震设计规范》，这种墙体又有许多特殊的地方，如施工方法（图6-17）（砌块的形式如图1-1c所示）与现浇钢筋混凝剪力墙的不同，许多构造上与钢筋混凝结构的规定不同。这些是需要特别注意的。

图 6-17 施工中的墙体

1. 钢筋的规格

1）钢筋的直径不宜大于25mm，当设置在灰缝中时不应小于4mm。

2）配置在孔洞或空腔中的钢筋面积不应大于孔洞或空腔面积的6%。

2. 钢筋的设置

1）配筋混凝土砌块砌体剪力墙中的竖向钢筋应在每层墙高范围内连续布置，竖向钢筋可采用单排钢筋；水平分布钢筋或网片宜沿墙长连续布置，水平分布钢筋宜采用双排钢筋（图6-18）。

2）设置在灰缝中钢筋的直径不宜大于灰缝厚度的1/2。

3）两平行钢筋间的净距不应小于25mm。

4）柱和壁柱中的竖向钢筋的净距不宜小于40mm（包括接头处钢筋间的净距）。

3. 钢筋的锚固

配筋混凝土砌块砌体剪力墙中，竖向钢筋在芯柱混凝土内锚固（图6-18a）；设置在水平灰缝中的水平钢筋，可水平弯折90°在水平灰缝中锚固（图6-18b），或将水平钢筋垂直弯折90°在芯柱内锚固（图6-18c）；设置在凹槽砌块混凝土带中的水平钢筋（大多采用这种方式），可水平弯折90°锚固（图6-18d），或垂直弯折90°在芯柱内锚固（图6-18e）。

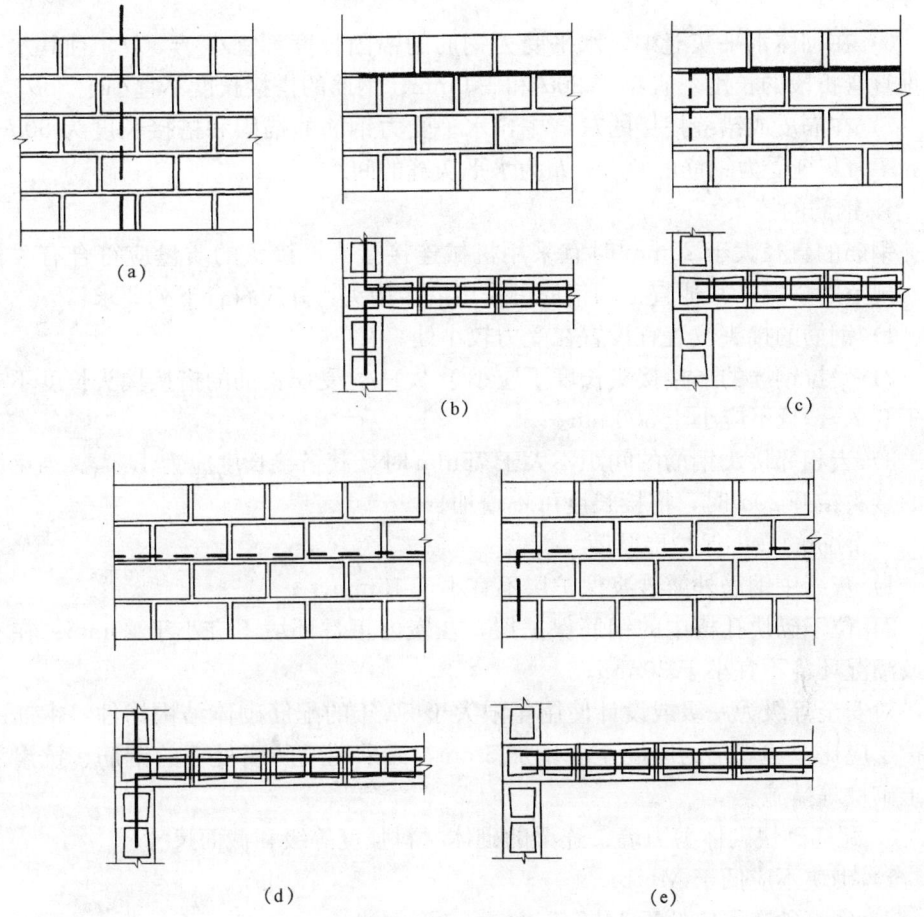

图6-18 钢筋的锚固

1) 当计算中充分利用竖向受拉钢筋强度时，其锚固长度 l_a，对HRB335级钢筋不宜小于 $30d$；对HRB400和RRB400级钢筋不宜小于 $35d$；在任何情况下钢筋（包括钢丝）锚固长度不应小于300mm。

2) 竖向受拉钢筋不宜在受拉区截断。如必须截断时，应延伸至按正截面受弯承载力计算不需要该钢筋的截面以外，延伸的长度不应小于 $20d$。

3) 竖向受压钢筋在跨中截断时，必须伸至按计算不需要该钢筋的截面以外，延伸的长度不应小于 $20d$；对绑扎骨架中末端无弯钩的钢筋，不应小于 $25d$。

4) 钢筋骨架中的受力光面钢筋,应在钢筋末端作弯钩,在焊接骨架、焊接网以及轴心受压构件中,可不作弯钩;绑扎骨架中的受力变形钢筋,在钢筋的末端可不作弯钩。

5) 在凹槽砌块混凝土带中水平受力钢筋(网片)的锚固长度不宜小于 $30d$,且其水平或垂直弯折段的长度不宜小于 $15d$ 和 200mm;钢筋的搭接长度不宜小于 $35d$。

6) 在砌体水平灰缝中,水平受力钢筋的锚固长度不宜小于 $50d$,且其水平或垂直弯折段的长度不宜小于 $20d$ 和 150mm;钢筋的搭接长度不宜小于 $55d$。

7) 在隔皮或错缝搭接的灰缝中,水平受力钢筋的锚固和搭接长度为 $50d+2h$,d 为灰缝受力钢筋的直径;h 为水平灰缝的间距。

4. 钢筋的接头

钢筋的直径大于 22mm 时宜采用机械连接接头,接头的质量应符合有关标准、规范的规定;其他直径的钢筋可采用搭接接头,并应符合下列要求:

1) 钢筋的接头位置宜设置在受力较小处。

2) 受拉钢筋的搭接接头长度不应小于 $1.1l_a$,受压钢筋的搭接接头长度不应小于 $0.7l_a$,且不应小于 300mm。

3) 当相邻接头钢筋的间距不大于 75mm 时,其搭接长度应为 $1.2l_a$。当钢筋间的接头错开 $20d$ 时,搭接长度可不增加。

5. 钢筋的最小保护层厚度

1) 灰缝中钢筋外露砂浆保护层不宜小于 15mm。

2) 位于砌块孔槽中的钢筋保护层,在室内正常环境不宜小于 20mm;在室外或潮湿环境不宜小于 30mm。

对安全等级为一级或设计使用年限大于 50 年的配筋砌体结构构件,钢筋的保护层应比上述规定的厚度至少增加 5mm,或采用经防腐处理的钢筋、抗渗混凝土砌块等措施。

6. 配筋砌块砌体剪力墙、连梁的砌体材料强度等级和截面尺寸

1) 砌块不应低于 MU10。

2) 砌筑砂浆不应低于 Mb7.5。

3) 灌孔混凝土不应低于 Cb20。

对安全等级为一级或设计使用年限大于 50 年的配筋砌块砌体房屋,所用材料的最低强度等级应至少提高一级。

4) 配筋砌块砌体剪力墙厚度、连梁截面宽度不应小于 190mm。

7. 配筋砌块砌体剪力墙的构造配筋

1) 应在墙的转角、端部和孔洞的两侧配置竖向连续的钢筋,钢筋直径不宜小于 12mm。

2) 应在洞口的底部和顶部设置不小于 $2\phi10$ 的水平钢筋,其伸入墙内的长度

不宜小于 35d 和 400mm。

3）应在楼（屋）盖的所有纵横墙处设置现浇钢筋混凝土圈梁、圈梁的宽度和高度宜等于墙厚和块高，圈梁主筋不应少于 4ϕ10，圈梁的混凝土强度等级不宜低于同层混凝土块体强度等级的 2 倍，或该层灌孔混凝土的强度等级，也不应低于 C20。

4）剪力墙其他部位的竖向和水平钢筋的间距不应大于墙长、墙高之半，也不应大于 1200mm。对局部灌孔的砌体，竖向钢筋的间距不应大于 600mm。

5）剪力墙沿竖向和水平方向的构造钢筋配筋率均不宜小于 0.07%。

8. 按壁式框架设计的配筋砌块窗间墙

（1）沿用的规定

应符合上述 6、7 的规定。

（2）窗间墙的截面

1）墙宽不应小于 800mm，也不宜大于 2400mm。

2）墙净高与墙宽之比不宜大于 5。

（3）窗间墙中的竖向钢筋

1）每片窗间墙中沿全高不应少于 4 根钢筋。

2）沿墙的全截面应配置足够的抗弯钢筋。

3）窗间墙的竖向钢筋的含钢率不宜小于 0.2%，也不宜大于 0.8%。

（4）窗间墙中的水平分布钢筋

1）水平分布钢筋应在墙端部纵筋处弯 180°标准钩，或采取等效的措施。

2）水平分布钢筋的间距：在距梁边 1 倍墙宽范围内不应大于 1/4 墙宽，其余部位不应大于 1/2 墙宽。

3）水平分布钢筋的配筋率不宜小于 0.15%。

9. 配筋砌块砌体剪力墙的边缘构件

配筋砌块砌体剪力墙的边缘构件是指在剪力墙端部设置的暗柱或钢筋混凝土柱，所配置的钢筋正是上述承载力计算得的受拉和受压主筋。在边缘构件内要求设置一定数量的竖向和水平钢筋或箍筋，有利于确保剪力墙的整体抗弯能力和延性。

（1）当利用剪力墙端的砌体

1）在距墙端至少 3 倍墙厚范围内的孔中设置不小于 ϕ12 通长竖向钢筋。

2）当剪力墙端部的设计压应力大于 0.8f_g 时，除按 1) 的规定设置竖向钢筋外，尚应设置间距不大于 200mm、直径不小于 6mm 的水平钢筋（钢箍），该水平钢筋宜设置在灌孔混凝土中。

（2）当在剪力墙墙端设置混凝土柱

1）柱的截面宽度宜等于墙厚，柱的截面长度宜为 1~2 倍的墙厚，并不应小于 200mm。

2）柱的混凝土强度等级不宜低于该墙体块体强度等级的 2 倍，或该墙体灌孔混凝土的强度等级,也不应低于C20。

3) 柱的竖向钢筋不宜小于4φ12,箍筋宜为φ6、间距200mm。

4) 墙体中的水平钢筋应在柱中锚固,并应满足钢筋的锚固要求。

5) 柱的施工顺序宜为先砌砌块墙体,后浇捣混凝土。

10. 钢筋混凝土连梁

连梁混凝土的强度等级不宜低于同层墙体块体强度等级的2倍,或同层墙体灌孔混凝土的强度等级,也不应低于C20;其他构造尚应符合现行国家标准《混凝土结构设计规范》的有关规定要求。

11. 配筋混凝土砌块砌体连梁

(1) 连梁的截面

1) 连梁的高度不应小于两皮砌块的高度和400mm。

2) 连梁应采用H形砌块或凹槽砌块组砌,孔洞应全部浇灌混凝土。

(2) 连梁的水平钢筋

1) 连梁上、下水平受力钢筋宜对称、通长设置,在灌孔砌体内的锚固长度不应小于35d和400mm。

2) 连梁水平受力钢筋的含钢率不宜小于0.2%,也不宜大于0.8%。

(3) 连梁的箍筋

1) 箍筋的直径不应小于6mm。

2) 箍筋的间距不宜大于1/2梁高和600mm。

3) 在距支座等于梁高范围内的箍筋间距不应大于1/4梁高,距支座表面第一根箍筋的间距不应大于100mm。

4) 箍筋的面积配筋率不宜小于0.15%。

5) 箍筋宜为封闭式,双肢箍末端弯钩为135°;单肢箍末端的弯钩为180°,或弯90°加12倍箍筋直径的延长段。

12. 配筋砌块砌体柱(图6-19)

1) 材料强度等级符合上述6的规定。

2) 柱截面边长不宜小于400mm,柱高度与截面短边之比不宜大于30。

3) 柱的竖向钢筋的直径不宜小于12mm,数量不应少于4根,全部竖向受力钢筋的配筋率不宜小于0.2%。

4) 柱中箍筋的设置:

① 当竖向钢筋的配筋率大于0.25%,且柱承受的轴向力大于

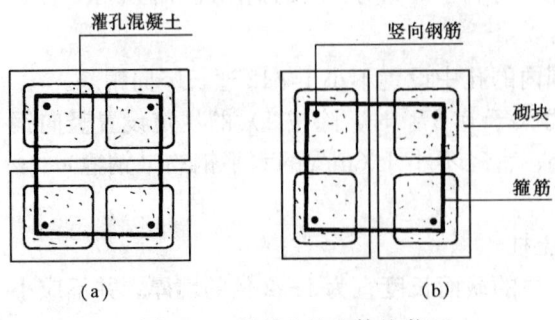

图6-19 配筋砌块砌体柱截面
(a) 下皮;(b) 上皮

受压承载力设计值的25%时，柱应设箍筋；当配筋率小于等于0.25%时，或柱承受的轴向力小于受压承载力设计值的25%时，柱中可不设置箍筋。

②箍筋直径不宜小于6mm。

③箍筋的间距不应大于16倍的纵向钢筋直径、48倍箍筋直径及柱截面短边尺寸中较小者。

④箍筋应封闭，端部应弯钩。

⑤箍筋应设置在灰缝或灌孔混凝土中。

6.4 计 算 例 题
Examples

【例题 6-1】 某房屋中横墙，墙厚240mm，墙的计算高度为3.2m，采用网状配筋砖砌体。由MU10烧结普通砖和M7.5水泥混合砂浆砌筑，配置直径4mm的光面螺旋肋钢丝焊接方格钢筋网，网格尺寸为70mm×70mm（图6-20a），且每4皮砖设置一层钢筋网，施工质量控制等级为B级。该墙承受轴心力设计值为445 kN/m，试验算其受压承载力。

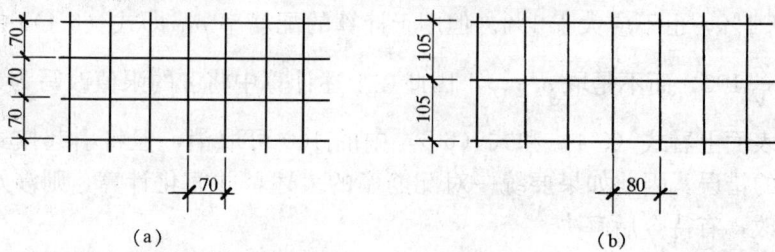

图6-20 钢筋网尺寸

【解】 查表2-4，$f=1.69$MPa（因采用水泥混合砂浆，且墙体截面面积大于$0.2m^2$，该f值不需调整）。

该钢丝的抗拉强度设计值大于320N/mm²，取$f_y=320$N/mm²。

$A_s=12.6mm^2$，$a=70mm$，每皮砖以65mm计得$s_n=260mm$。网格尺寸及间距符合构造要求。

由公式 (6-4)，

$$\rho = \frac{V_s}{V}100 = \frac{2A_s}{as_n}100 = \frac{2\times 12.6}{70\times 260}\times 100 = 0.138 \begin{matrix}>0.1\\<1.0\end{matrix}$$

由公式 (6-5)，

$$f_n = f + \frac{2\rho}{100}f_y = 1.69 + \frac{2\times 0.138}{100}\times 320 = 2.57\text{MPa}$$

$$\beta = \frac{H_0}{h} = \frac{3.2}{0.24} = 13.3 < 16.0$$

由公式（6-2）和公式（6-3），

$$\varphi_n = \varphi_{0n} = \cfrac{1}{1+\cfrac{1+3\rho}{667}\beta^2} = \cfrac{1}{1+\cfrac{1+3\times0.138}{667}\times13.3^2} = \cfrac{1}{1.37} = 0.73$$

取 1000mm 宽横墙进行验算，按公式（6-1）得

$$\varphi_n f_n A = 0.73\times2.57\times240\times1000\times10^{-3} = 450.3\text{kN} > 445\text{kN}，该横墙安全。$$

【讨论】 1）该墙在满足承载力的要求下，可以选用不同的网格尺寸和网的间距。如设置网格尺寸 $a\times b=105\text{mm}\times80\text{mm}$（图 6-20b），并每隔 3 皮砖放一层钢筋网，即 $s_n=195\text{mm}$。按公式（6-4），

$$\rho = \frac{V_s}{V}100 = \frac{(a+b)A_s}{abs_n}100$$

$$= \frac{(105+80)\times12.6}{105\times80\times195}\times100 = 0.142$$

此时的配筋率与上述 $\rho=0.138$ 接近，且略大于 0.138，该网状配筋砖墙的受压承载力亦能满足。

2）对配筋率的表述。按构造要求，网状配筋砖砌体中钢筋的体积配筋率不应小于 0.1%，也不应大于 1%。但用于计算的配筋率 ρ，即式（6-4）中明确规定取 $\rho=\dfrac{V_s}{V}100$，而不是取 $\rho=\dfrac{V_s}{V}$，因此在上述计算中将 ρ 的限值改写为 >0.1 和 <1.0。表面上看式（6-4）和式（6-5）中的 100 可取消，但将引起按式（6-3）计算 φ_{0n} 的错误。因此如果要统一对配筋率的表述，并简化计算，则涉及式（6-3）的修改，有待今后解决。

【例题 6-2】 某房屋中砖柱，截面尺寸为 370mm×490mm，柱的计算高度为 4.2m，采用网状配筋砖砌体。由 MU15 烧结普通砖和 M7.5 水泥混合砂浆砌筑，配置直径 4mm 的光面螺旋肋钢丝焊接方格钢筋网，网格尺寸为 50mm×50mm，每 3 皮砖设置一层钢筋网，施工质量控制等级为 B 级。该柱承受轴向力设计值为 230kN，沿长边方向的弯矩设计值为 18.4kN·m，试验算其受压承载力。

【解】

$$e = \frac{M}{N} = \frac{18.4}{230} = 0.08\text{m}$$

$$\frac{e}{h} = \frac{0.08}{0.49} = 0.163 < 0.17$$

$$\beta = \frac{H_0}{h} = \frac{4.2}{0.49} = 8.57 < 16$$

由 [例题 6-1]，$f_y=320\text{N/mm}^2$，$A_s=12.6\text{mm}^2$，$s_n=195$

$$\rho = \frac{2A_s}{as_n}100 = \frac{2\times12.6}{50\times195}\times100 = 0.258 \begin{matrix}>0.1\\<1.0\end{matrix}$$

查表 2-4，$f=2.07\text{MPa}$

因砌体截面面积 $A=0.37\times0.49=0.181\text{m}^2<0.2\text{m}^2$，按 2.4.4 节中的规定，$\gamma_a=0.8+A=0.8+0.181=0.981$。取
$$f=0.981\times2.07=2.03\text{MPa}$$

由公式 (6-5)，
$$f_n=f+2\left(1-\frac{2e}{y}\right)\frac{\rho}{100}f_y$$
$$=2.03+2\left(1-\frac{2\times0.08}{0.245}\right)\times\frac{0.258}{100}\times320$$
$$=2.03+0.57=2.6\text{MPa}$$

由公式 (6-3)，
$$\varphi_{0n}=\frac{1}{1+\frac{1+3\rho}{667}\beta^2}=\frac{1}{1+\frac{1+3\times0.250}{667}\times8.57^2}=0.835$$

由公式 (6-2)，
$$\varphi_n=\frac{1}{1+12\left[\frac{e}{h}+\sqrt{\frac{1}{12}\left(\frac{1}{\varphi_{0n}}-1\right)}\right]^2}$$
$$=\frac{1}{1+12\left[0.163+\sqrt{\frac{1}{12}\left(\frac{1}{0.838}-1\right)}\right]^2}=0.5$$

上述 φ_{0n} 和 φ_n 亦可查表 6-1 而得。
按公式 (6-1)，
$$\varphi_n f_n A=0.5\times2.6\times0.181\times10^3=235.3\text{kN}>230\text{kN}$$

再对较小边长方向按轴心受压承载力验算
$$\beta=\frac{4.2}{0.37}=11.35$$
$$\varphi_n=\varphi_{0n}=\frac{1}{1+\frac{1+3\times0.258}{667}\times11.35^2}=0.74$$
$$f_n=f+\frac{2\rho}{100}f_y=2.03+\frac{2\times0.258}{100}\times320=3.68\text{MPa}$$

按公式 (6-1)
$$\varphi_n f_n A=0.74\times3.68\times0.181\times10^3=492.9\text{kN}>230\text{kN}$$

以上计算结果表明，该砖柱安全。

【讨论】 如果该砖柱采用 M7.5 水泥砂浆砌筑，则按 2.4.4 节中的规定，还应取强度调整系数 0.9，此时 $f=0.981\times0.9\times2.07=1.83\text{MPa}$，$f_n=1.83+0.57=2.4\text{MPa}$，较上述 $f_n=2.6\text{MPa}$ 降低了约 8%。尽管该砖柱的轴心受压承载力可得到满足，但其偏心受压承载力则不符合要求。应改变钢筋网的网格尺寸

或改变钢筋网的竖向间距,以增大配筋率 ρ,使其承载力得到满足(读者可自行进行计算)。

【例题 6-3】 某混凝土面层组合砖柱,(截面尺寸如图 6-21a 所示),柱计算高度 6.7m,砌体采用烧结煤矸石砖 MU10、水泥混合砂浆 M10 砌筑,面层混凝土 C20,施工质量控制等级 B 级;承受轴向力 $N=359.0$kN,沿截面长边方向作用的弯矩 $M=170.0$kN·m。试按对称配筋选择柱截面钢筋。

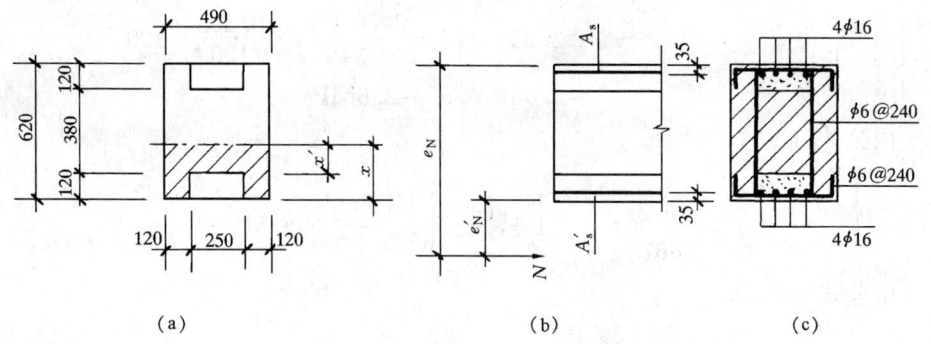

图 6-21 混凝土面层组合砖柱

【解】 1. 验算高厚比

$$\beta = \frac{H_0}{h} = \frac{6.7}{0.49} = 13.7 < 1.2 \times 17 = 20.4,\text{符合要求}。$$

2. 材料强度

组合砖柱中砌体的截面面积为:

$$0.49 \times 0.62 - 2 \times 0.12 \times 0.25 = 0.2438\text{m}^2 > 0.2\text{m}^2$$

取 $\gamma_a = 1$,并由表 2-4 得 $f = 1.89$MPa。

$f_c = 9.6\text{N/mm}^2$;选用 HPB235 级钢筋,$f_y = f'_y = 210\text{N/mm}^2$。

3. 判别大、小偏心受压

因 $e = M/N = 170 \times 10^3/359 = 473.5$mm,先假定为大偏心受压。由公式(6-13)得

$$N = fA' + f_c A'_c$$

设受压区高度为 x,并令 $x' = x - 120$,得

$$359 \times 10^3 = 1.89 \ (2 \times 120 \times 120 + 490x') + 9.6 \times 250 \times 120$$

$$x' = \frac{16568}{926.1} = 17.9\text{mm}$$

得 $x = 120 + 17.9 = 137.9$mm

$$\xi = \frac{x}{h_0} = \frac{137.9}{620 - 35} = 0.236 < 0.55$$

上述大偏心受压假定成立。

4. 计算参数

$$S_s = (490 \times 137.9 - 250 \times 120) \left[620 - 35 - \frac{490 \times 137.9^2 - 250 \times 120^2}{2(490 \times 137.9 - 250 \times 120)} \right]$$
$$= 37571 \times 508.9$$
$$= 19.12 \times 10^6 \text{mm}^3$$

$$S_{c,s} = 250 \times 120 \left(620 - 35 - \frac{120}{2} \right) = 250 \times 120 \times 525$$
$$= 15.75 \times 10^6 \text{mm}^3$$

因 $\beta = \dfrac{H_0}{h} = \dfrac{6.7}{0.62} = 10.8$，由公式（6-8）得

$$e_a = \frac{\beta^2 h}{2200}(1 - 0.022\beta) = \frac{10.8^2 \times 620}{2200}(1 - 0.022 \times 10.8) = 25.06 \text{mm}$$

由公式（6-16）得

$$e_N = e + e_a + \left(\frac{h}{2} - a_s \right) = 473.5 + 25.06 + \left(\frac{620}{2} - 35 \right) = 773.6 \text{mm}$$

5. 选择钢筋

按公式（6-14），
$359 \times 10^3 \times 773.6 = 1.89 \times 19.12 \times 10^6 + 9.6 \times 15.75 \times 10^6 + 1.0 \times 210 (585 - 35) A_s'$

解得

$$A_s' = \frac{90385600}{115500} = 782.5 \text{mm}^2$$

选用 $4\phi16$（$A_s' = 804 \text{mm}^2$）。

每侧钢筋配筋率 $\rho = \dfrac{804}{490 \times 620} = 0.26\% > 0.2\%$。

截面配筋见图 6-21（c）。

【例题 6-4】 某房屋内横墙，墙厚 240mm，计算高度为 4.2m，轴心压力 $N = 360.0$ kN/m，采用烧结普通砖 MU10 和水泥混合砂浆 M5，施工质量控制等级为 B 级。试按砖砌体和钢筋混凝土构造柱组合墙进行设计。

【解】 1. 选择构造柱

设钢筋混凝土构造柱间距为 3.0m，截面为 240mm×240mm，混凝土 C20（$f_c = 9.6 \text{N/mm}^2$），配置 $4\phi12$ 钢筋（$f_y' = 210 \text{N/mm}^2$，$A_s' = 452.4 \text{mm}^2$）。

由表 2-4，$f = 1.5$ MPa。

2. 验算受压承载力

由公式（6-19），$l/b_c = 3/0.24 = 12.5 > 4$

$$\eta = \left[\frac{1}{\dfrac{l}{b_c} - 3} \right]^{\frac{1}{4}} = \left(\frac{1}{12.5 - 3} \right)^{\frac{1}{4}} = 0.57$$

$$\beta = \frac{H_0}{h} = \frac{4.2}{0.24} = 17.5 < \gamma_c[\beta]$$

$$= \left(1 + \gamma \frac{b_c}{l}\right)[\beta] = \left(1 + 1.5 \frac{0.24}{3}\right) \times 24 = 1.12 \times 24 = 26.9$$

因墙体配筋率低，取 $\varphi_{com} = \varphi = 0.68$。

按公式（6-18）

$$\varphi_{com}[fA_n + \eta(f_cA_c + f'_y A'_s)]$$

$= 0.68[1.5(3000 - 240) \times 240 + 0.57(9.6 \times 240 \times 240 + 210 \times 452.4)] \times 10^{-3}$

$= 0.68(993.6 + 369.3)$

$= 926.8 \text{kN} < 3 \times 360.0 = 1080.0 \text{kN}$，承载力不满足要求。

3. 提高承载力

此时宜减小构造柱间距，以提高受压承载力。设构造柱间距为 2.0m，

$$l/b_c = 2.0/0.24 = 8.33$$

$$\eta = \left(\frac{1}{8.33 - 3}\right)^{\frac{1}{4}} = 0.658$$

按公式（6-18）验算受压承载力，

$$\varphi_{com}[fA_n + \eta(f_cA_c + f'_y A'_s)]$$

$= 0.68[1.5(2000 - 240) \times 240 + 0.658(9.6 \times 240 \times 240 + 210 \times 452.4)] \times 10^{-3}$

$= 0.68(633.6 + 426.4)$

$= 720.8 \text{kN} > 2.0 \times 360 = 720.0 \text{kN}$，承载力满足要求。

【**例题 6-5**】　某高层房屋采用配筋混凝土砌块砌体剪力墙承重，其中一墙肢墙高 4.4m，截面尺寸为 190mm×5500mm，采用混凝土砌块 MU20（孔洞率 45%）、水

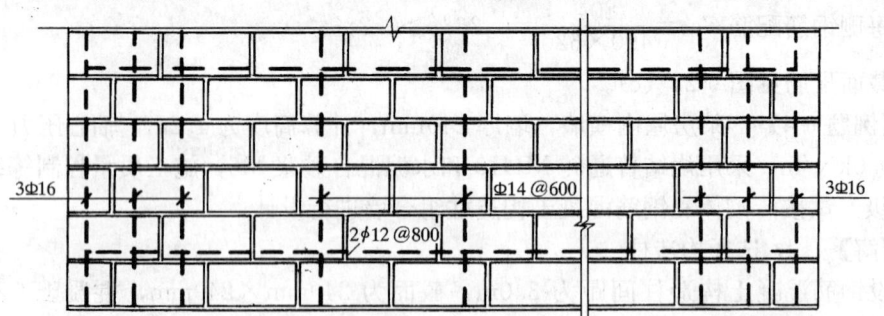

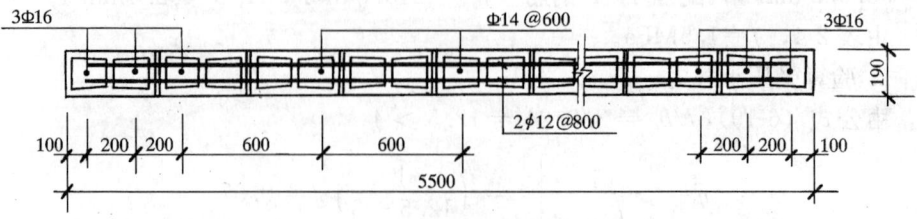

图 6-22　墙肢配筋图

泥混合砂浆 Mb15 砌筑和 Cb30 混凝土灌孔，配筋如图 6-22 所示，施工质量控制等级为 A 级。墙肢承受的内力 $N=1935.0\text{kN}$，$M=1770.0\text{kN}\cdot\text{m}$，$V=400.0\text{kN}$。该验算该墙肢的承载力。

【解】 1. 强度指标

为了确保高层配筋砌块砌体剪力墙的可靠度，该剪力墙的施工质量控制等级选为 A 级，但计算中仍采用施工质量控制等级为 B 级的强度指标。

查表 2-6，$f=5.68\text{MPa}$。

Cb30 混凝土，$f_c=14.3\text{N}/\text{mm}^2$。

HRB335 级钢筋，$f_y=f_y'=300\text{N}/\text{mm}^2$。

因竖向分布钢筋间距为 600mm，则灌孔率 $\rho=33\%$，由公式 (2-18)，$\alpha=\delta\rho=0.45\times0.33=0.15$。

由公式 (2-17)，
$$f_g=f+0.6\alpha f_c=5.68+0.6\times0.15\times14.3=6.97\text{MPa}<2f$$

由图 6-22，剪力墙端部设置 3Φ16 竖向受力主筋，配筋率为 0.53%；竖向分布钢筋Φ14@600，配筋率为 0.135%；水平分布钢筋 2Φ12@800，配筋率 0.15%。所选用钢筋均满足构造要求。

2. 偏心受压正截面承载力验算

轴向力的初始偏心距，
$$e=\frac{M}{N}=\frac{1770\times10^3}{1935}=914.7\text{mm}$$

$\beta=\dfrac{H_0}{h}=\dfrac{4.4}{5.5}=0.8$，由公式(6-8)，

$$e_a=\frac{\beta^2 h}{2200}(1-0.022\beta)$$
$$=\frac{0.8^2\times5500}{2200}(1-0.022\times0.8)=1.57\text{mm}$$

由公式 (6-16)，
$$e_N=e+e_a+\left(\frac{h}{2}-a_s\right)$$
$$=914.7+1.57+\left(\frac{5500}{2}-300\right)=3366.3\text{mm}$$

$$\rho_w=\frac{153.9}{190\times600}=0.135\%$$

$$h_0=h-a_s'=5500-300=5200\text{mm}$$

因采用对称配筋，由公式 (6-26)，
$$x=\frac{N+f_{yw}\rho_w b h_0}{(f_g+1.5f_{yw}\rho_w)b}$$
$$=\frac{1935\times10^3+300\times0.00135\times190\times5200}{(6.97+1.5\times300\times0.00135)\times190}$$

$$=\frac{2335140}{1439.7}=1622\text{mm} \begin{matrix} >2a'_s=2\times300=600\text{mm} \\ <\xi_b h_0=0.53\times5200=2756\text{mm} \end{matrix}$$

为大偏心受压，应按公式（6-25）进行验算。

$Ne_N=1935\times3366.3\times10^{-3}=6513.8\text{kN}\cdot\text{m}$

$$\Sigma f_{yi}S_{si}=0.5f_{yw}\rho_w b(h_0-1.5x)^2$$
$$=[0.5\times300\times0.00135\times190\times(5200-1.5\times1622)^2]\times10^{-6}$$
$$=294.6\text{kN}\cdot\text{m}$$

$$f_g bx\left(h_0-\frac{x}{2}\right)+f'_y A'_s(h_0-a'_s)-\Sigma f_{yi}S_{si}$$
$$=\left[6.97\times190\times1622\left(5200-\frac{1622}{2}\right)+300\times603(5200-300)\right]$$
$$\times10^{-6}-294.6$$
$$=10019.4\text{kN}\cdot\text{m}>6513.8\text{kN}\cdot\text{m}，满足要求。$$

3. 平面外轴心受压承载力验算

$$\beta=\frac{H_0}{h}=\frac{4400}{190}=23.16，由公式（6-21）得$$

$$\varphi_{0g}=\frac{1}{1+0.001\beta^2}=\frac{1}{1+0.001\times23.16^2}=0.65$$

按公式（6-20）得

$$\varphi_{0g}(f_g A+0.8f'_y A'_s)=0.65[6.97\times190\times5500+0.8$$
$$\times300(6\times201+0.00135\times190\times4500)]\times10^{-3}$$
$$=5102.6\text{kN}>1935\text{kN}，满足要求。$$

4. 偏心受压斜截面受剪承载力验算

按公式（6-34），

$0.25f_g bh=0.25\times6.97\times190\times5500\times10^{-3}=1820.9\text{kN}>400\text{kN}$

该墙肢截面符合要求。

由公式（6-36），

$$\lambda=\frac{M}{Vh_0}=\frac{1770\times10^3}{400\times5200}=0.85<1.5，取\lambda=1.5$$

$0.25f_g bh=1820.9\text{kN}<1935.0\text{kN}$，取$N=1820.9\text{kN}$。

由公式（2-19），

$$f_{vg}=0.2f_g^{0.55}=0.2\times6.97^{0.55}=0.58\text{MPa}$$

按公式（6-35）得

$$\frac{1}{\lambda-0.5}\left(0.6f_{vg}bh_0+0.12N\frac{A_w}{A}\right)+0.9f_{yh}\frac{A_{sh}}{s}h_0$$
$$=\left[0.6\times0.58\times190\times5200+0.12\times1820.9\times10^3+0.9\times210\frac{2\times113.1}{800}\times5200\right]$$
$$\times10^{-3}$$

$=343.8+218.5+277.9=840.2 \text{kN} > 400.0 \text{kN}$

满足要求。

思 考 题 与 习 题
Questions and Exercises

6-1 网状配筋砖砌体的抗压强度较无筋砖砌体抗压强度高的原因何在？

6-2 在砖墙、砖柱中，哪种情况下不宜采用网状配筋砌体？

6-3 某柱截面尺寸为 $490\text{mm} \times 620\text{mm}$，计算高度 4.5m；采用烧结普通砖 MU10 和水泥混合砂浆 M5，施工质量控制等级为 B 级；承受轴心压力 650kN。试设计网状钢筋。

6-4 试比较砖砌体和钢筋混凝土面层的组合砖砌体偏心受压构件与钢筋混凝土偏心受压构件计算中，在附加偏心距的取值上有何异同点？

6-5 某混凝土面层组合砖柱，计算高度 6m，采用烧结普通砖 MU10、水泥混合砂浆 M5 和 C20 面层混凝土，其截面尺寸如图 6-21（a）所示，但每侧已配置 $4\phi20$ 钢筋，施工质量控制等级为 B 级。试验算该柱在轴向力为 450kN，沿截面长边方向的初始偏心距为 520mm 时的受压承载力。

6-6 试述砖砌体和钢筋混凝土构造柱组合墙中构造柱的主要作用。

6-7 您认为在设计上运用式（6-18）时应注意哪些问题？

6-8 某房屋横墙，墙厚 240mm，计算高度 4.5m；采用烧结页岩砖 MU10 和水泥混合砂浆 M5，墙内设置间距为 2.0m 的钢筋混凝土构造柱，其截面为 $240\text{mm} \times 240\text{mm}$、C20 混凝土、配 $4\phi12$ 钢筋；施工质量控制等级为 B 级。试计算该组合墙的轴心受压承载力。

6-9 试比较配筋混凝土砌块砌体构件的轴心受压承载力与平面外偏心受压承载力的计算方法的异同点。

6-10 计算配筋混凝土砌块砌体剪力墙正截面偏心受压承载力时，采用了哪些基本假定？

6-11 试比较配筋混凝土砌块砌体剪力墙与钢筋混凝土剪力墙在偏心受压时斜截面受剪承载力计算公式的异同点。

6-12 配筋混凝土砌块砌体剪力墙斜截面破坏形态有哪几种，设计上如何防止？

6-13 某高层房屋中的配筋混凝土砌块砌体剪力墙，墙高 2.8m，截面尺寸为 $190\text{mm} \times 3800\text{mm}$；采用混凝土空心砌块（孔洞率 46%）MU20、水泥混合砂浆 Mb15 砌筑和 Cb40 混凝土全灌孔，已配置 $2\Phi10@200$ 的水平钢筋；施工质量控制等级为 A 级。截面内力 $N=4250\text{kN}$，$M=2000\text{kN} \cdot \text{m}$，$V=800\text{kN}$。试核算该剪力墙斜截面受剪承载力。

6-14 试述配筋混凝土砌块砌体剪力墙中竖向钢筋的锚固方法及其对锚固长度的要求。

6-15 试述配筋混凝土砌块砌体剪力墙中水平钢筋的锚固方法及其对锚固长度的要求。

第7章 砌体结构房屋抗震设计
Seismic Design of Masonry Buildings

学习提要 本章归纳和分析了砌体结构房屋震害现象及原因，重点阐述了砌体房屋抗震设计的一般规定、结构抗震计算方法和主要抗震构造措施，并介绍了配筋砌块砌体剪力墙房屋抗震设计的设计要点。应熟悉砌体结构的抗震性能，掌握砌体结构房屋的抗震验算。

7.1 砌体结构房屋的受震破坏
Earthquake Damage of Masonry Buildings

砌体结构房屋抗震性能相对较差，在国内外历次强震中破坏率很高。砌体结构房屋的直接受震破坏大致有如下震害现象。

图 7-1 房屋倒塌

1. 房屋倒塌（图 7-1）

砌体墙体材料具有脆性性质，地震时，当结构下部、特别是底层墙体强度不足时，易造成房屋底层倒塌，从而导致房屋整体倒塌；当结构上部墙体强度不足时，易造成上部结构倒塌，并将下部砸坏；当结构平、立面体型复杂又处理不当，或个别部位连接不好时，易造成局部倒塌。

2. 墙体开裂破坏（图 7-2）

砌体结构墙体在地震作用下可以产生不同形式的裂缝。与水平地震作用方向相平行的墙体受到平面内地震剪力的作用，在地震剪力以及竖向荷载共同作用下，当该墙体内的主拉应力超过砌体强度时，墙体就会产生斜裂缝或交叉斜裂缝；当墙体在受到与之方向垂直的水平地震剪力作用、发生平面外受弯受剪时，产生水平裂缝。

3. 纵横墙连接处破坏（图 7-3）

在水平及竖向地震作用下，纵横墙连接处受力复杂，应力集中。当纵横墙交接处连接不好时，易出现竖向裂缝，甚至造成纵墙外闪甚至倒塌。

4. 墙角破坏

墙角位于房屋端部，受房屋整体约束较弱，地震作用产生的扭转效应使其产生应力集中，纵横墙的裂缝又往往在此相遇，因而成为抗震薄弱部位之一，其破坏形态多种多样，有受剪斜裂缝、受压竖向裂缝、块材被压碎或墙角脱落。

5. 楼梯间墙体破坏

楼梯间一般开间较小，其墙体分配承担的地震力较多，而在高度方向上又缺乏有力支撑，稳定性差，易造成破坏。

6. 楼盖与屋盖破坏

主要是由于楼板或梁在墙上支承长度不足，缺乏可靠拉结措施，在地震时造成塌落。

图 7-2　墙体开裂

7. 其他破坏

包括：突出于建筑物之外的附属构件（如突出屋面的砖烟囱、女儿墙、屋顶间等）的倒塌；温度缝未能满足抗震缝要求时，缝两侧墙体撞击造成破坏；等等。

砌体结构房屋在地震作用下发生破坏的原因可以归纳为三类：一是由于房屋结构布置不当或者房屋高度或层数超过一定限度所引起的破坏；二是由于结构或构件承载力不足而引起的破坏；三是由于构造或连接方面存在缺陷引起的破坏。

上述震害分析以及下面 7.2～7.4 节的内容主要以一般的砖房和砌块砌体房屋为对象。对于近些年发展起来的配筋混凝土砌块砌体剪力墙结构的抗震设计，将在 7.5 节给予介绍。

图 7-3　纵横墙连接破坏

7.2 砌体结构房屋抗震设计的一般规定
General Considerations for Seismic Design of Masonry Buildings

砌体结构房屋的平面、立面及结构抗震体系的选择与布置，属于结构抗震概念设计范畴，对整个结构的抗震性能具有全局性的影响。

1. 对房屋结构体系的要求

多层砌体房屋结构体系应优先选用横墙承重或纵横墙共同承重的方案，而纵墙承重方案因横向支承少，纵墙易产生平面外弯曲破坏而导致倒塌，故应尽量避免采用。结构体系中纵横墙的布置应均匀对称，沿平面内宜对齐，沿竖向应上下连续，同一轴线上的窗间墙宽度宜均匀。

房屋的平立面布置应尽可能简单、规则，避免由于布置不规则（如：平面上墙体较大的局部突出和凹进，立面上局部的突出和错层）使结构各部分的质量和刚度分布不均匀、质量中心和刚度中心不重合而导致的震害加重。

房屋立面高差在 6m 以上，或房屋有错层、且楼板高差较大，或各部分结构刚度、质量截然不同时，宜设防震缝。防震缝应沿房屋全高设置，两侧均应设置墙体，缝宽应根据地震烈度和房屋高度确定，一般取 50～100mm。

楼梯间不宜设置在房屋的尽端和转角处。烟道、风道、垃圾道等不应削弱墙体，当墙体被削弱时，应对墙体采取加强措施。不宜采用无竖向配筋的附墙烟囱及出屋面的烟囱。不宜采用无锚固的钢筋混凝土预制挑檐。

2. 对房屋总高度和层数的限制

震害调查表明，随着多层砌体结构房屋高度和层数的增加，房屋的破坏程度加重，倒塌率增加。因此合理限制其层数和高度是十分必要的。

一般情况下，多层砌体结构房屋的层数和总高度不应超过表 7-1 的规定。对医院、教学楼等横墙较少（横墙较少指同一层内开间大于 4.2m 的房间占该层总面积的 40% 以上）的多层砌体房屋总高度，应比表 7-1 的规定降低 3m，层数相应减少一层，各层横墙很少的多层砌体房屋，还应根据具体情况再适当降低总高度和减少层数。横墙较少的多层住宅楼，当按规定采取加强措施并满足抗震承载力要求时，其高度和层数可仍按表 7-1 的规定采用。砖和砌块砌体承重房屋的层高，不应超过 3.6m。

3. 对房屋高宽比的限制

随着房屋高宽比（总高度与总宽度之比）的增大，由整体弯曲在墙体中产生的附加应力也将增大，房屋的破坏将加重。多层砌体结构房屋不作整体弯曲验算，但为了保证房屋的整体稳定性，其总高度与总宽度的最大比值宜符合表 7-2 的要求。

4. 对抗震横墙间距的要求

抗震横墙的间距直接影响到房屋的空间刚度。横墙间距过大时，结构的空间刚度小，不能满足楼盖传递水平地震作用到相邻墙体所需的水平刚度的要求。因此，多层砌体房屋中，抗震横墙间距必须根据楼盖的水平刚度给予限制，即不应超过表 7-3 的要求。

多层砌体房屋的层数和总高度限值（m）　　　　　　　　　　表 7-1

房屋类别	最小厚度(mm)	设 防 烈 度							
		6		7		8		9	
		高度	层数	高度	层数	高度	层数	高度	层数
普通黏土砖	240	24	8	21	7	18	6	12	4
多孔砖	240	21	7	21	7	18	6	12	4
多孔砖	190	21	7	18	6	15	5	—	—
混凝土小砌块	190	21	7	21	7	18	6	—	—

注：1. 房屋的总高度指室外地面到檐口或屋面板顶的高度。半地下室可从地下室室内地面算起，全地下室和嵌固条件好的半地下室可从室外地面算起，带阁楼的坡屋面应算到山尖墙的 1/2 高度处。

2. 室内外高差大于 0.6m 时，房屋总高度可比表中数据增加 1m。

房 屋 最 大 高 宽 比　　　　　　　　　　表 7-2

设防烈度	6	7	8	9
最大高宽比	2.5	2.5	2.0	1.5

注：1. 单面走廊房屋的总宽度不包括走廊宽度。

2. 点式、墩式建筑的高宽比宜适当减小。

房屋抗震横墙最大间距（m）　　　　　　　　　　表 7-3

房屋楼盖类别	设 防 烈 度			
	6	7	8	9
现浇和装配整体式钢筋混凝土楼、屋盖	18	18	15	11
装配式钢筋混凝土楼、屋盖	15	15	11	7
木楼、屋盖	11	11	7	4

注：1. 多层砌体房屋的顶层，最大横墙间距可适当放宽。

2. 表中木楼、屋盖的规定不适用于小砌块砌体房屋。

5. 对墙段的局部尺寸要求

为避免结构中的抗震薄弱环节，防止因某些局部部位破坏引起房屋的倒塌，房屋中砌体墙段的局部尺寸限值宜符合表 7-4 的要求。

房屋的局部尺寸限值（m）　　　　　　　　　　表 7-4

部 位	6 度	7 度	8 度	9 度
承重窗间墙最小宽度	1.0	1.0	1.2	1.5
承重外墙尽端至门窗洞边的最小距离	1.0	1.0	1.2	1.5
非承重外墙尽端至门窗洞边的最小距离	1.0	1.0	1.0	1.0
内墙阳角至门窗洞边的最小距离	1.0	1.0	1.5	2.0
无锚固女儿墙（非出入口处）的最大高度	0.5	0.5	0.5	0

注：1. 局部尺寸不足时应采取局部加强措施弥补。

2. 出入口处的女儿墙应有锚固。

6. 对结构材料的要求

烧结普通砖和烧结多孔砖的强度等级不应低于MU10, 其砌筑砂浆强度等级不应低于M5；混凝土小型空心砌块的强度等级不应低于MU7.5, 其砌筑砂浆强度等级不应低于M7.5。

7.3 砌体结构房屋抗震计算
Seismic Analysis and Design of Masonry Buildings

多层砌体房屋的抗震计算，一般可只考虑水平地震作用的影响，而不考虑竖向地震作用的影响。对于平立面布置规则、质量和刚度沿高度分布比较均匀、以剪切变形为主的多层砌体房屋，在进行结构的抗震计算时，宜采用底部剪力法等简化方法。

当多层砌体房屋的高宽比不大于表7-2的规定限值时，由整体弯曲而产生的附加应力不大，可只验算在沿房屋横、纵两个主轴方向水平地震作用影响下，横墙和纵墙在其自身平面内的抗剪能力，而不作整体弯曲验算。

7.3.1 计算简图
Simplified Calculation Model

按底部剪力法计算水平地震作用时，可将多层砌体房屋的楼、屋盖和墙体质量集中在各层楼、屋盖处，采用如图7-4所示下端嵌固的计算简图。其中，底部固定端的位置确定，当基础埋置较浅时，取为基础顶面；当基础埋置较深时，取为室外地坪下0.5m处；当设有整体刚度很大的全地下室时，取为地下室顶板处；当地下室整体刚度较小或为半地下室时，取为地下室室内地坪处。集中在i层楼盖处的质点荷载G_i称为重力荷载代表值，包括i层楼盖自重、作用在该层楼面上的可变荷载和以该楼层为中心上下各半层的墙体自重之和。计算重力荷载

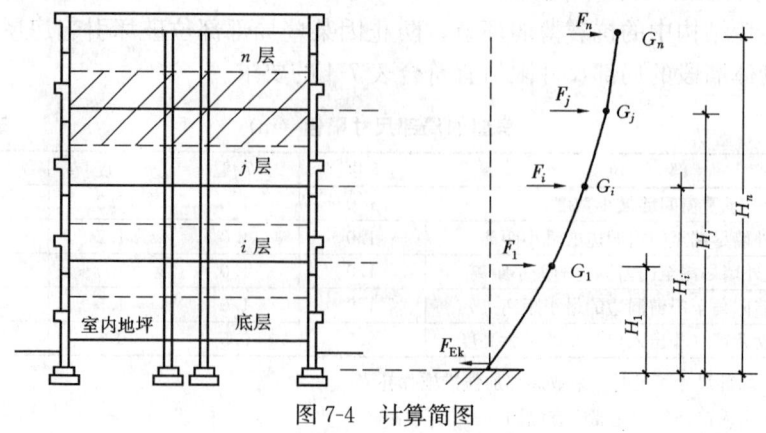

图7-4 计算简图

代表值时,结构和构配件自重取标准值,可变荷载取组合值。各可变荷载的组合值系数应按表 7-5 采用。

可变荷载组合值系数　　　　　　　　　　　　　　表 7-5

可变荷载种类		组合值系数
雪荷载		0.5
屋面活荷载		不考虑
按实际情况考虑的楼面活荷载		1.0
按等效均布荷载考虑的楼面活荷载	藏书库、档案库	0.8
	其他民用建筑	0.5

7.3.2 水平地震作用和楼层地震剪力计算
Calculation of Horizontal Earthquake Actions and Story Shear Forces

采用底部剪力法时,结构总水平地震作用标准值 F_{Ek} 应按下式确定:

$$F_{Ek} = \alpha_1 G_{eq} \tag{7-1}$$

式中　F_{Ek}——结构总水平地震作用标准值;
　　　α_1——相当于结构基本自振周期的水平地震影响系数,多层砌体房屋可取水平地震影响系数最大值 α_{max},采用按表 7-6 中考虑多遇地震影响的取值;
　　　G_{eq}——结构等效总重力荷载,单质点应取总重力荷载代表值,多质点可取总重力荷载代表值的 85%。

水平地震影响系数最大值（阻尼比 0.05）　　　　　表 7-6

地震影响	设防烈度			
	6	7	8	9
多遇地震	0.04	0.08	0.16	0.32
罕遇地震	—	0.50	0.90	1.40

各楼层的水平地震作用 F_i 为

$$F_i = \frac{G_i H_i}{\sum_{j=1}^{n} G_j H_j} F_{Ek} \quad (i = 1, 2, \cdots, n) \tag{7-2}$$

式中　F_i——第 i 楼层的水平地震作用标准值;
　　　G_i, G_j——分别为集中于第 i、j 楼层的重力荷载代表值;
　　　H_i, H_j——分别为第 i、j 楼层质点的计算高度。

作用于第 i 层的楼层地震剪力标准值 V_i 为第 i 层以上地震作用标准值之和,即

$$V_i = \sum_{j=i}^{n} F_j \tag{7-3}$$

且抗震验算时 V_i 应符合如下楼层最小地震剪力要求：

$$V_i > \lambda \sum_{j=i}^{n} G_j \tag{7-3a}$$

式中 λ——剪力系数，7度取 0.016，8度取 0.032，7度取 0.064。

局部突出屋面的屋顶间、女儿墙、烟囱等部位在地震时由于鞭梢效应，导致地震作用放大，因此宜将这些部位的地震作用乘以增大系数 3 后进行设计计算、验算。增大的两倍不应往下传递，但在设计与该突出部分相连的构件时应予计入。

7.3.3 楼层地震剪力在各墙体间的分配
Distribution of Story Shear Forces among Masonry Walls

在多层砌体房屋中，墙体是主要抗侧力构件，楼层地震剪力通过屋盖和楼盖传给各墙体。由于墙体在平面外的抗侧力刚度很小，所以假定沿某一水平方向作用的楼层地震剪力 V_i 全部由同一层墙体中与该方向平行的各墙体共同承担。横向和纵向楼层地震剪力在各墙体间的分配原则是不同的，主要与楼、屋盖的水平刚度和各墙体的抗侧力刚度等因素有关。

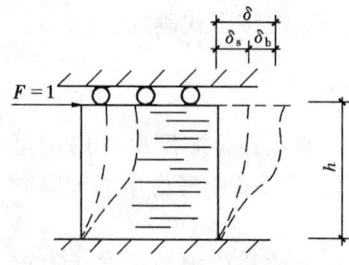

图 7-5 墙体侧移柔度

1. 墙体的抗侧力刚度

设某层墙体如图 7-5 所示，墙体高度、宽度和厚度分别为 h、b 和 t。当其顶端作用有单位侧向力时，产生侧移 δ，称之为该墙体的侧移柔度。如只考虑墙体的剪切变形，其侧移柔度为：

$$\delta_s = \frac{\xi h}{AG} = \frac{\xi h}{btG} \tag{7-4}$$

如只考虑墙体的弯曲变形，其侧移柔度为：

$$\delta_b = \frac{h^3}{12EI} = \frac{1}{Et}\left(\frac{h}{b}\right)^3 \tag{7-5}$$

其中，E 和 G 分别为砌体弹性模量和剪变模量；A 和 I 分别为墙体水平截面面积和惯性矩；ξ 为截面剪变形状系数。

墙体抗侧力刚度 K 是侧移柔度的倒数。对于同时考虑剪切变形和弯曲变形的墙体，由于砌体材料剪变模量 $G=0.4E$，矩形截面剪变形状系数 $\xi=1.2$，因此，其抗侧力刚度为：

$$K = \frac{1}{\delta} = \frac{1}{\delta_s + \delta_b} = \frac{Et}{\frac{h}{b}\left[3+\left(\frac{h}{b}\right)^2\right]} \tag{7-6}$$

如果只考虑剪切变形，其抗侧力刚度为：

$$K = \frac{1}{\delta_s} = \frac{AG}{\xi h} = \frac{Et}{3\dfrac{h}{b}} \qquad (7\text{-}7)$$

2. 横向水平地震剪力的分配

(1) 刚性楼盖

当抗震横墙间距符合表 7-3 的规定时，现浇和装配整体式钢筋混凝土楼、屋盖水平刚度很大，可看作刚性楼盖。即：可以认为在横向水平地震作用下楼、屋盖在其自身水平平面内只发生刚体平移。此时各抗震横墙所分担的水平地震剪力与其抗侧力刚度成正比。因此，宜按同一层各墙体抗侧力刚度的比例分配。设第 i 楼层共有 m 道横墙，则其中第 j 墙所承担的水平地震剪力标准值 V_{ij} 为：

$$V_{ij} = \frac{K_{ij}}{\sum_{k=1}^{m} K_{ik}} V_i \qquad (7\text{-}8)$$

式中 K_{ij}、K_{ik}——分别为第 i 层第 j 墙墙体和第 k 墙墙体的抗侧力刚度。

当可以只考虑剪切变形、且同一层墙体材料及高度均相同时，将式（7-7）代入式（7-8），可得：

$$V_{ij} = \frac{A_{ij}}{\sum_{k=1}^{m} A_{ik}} V_i \qquad (7\text{-}8a)$$

式中 A_{ij}、A_{ik}——分别为第 i 层第 j 墙墙体和第 k 墙墙体的水平截面面积。

(2) 柔性楼盖

对于木楼盖、木屋盖等柔性楼盖砌体结构房屋，楼屋盖水平刚度小，在横向水平地震作用下楼盖在其自身水平平面内受弯变形，可将其视为水平支承在各抗震横墙上的多跨简支梁。各抗震横墙承担的水平地震作用为该墙体从属面积上的重力荷载所产生的水平地震作用。因而各横墙承担的水平地震剪力可按该从属面积上的重力荷载代表值的比例分配。即，第 i 楼层第 j 墙所承担的水平地震剪力标准值 V_{ij} 为：

$$V_{ij} = \frac{G_{ij}}{G_i} V_i \qquad (7\text{-}9)$$

式中 G_i——第 i 层楼层的重力荷载代表值；

G_{ij}——第 i 层第 j 墙墙体从属面积（可近似取为该墙体与两侧面相邻横墙之间各一半范围内的楼盖面积）上的重力荷载代表值。

当楼层重力荷载均匀分布时，式（7-9）可简化为：

$$V_{ij} = \frac{F_{ij}}{F_i} V_i \qquad (7\text{-}9a)$$

式中 F_{ij}、F_i——分别为第 i 层楼层第 j 墙墙体的从属面积和第 i 层楼层的总面积。

(3) 中等刚性楼盖

采用普通预制板的装配式钢筋混凝土楼、屋盖的砌体结构房屋，楼、屋盖水平刚度为中等，可近似采用上述两种分配方法的平均值，即，对有 m 道横墙的第 i 楼层，其中第 j 墙所承担的水平地震剪力标准值 V_{ij} 为：

$$V_{ij} = \frac{1}{2}\left[\frac{K_{ij}}{\sum_{k=1}^{m} K_{ik}} + \frac{G_{ij}}{G_i}\right]V_i \tag{7-10}$$

当可以只考虑墙体剪切变形、同一层墙体材料及高度均相同且楼层重力荷载均匀分布时，式（7-10）可简化为：

$$V_{ij} = \frac{1}{2}\left[\frac{A_{ij}}{\sum_{k=1}^{m} A_{ik}} + \frac{F_{ij}}{F_i}\right]V_i \tag{7-10a}$$

3. 纵向水平地震剪力的分配

在纵向水平地震剪力进行分配时，由于楼盖沿纵向的尺寸一般比横向大得多，其水平刚度很大，各种楼盖均可视为刚性楼盖。因此，纵向水平地震剪力可按同一层各纵墙墙体抗侧力刚度的比例，采用与对刚性楼盖横向水平地震剪力分配相同的式（7-8）或式（7-8a）分配到各纵墙。

4. 同一道墙各墙段间的水平地震剪力分配

砌体结构中，每一道纵墙、横墙往往分为若干墙段。同一道墙按以上方法所分得的水平地震剪力可按各墙段抗侧力刚度的比例分配到各墙段。设第 i 楼层第 j 道墙共有 s 个墙段，则其中第 r 墙段所承担的水平地震剪力 V_{ijr} 为：

$$V_{ijr} = \frac{K_{ijr}}{\sum_{k=1}^{s} K_{ijk}} V_{ij} \tag{7-11}$$

式中 K_{ijr}、K_{ijk}——分别为第 i 层第 j 墙第 r 墙段和第 k 墙段的抗侧力刚度。

墙段抗侧力刚度应按下列原则确定：

(1) 刚度的计算应计及高宽比的影响。这是由于高宽比不同则墙体总侧移中弯曲变形和剪切变形所占的比例不同。这里，高宽比指层高与墙长之比，对门窗洞边的小墙段指洞净高与洞侧墙宽之比。高宽比小于 1 时，可只考虑剪切变形的影响，墙段抗侧力刚度按式（7-7）计算；高宽比不大于 4 且不小于 1 时，应同时考虑弯曲和剪切变形，墙段抗侧力刚度按式（7-6）计算；高宽比大于 4 时，以弯曲变形为主，此时墙体侧移大，抗侧力刚度小，因而可不考虑其刚度，不参与地震剪力的分配。

(2) 墙段宜按门窗洞口划分；对小开口墙段，为了避免计算刚度时的复杂性，可按不开洞的毛墙面计算刚度，再根据开洞率乘以表 7-7 的洞口影响系数。

墙段洞口影响系数   表 7-7

开洞率	0.10	0.20	0.30
影响系数	0.98	0.94	0.88

注：开洞率为洞口面积与墙段毛面积之比，窗洞高度大于层高 50% 时，按门洞对待。

7.3.4 墙体抗震承载力
Earthquake-Resistant Strength of Masonry Walls

1. 砌体抗震抗剪强度和抗震验算设计表达式

地震时砌体结构墙体墙段承受竖向压应力和水平地震剪应力的共同作用，当强度不足时一般发生剪切破坏。我国建筑抗震设计规范经试验和统计归纳，采用砌体强度的正应力影响系数，规定各类砌体沿阶梯形截面破坏的抗震抗剪强度设计值，应按下式确定：

$$f_{VE} = \zeta_N f_{v0} \tag{7-12}$$

式中　f_{VE}——砌体沿阶梯形截面破坏的抗震抗剪强度设计值；

　　　f_{v0}——非抗震设计的砌体抗剪强度设计值，应按表 2-10 及 2.4 节的有关规定采用；

　　　ζ_N——砌体强度的正应力影响系数，可按表 7-8 采用。

砌体强度的正应力影响系数   表 7-8

砌体类别	σ_0/f_{v0}						
	0.0	1.0	3.0	5.0	7.0	10.0	15.0	20.0
黏土砖、多孔砖	0.80	1.00	1.28	1.50	1.70	1.95	2.32	
混凝土砌块		1.25	1.75	2.25	2.60	3.10	3.95	4.80

注：σ_0 为对应于重力荷载代表值的砌体截面平均压应力。

还应当指出的是，地震作用是偶然作用，进行抗震验算时所采用的可靠指标应不同于非抗震设计，为此，引入承载力抗震调整系数 γ_{RE} 以反映对可靠指标的调整。

砌体承载力抗震调整系数   表 7-9

结构构件	受力状态	γ_{RE}
无筋、网状配筋和水平配筋砖砌体剪力墙	受剪	1.0
两端均设构造柱、芯柱的砌体剪力墙	受剪	0.9
组合砖墙、配筋砌块砌体剪力墙	偏心受压、受拉和受剪	0.85
自承重墙	受剪	0.75
无筋砖柱	偏心受压	0.9
组合砖柱	偏心受压	0.85

墙体截面抗震验算设计表达式的一般形式为：
$$S \leqslant R/\gamma_{RE} \tag{7-13}$$

式中 S——结构构件内力组合的设计值，包括组合的弯矩，轴向力和剪力设计值；

R——结构构件承载力设计值；

γ_{RE}——承载力抗震调整系数，应按表 7-9 采用。

2. 墙体截面抗震承载力验算

墙体墙段水平地震剪力确定以后，即可根据式 (7-13) 进行截面抗震承载力验算。可只选择不利情况（即地震剪力较大、墙体截面较小或竖向应力较小的墙段）进行验算。在计算墙体墙段剪力设计值时，水平地震作用分项系数 $\gamma_{Eh} = 1.3$。

(1) 无筋砌体截面抗震承载力验算

1) 烧结普通砖、烧结多孔砖、蒸压灰砂砖、蒸压粉煤灰砖墙体和石墙体的截面抗震承载力，应按下式验算：
$$V \leqslant f_{vE} A/\gamma_{RE} \tag{7-14}$$

式中 V——墙体剪力设计值；

f_{vE}——砌体沿阶梯形截面破坏的抗震抗剪强度设计值；

A——墙体横截面面积；

γ_{RE}——承载力抗震调整系数。

2) 混凝土砌块墙体的截面抗震承载力，应按下式验算：
$$V \leqslant \frac{1}{\gamma_{RE}}[f_{vE}A + (0.3f_t A_c + 0.05 f_y A_s)\zeta_c] \tag{7-15}$$

式中 f_t——灌孔混凝土轴心抗拉强度设计值；

A_c——灌孔混凝土或芯柱截面总面积；

f_y——芯柱钢筋抗拉强度设计值；

A_s——芯柱钢筋截面总面积；

ζ_c——芯柱参与工作系数，可按表 7-10 采用。

芯柱参与工作系数　　　　　　　　表 7-10

填孔率 ρ	$\rho<0.15$	$0.15 \leqslant \rho<0.25$	$0.25 \leqslant \rho<0.5$	$\rho \geqslant 0.5$
ζ_c	0	1.0	1.10	1.15

注：填孔率指芯柱根数（含构造柱和填实孔洞数量）与孔洞总数之比。

当同时设置芯柱和钢筋混凝土构造柱时，构造柱截面可作为芯柱截面，构造柱钢筋可作为芯柱钢筋。

(2) 配筋砖砌体截面抗震承载力验算

1) 网状配筋或水平配筋烧结普通砖、烧结多孔砖墙的截面抗震承载力应按下式验算：

$$V \leqslant \frac{1}{\gamma_{RE}}(f_{vE}A + \zeta_s f_y A_s) \tag{7-16}$$

式中　A——墙体横截面面积，多孔砖墙体取毛截面面积；
　　　ζ_s——钢筋参与工作系数，可按表 7-11 采用；
　　　f_y——钢筋抗拉强度设计值；
　　　A_s——层间墙体竖向截面的钢筋总截面面积，其配筋率应不小于 0.07% 且不大于 0.17%。

钢筋参与工作系数 ζ_s　　　　　　　　　　　　　表 7-11

墙体高宽比	0.4	0.6	0.8	1.0	1.2
ζ_s	0.10	0.12	0.14	0.15	0.12

2) 砖砌体和钢筋混凝土构造柱组合墙的截面抗震承载力应按下式验算：

$$V \leqslant \frac{1}{\gamma_{RE}}[\eta_c f_{vE}(A - A_c) + \zeta f_t A_c + 0.08 f_y A_s] \tag{7-17}$$

式中　A_c——中部构造柱的截面面积（对横墙和内纵墙，$A_c > 0.15A$ 时，取 0.15A，对外纵墙，$A_c > 0.25A$ 时，取 0.25A）；
　　　f_t——中部构造柱的混凝土抗拉强度设计值；
　　　A_s——中部构造柱的纵向钢筋截面总面积（配筋率不小于 0.6%，大于 1.4% 时取 1.4%）；
　　　f_y——钢筋抗拉强度设计值；
　　　ζ——中部构造柱参与工作系数；居中设一根时取 0.5，多于一根时取 0.4；
　　　η_c——墙体约束修正系数；一般情况取 1.0，构造柱间距不大于 2.8m 时取 1.1。

7.4　砌体房屋抗震构造要求
Detailing Requirements for Seismic Design of Masonry Buildings

在抗震设计中，除了满足对房屋总体方案与布置的一般规定和进行必要的抗震验算外，还必须采取合理可靠的抗震构造措施。抗震构造措施可以加强砌体结构的整体性，提高变形能力，特别是对于防止结构在大震时倒塌具有重要作用。

1. 设置钢筋混凝土构造柱、芯柱

钢筋混凝土构造柱或芯柱是多层砌体房屋的一项重要抗震构造措施，不仅可以提高墙体抗剪能力，特别是可以明显提高结构的极限变形能力。这是因为当墙体周边设有钢筋混凝土构造柱和圈梁时，墙体受到较大约束，可使开裂后的墙体以其塑性变形和滑移、摩擦来消耗地震能量；在墙体达到破坏的极限状态下，可使破碎的墙体中的碎块不易散落，从而能保持一定的承载力，使房屋不致突然倒塌。

(1) 钢筋混凝土构造柱的设置要求

一般情况下，多层普通砖、多孔砖房构造柱的设置部位应符合表7-12的要求。外廊式和单面走廊式的多层砖房及教学楼、医院等横墙较少的房屋，应根据房屋增加一层后的层数，按表7-12的要求设置。如果教学楼、医院等横墙较少的房屋为外廊式或单面走廊式，当6度不超过四层、7度不超过三层和8度不超过二层时，应按增加二层后的层数考虑。

蒸压灰砂砖、蒸压粉煤灰砖砌体房屋构造柱的设置部位应符合表7-13的要求。

普通砖、多孔砖房屋构造柱设置　　　　　　　　表 7-12

房屋层数				设 置 部 位	
6度	7度	8度	9度		
四、五	三、四	二、三		外墙四角，错层部位横墙与外纵墙交接处，较大洞口两侧，大房间内外墙交接处	7、8度时，楼、电梯间的四角，每隔15m左右的横墙与外墙交接处
六、七	五	四	二		隔开间横墙（轴线）与外墙交接处，山墙与内纵墙交接处，7～9度时，楼、电梯间的四角
八	六、七	五、六	三、四		内墙（轴线）与外墙交接处，内墙的局部较小墙垛处，7～9度时，楼、电梯间的四角，9度时内纵墙与横墙（轴线）交接处

蒸压灰砂砖、蒸压粉煤灰砖房屋构造柱设置要求　　　　　　表 7-13

房屋层数			设 置 部 位
6度	7度	8度	
四、五	三、四	二、三	外墙四角、楼（电）梯间四角，较大洞口两侧，大房间内外墙交接处
六	五	四	外墙四角、楼（电）梯间四角，较大洞口两侧，大房间内外墙交接处，山墙与内纵墙交接处，隔开间横墙（轴线）与外墙交接处
七	六	五	外墙四角、楼（电）梯间四角，较大洞口两侧，大房间内外墙交接处，各内墙（轴线）与外墙交接处，8度时，内纵墙与横墙（轴线）交接处
八	七	六	较大洞口两侧，所有纵横墙交接处，且构造柱间距不宜大于4.8m

构造柱最小截面可采用240mm×180mm，纵向钢筋宜采用4φ12，箍筋间距不宜大于250mm，且在柱上下端宜适当加密。7度时超过六层、8度时超过五层和9度时，构造柱宜加强配筋（即：纵向钢筋宜采用4φ14，箍筋间距不应大于200mm），房屋四角的构造柱可适当加大截面及配筋。

构造柱与墙连接处应砌成马牙槎，并应沿墙高每隔500mm设2φ6拉结钢筋，每边伸入墙内不宜小于1m。构造柱与圈梁连接处，构造柱的纵筋应穿过圈梁的主筋，保证构造柱纵筋上下贯通。

构造柱可不单独设置基础，但应伸入室外地面下500mm，或锚入浅于500mm的基础圈梁内。

房屋高度和层数接近表7-1的限值时，纵、横墙内构造柱应按规范要求采取加密加强措施。

(2) 钢筋混凝土芯柱的设置要求

混凝土小型空心砌块房屋，应按表7-14的要求设置钢筋混凝土芯柱，对医院、教学楼等横墙较少的房屋，应根据房屋增加一层后的层数，按表7-14的要求设置芯柱。

混凝土小型空心砌块房屋芯柱设置要求　　　　　　　　　　表7-14

房屋层数			设置部位	设置数量
6度	7度	8度		
四、五	三、四	二、三	外墙转角，楼梯间四角；大房间内外墙交接处，隔15m或单元横墙与外纵墙交接处	外墙转角，灌实3个孔，内外墙交接处，灌实4个孔
六	五	四	外墙转角，楼梯间四角，大房间内外墙交接处，山墙与内纵墙交接处，隔开间横墙（轴线）与外纵墙交接处	
七	六	五	外墙转角，楼梯间四角，各内墙（轴线）与外纵墙交接处；8、9度时，内纵墙与横墙（轴线）交接处和洞口两侧	外墙转角，灌实5个孔，内外墙交接处，灌实4个孔，内墙交接处，灌实4~5个孔，洞口两侧各灌实1个孔
	七	六	同上，横墙内芯柱间距不宜大于2m	外墙转角，灌实7个孔，内外墙交接处，灌实5个孔，内墙交接处，灌实4~5个孔，洞口两侧各灌实1个孔

注：外墙转角，内外墙交接处，楼、电梯间四角等部位，应允许采用钢筋混凝土构造柱代替部分芯柱。

混凝土小型空心砌块房屋芯柱截面不宜小于120mm×120mm。芯柱混凝土强度等级不应低于Cb20。芯柱的竖向插筋应贯通墙身且与圈梁连接，插筋不应小于1ϕ12，7度时超过五层、8度时超过四层和9度时，插筋不应小于1ϕ14。

芯柱应伸入室外地面下500mm或锚入浅于500mm的基础圈梁内。

为提高墙体抗震承载力而设置的芯柱，宜在墙体内均匀布置，最大净距不宜大于2.0m。

2. 合理布置圈梁

圈梁在砌体结构中的作用是多方面的。作为一项抗震构造措施，圈梁可加强墙体间的连接以及墙体与楼盖间的连接；圈梁与构造柱一起，不仅增强了房屋的整体性和空间刚度，还可以约束墙体，限制裂缝的展开，提高墙体的稳定性，减轻不均匀沉降的不利影响。震害调查表明，凡合理设置圈梁的房屋，其震害都较轻；否则，震害要重得多。

(1) 多层砖房的现浇钢筋混凝土圈梁设置要求

采用装配式钢筋混凝土楼、屋盖或木楼、屋盖的多层黏土砖、多孔砖房，横墙承重时应按表 7-15 的要求设置圈梁；纵墙承重时每层均应设置圈梁，且抗震墙上的圈梁间距应比表内要求适当加密。现浇或装配整体式钢筋混凝土楼、屋盖与墙体有可靠连接的房屋可不另设圈梁，但楼板沿墙体周边应加强配筋并应与相应的构造柱钢筋可靠连接。

砖房现浇钢筋混凝土圈梁设置要求　　　　　　表 7-15

墙类	烈　　　度		
	6、7 度	8 度	9 度
外墙和内纵墙	屋盖处及每层楼盖处	屋盖处及每层楼盖处	屋盖处及每层楼盖处
内横墙	同上；屋盖处间距不应大于 7m，楼盖处间距不应大于 15m；构造柱对应部位	同上；屋盖处沿所有横墙，且间距不应大于 7m，楼盖处间距不应大于 7m；构造柱对应部位	同上，各层所有横墙

现浇钢筋混凝土圈梁应闭合，遇有洞口圈梁应上下搭接。圈梁宜与预制板设在同一标高处或紧靠板底。圈梁在表 7-15 中要求的间距内无横墙时，应利用梁或板缝中配筋替代圈梁。

圈梁的截面高度不应小于 120mm，配筋应符合表 7-16 的要求。基础圈梁的截面高度不应小于 180mm，配筋不应少于 4ϕ12。

圈梁配筋要求　　　　　　表 7-16

配　筋	6、7 度	8 度	9 度
最小纵筋	4ϕ10	4ϕ12	4ϕ14
最大箍筋间距（mm）	250	200	150

蒸压灰砂砖、蒸压粉煤灰砖砌体房屋圈梁的设置，当 6 度 8 层、7 度 7 层和 8 度 6 层时，应在所有楼（屋）盖处的纵横墙上设置混凝土圈梁，圈梁的截面尺寸不小于 240mm×180mm，圈梁主筋不应少于 4ϕ12，箍筋 ϕ6@200。其他情况下圈梁的设置和构造要求应符合多层黏土砖、多孔砖房屋的有关规定。

(2) 砌块房屋的现浇钢筋混凝土圈梁设置要求

砌块房屋现浇钢筋混凝土圈梁应按表 7-17 的要求设置，圈梁宽度不应小于 190mm，配筋不应少于 4ϕ12，箍筋间距不应大于 200mm。

砌块房屋现浇钢筋混凝土圈梁设置要求　　　　　　表 7-17

墙体类别	设　防　烈　度	
	6、7 度	8 度
外墙及内纵墙	屋盖处及每层楼盖处	屋盖处及每层楼盖处
内横墙	同上；屋盖处沿所有横墙；楼盖处间距不应大于 7m；构造柱对应部位	同上，各层所有横墙

3. 加强楼梯间的抗震构造措施

楼梯间是砌体结构中受到的地震作用较大且抗震较为薄弱的部位，所以，楼梯间的震害往往比较严重。在抗震设计时，楼梯间不宜布置在房屋端部的第一开间及转角处，不宜开设过大的窗洞，以免将楼层圈梁切断。同时，还要符合以下要求。

8度和9度时，顶层楼梯间横墙和外墙宜沿墙高每隔500mm设2φ6通长钢筋，9度时其他各层楼梯间可在休息平台或楼层半高处设置60mm厚的配筋砂浆带，砂浆强度等级不宜低于M7.5，钢筋不宜少于2φ10。

8度和9度时，楼梯间及门厅内墙阳角处的大梁支承长度不应小于500mm，并应与圈梁连接。

装配式楼梯段应与平台板的梁可靠连接，不应采用墙中悬挑式踏步或踏步竖肋插入墙体的楼梯，不应采用无筋砖砌栏板。

突出屋顶的楼、电梯间，构造柱应伸到顶部，并与顶部圈梁连接，内外墙交接处应沿墙高每隔500mm设2φ6拉结钢筋，且每边伸入墙内不应小于1m。

4. 加强结构各部位的连接

震害分析表明，砌体结构墙体之间、墙体与楼盖之间以及结构其他部位之间连接不牢是造成震害的重要原因。为此，规范规定了除设置构造柱和圈梁之外的其他抗震加强构造措施。

(1) 加强楼屋盖构件与墙体之间的连接及楼屋盖的整体性

现浇钢筋混凝土楼板或屋面板伸进纵、横墙内的长度，均不应小于120mm。

装配式钢筋混凝土楼板或屋面板，当圈梁未设在板的同一标高时，板端伸进外墙的长度不应小于120mm，伸进内墙的长度不应小于100mm，在梁上不应小于80mm。当板的跨度大于4.8m并与外墙平行时，靠外墙的预制板侧边应与墙或圈梁拉结。

房间端部大房间的楼盖，8度时房屋的屋盖和9度时房屋的楼、屋盖，当圈梁设在板底时，钢筋混凝土预制板应相互拉结，并与梁、墙或圈梁拉结。

楼、屋盖的钢筋混凝土梁或屋架应与墙、柱（包括构造柱）或圈梁可靠连接，梁与砖柱的连接不应削弱柱截面，各层独立砖柱顶部应在两个方向均有可靠连接。

(2) 墙体间的连接及其他部位的连接

7度时长度大于7.2m的大房间，及8度9度时，外墙转角及内外墙交接处，如未设构造柱，应沿墙高每隔500mm配置2φ6拉结钢筋，并每边伸入墙内不宜小于1m。

后砌的非承重隔墙应沿墙高每隔500mm配置2φ6拉结钢筋与承重墙或柱拉结，每边伸入墙内不少于500mm。8度和9度时，长度大于5m的后砌隔墙墙顶应与楼板或梁拉结。

砌块房屋墙体交接处或芯柱与墙体连接处应设置拉结钢筋网片，网片可采用 $\phi 4$ 钢筋点焊而成，沿墙高每隔 600mm 设置，每边伸入墙内不宜小于 1m。

预制阳台应与圈梁和楼板的现浇板带可靠连接。

门窗洞口处不应采用无筋砖过梁，过梁支承长度：6～8 度不小于 240mm，9 度时不小于 360mm。

7.5 配筋混凝土砌块砌体剪力墙结构抗震设计
Seismic Design of Reinforced Concrete Masonry Shearwall Structures

配筋砌块砌体剪力墙是砌体结构中抗震性能好的一种新型结构体系。国外的研究、工程实践和震害表明，这种结构形式承载力高、延性好，其受力性能和现浇钢筋混凝土剪力墙结构很相似，而且具有施工方便、造价较低的特点，在欧美等发达国家已得到较广泛的应用。美国的抗震规范把配筋混凝土砌块砌体剪力墙结构和配筋混凝土剪力墙结构划分为同样的适用范围。

本节简述我国规范对配筋砌块砌体剪力墙的抗震设计要点。

7.5.1 配筋砌块砌体剪力墙房屋抗震设计的一般规定
General Considerations for Seismic Design

1. 房屋高度和高宽比限值

配筋砌块砌体剪力墙结构房屋的最大高度和最大高宽比，分别不宜超过表 7-18 和表 7-19 的规定。

配筋砌块砌体剪力墙房屋适用的最大高度（m）　　　　表 7-18

最小墙厚	6 度	7 度	8 度
190mm	54	45	30

注：1. 房屋高度指室外地面至檐口的高度。
　　2. 房屋的高度超过表内高度时，应根据专门的研究，采取有效的加强措施。

配筋砌块砌体剪力墙房屋的最大高宽比　　　　表 7-19

设防烈度	6 度	7 度	8 度
最大高宽比	5	4	3

2. 抗震等级的划分

抗震等级的划分，是基于不同烈度、不同结构类型和不同房屋高度对结构抗震性能的不同要求，包括考虑了结构构件的延性和耗能能力。抗震等级由一级到四级，依次表示在抗震要求上很严格、严格、较严格和一般。

建筑抗震设防分类为丙类建筑的配筋砌块砌体剪力墙结构的抗震等级划分见

表 7-20。

配筋砌块砌体剪力墙结构抗震等级的划分　　　　　　表 7-20

结构类型	设防烈度					
	6 度		7 度		8 度	
高度（m）	≤24	>24	≤24	>24	≤24	>24
抗震等级	四	三	三	二	二	一

注：1. 对四级抗震等级，除有特殊规定外，均按非抗震设计采用。
　　2. 当配筋砌体剪力墙结构为底部大空间时，其抗震等级宜按表中规定提高一级。

3. 结构布置

配筋砌块砌体剪力墙房屋的结构布置应符合抗震设计规范的有关规定，避免不规则建筑结构方案，并应符合下列要求：

1) 平面形状宜简单、规则、凹凸不宜过大，竖向布置宜规则、均匀、避免过大的外挑和内收。

2) 纵横方向的剪力墙宜拉通对齐，每个墙段不宜太长，较长的剪力墙可用楼板或弱连梁分为若干个独立的墙段，每个独立墙段的总高度与墙段长度之比不宜小于 2。门洞口宜上下对齐、成列布置。

3) 抗震横墙的最大间距在 6 度、7 度、8 度时，分别为 15m、15m 和 11m。

4. 防震缝的设置

房屋宜选用规则、合理的建筑结构方案不设防震缝，当必须设置防震缝时，其最小宽度应符合下列要求：当房屋高度不超过 20m 时，可采用 70mm；当超过 20m 时，6 度、7 度、8 度相应每增加 6m、5m、4m，宜加宽 20mm。

5. 层间弹性位移角限值

配筋砌块砌体剪力墙结构应进行多遇地震作用下的抗震变形验算，其楼层内最大的层间弹性位移角不宜超过 1/1000。

7.5.2　配筋砌块砌体剪力墙抗震计算
Calculation for Seismic Design

1. 地震作用计算

配筋砌块砌体剪力墙应按抗震设计规范的规定进行地震作用计算。一般可只考虑水平地震作用的影响。对于平立面布置规则的房屋，宜采用振型分解反应谱法。高度不超过 40m、以剪切变形为主且质量和刚度沿高度分布比较均匀的房屋可采用底部剪力法。

2. 配筋砌块砌体剪力墙抗震承载力验算

配筋砌块砌体剪力墙抗震承载力验算的一般表达式为式 (7-13)。

(1) 配筋砌块砌体剪力墙墙体抗震承载力验算

1) 正截面抗震承载力验算

考虑地震作用组合的配筋砌块砌体剪力墙墙体可能是偏心受压构件或偏心受拉构件，其正截面承载力可采用 6.3 节中相应的非抗震设计计算公式，但在公式右端应除以承载力抗震调整系数 $\gamma_{RE}=0.85$。

2) 斜截面抗震承载力验算

配筋砌块砌体剪力墙抗剪承载力应按下列规定验算：

①剪力设计值的调整。为提高配筋砌块砌体剪力墙的整体抗震能力，防止剪力墙底部在弯曲破坏前发生剪切破坏，保证强剪弱弯的要求，因而在进行斜截面抗剪承载力验算且抗震等级一、二、三级时应对墙体底部加强区范围内剪力设计值 V 进行调整，按下式取值：

$$V = \eta_{vw} V_w \tag{7-18}$$

式中 V_w——考虑地震作用组合的剪力墙计算截面的剪力设计值；

η_{vw}——剪力增大系数，一级抗震等级取 1.6，二级取 1.4，三级取 1.2，四级取 1.0。

②配筋砌块砌体剪力墙的截面尺寸应符合如下要求：

当剪跨比大于 2 时

$$V \leqslant \frac{1}{\gamma_{RE}} 0.2 f_g b h \tag{7-19}$$

当剪跨比小于或等于 2 时

$$V \leqslant \frac{1}{\gamma_{RE}} 0.15 f_g b h \tag{7-20}$$

③偏心受压配筋砌块砌体剪力墙，其斜截面受剪承载力按下式计算：

$$V \leqslant \frac{1}{\gamma_{RE}} \left[\frac{1}{\lambda - 0.5} \left(0.48 f_{vg} b h_0 + 0.1 N \frac{A_w}{A} \right) + 0.72 f_{yh} \frac{A_{sh}}{s} h_0 \right] \tag{7-21}$$

式中 λ——计算截面的剪跨比，$\lambda = \frac{M}{V h_0}$，当 $\lambda \leqslant 1.5$ 时，取 $\lambda = 1.5$；当 $\lambda \geqslant 2.2$ 时，取 $\lambda = 2.2$；

M——考虑地震作用组合的剪力墙计算截面的弯矩设计值；

V——考虑地震作用组合的剪力墙计算截面的剪力设计值；

N——重力荷载代表值产生的剪力墙计算截面的轴向力设计值，取值不大于 $0.2 f_g b h$。

④偏心受拉配筋砌块砌体剪力墙，其斜截面受剪承载力应按下式计算：

$$V \leqslant \frac{1}{\gamma_{RE}} \left[\frac{1}{\lambda - 0.5} \left(0.48 f_{vg} b h_0 - 0.17 N \frac{A_w}{A} \right) + 0.72 f_{yh} \frac{A_{sh}}{s} h_0 \right] \tag{7-22}$$

（注：当 $0.48 f_{vg} b h_0 - 0.17 N \frac{A_w}{A} < 0$ 时，取 $0.48 f_{vg} b h_0 - 0.17 N \frac{A_w}{A} = 0$。）

(2) 配筋砌块砌体剪力墙连梁抗震承载力验算

1) 正截面抗震承载力验算

配筋砌块砌体剪力墙连梁的正截面受弯承载力可按现行国家标准《混凝土结构设计规范》受弯构件的有关规定计算；当采用配筋砌块砌体连梁时，应采用相应的计算参数和指标。连梁的正截面承载力应除以相应的承载力抗震调整系数。

2) 斜截面抗震承载力验算

配筋砌块砌体剪力墙连梁抗剪承载力应按下列规定验算：

①连梁剪力设计值的调整。在进行斜截面抗剪承载力验算且抗震等级一、二、三级时，配筋砌块砌体剪力墙连梁的剪力设计值应按下式调整（四级时可不调整）：

$$V_b = \eta_V \frac{M_b^l + M_b^r}{l_n} + V_{Gb} \tag{7-23}$$

式中 V_b——连梁的剪力设计值；

η_V——剪力增大系数，一级时取 1.3；二级时取 1.2；三级时取 1.1；

M_b^l、M_b^r——分别为梁左、右端考虑地震作用组合的弯矩设计值；

V_{Gb}——在重力荷载代表值作用下，按简支梁计算的截面剪力设计值；

l_n——连梁净跨。

②配筋砌块砌体剪力墙连梁的截面尺寸应符合如下要求：

当跨高比大于 2.5 时

$$V_b \leqslant \frac{1}{\gamma_{RE}} 0.2 f_g b h_0 \tag{7-24}$$

当跨高比小于或等于 2.5 时

$$V_b \leqslant \frac{1}{\gamma_{RE}} 0.15 f_g b h_0 \tag{7-25}$$

③配筋砌块砌体剪力墙连梁的斜截面受剪承载力应按下列公式计算：

当跨高比大于 2.5 时

$$V_b \leqslant \frac{1}{\gamma_{RE}} \left(0.64 f_{vg} b h_0 + 0.8 f_{yv} \frac{A_{sv}}{s} h_0 \right) \tag{7-26}$$

当跨高比小于或等于 2.5 时

$$V_b \leqslant \frac{1}{\gamma_{RE}} \left(0.56 f_{vg} b h_0 + 0.7 f_{yv} \frac{A_{sv}}{s} h_0 \right) \tag{7-27}$$

式中 A_{sv}——配置在同一截面内的箍筋各肢的全部截面面积；

f_{yv}——箍筋的抗拉强度设计值。

当连梁跨高比大于 2.5 时，宜采用钢筋混凝土连梁，按《混凝土结构设计规范》（GB 50010—2002）的有关规定计算。

7.5.3 配筋砌块砌体剪力墙房屋抗震构造措施
Detailing Requirements

1) 配筋砌块砌体剪力墙的厚度,一级抗震等级剪力墙不应小于层高的 1/20,二、三、四级剪力墙不应小于层高的 1/25,且不应小于 190mm。

2) 配筋砌块砌体剪力墙的水平和竖向分布钢筋应符合表 7-21 和表 7-22 的要求,剪力墙底部加强区的高度不小于房屋高度的 1/6,且不小于两层的高度。

剪力墙水平分布钢筋的配筋构造　　　　表 7-21

抗震等级	最小配筋率(%)		最大间距(mm)	最小直径(mm)
	一般部位	加强部位		
一级	0.13	0.13	400	$\phi 8$
二级	0.11	0.13	600	$\phi 8$
三级	0.10	0.11	600	$\phi 6$
四级	0.07	0.10	600	$\phi 6$

剪力墙竖向分布钢筋的配筋构造　　　　表 7-22

抗震等级	最小配筋率(%)		最大间距(mm)	最小直径(mm)
	一般部位	加强部位		
一级	0.13	0.13	400	$\phi 12$
二级	0.11	0.13	600	$\phi 12$
三级	0.10	0.11	600	$\phi 12$
四级	0.07	0.10	600	$\phi 12$

3) 受力钢筋的锚固和接头。考虑地震作用组合的配筋砌块砌体剪力墙结构构件,其配置的受力钢筋的锚固和接头,除应符合 6.3.5 节的规定外,尚应符合下列要求:

①竖向钢筋和纵向钢筋的最小锚固长度 l_{ae},应按下列规定采用:

一、二级抗震等级　　$l_{ae}=1.15l_a$

三级抗震等级　　$l_{ae}=1.05l_a$

四级抗震等级　　$l_{ae}=1.0l_a$

l_a 为受拉钢筋的锚固长度。

②钢筋搭接接头,对一、二级抗震等级不小于 $1.2l_a+5d$;对三、四级不小于 $1.2l_a$。

4) 配筋砌块砌体剪力墙按下列情况设置边缘构件,除应符合 6.3.5 节第 9 项的规定外,当配筋砌块砌体剪力墙的压应力大于 $0.5f_g$ 时,边缘构件构造配筋尚应符合表 7-23 的要求。

7.5 配筋混凝土砌块砌体剪力墙结构抗震设计

剪力墙边缘构件构造配筋 表 7-23

抗震等级	底部加强区	其他部位	箍筋或拉结筋直径和间距
一级	3ϕ20（4ϕ16）	3ϕ18（4ϕ16）	ϕ8@200
二级	3ϕ18（4ϕ16）	3ϕ16（4ϕ14）	ϕ8@200
三级	3ϕ14（4ϕ12）	3ϕ14（4ϕ12）	ϕ8@200
四级	3ϕ12（4ϕ12）	3ϕ12（4ϕ12）	ϕ6@200

注：表中括号中数字为混凝土柱时的配筋。

5）剪力墙的墙肢应满足下列要求：

①剪力墙小墙肢的高度不宜小于 3 倍墙厚，也不应小于 600mm，小墙肢的配筋应符合表 7-23 的要求，一级剪力墙小墙肢的轴压比不宜大于 0.5，二、三级剪力墙的轴压比不宜大于 0.6。

②单肢剪力墙和由弱连梁连接的剪力墙，宜满足在重力荷载作用下，墙体平均轴压比 $N/f_{\rm g}A_{\rm w}$ 不大于 0.5 的要求。

6）配筋砌块砌体剪力墙的水平分布钢筋（网片）应沿墙长连续设置，除满足第 6.3 节中所述一般锚固搭接要求外，尚应符合下列规定：

①水平分布钢筋可绕主筋弯 180°弯钩，弯钩端部直线长度不宜小于 $12d$，该钢筋亦可垂直弯入端部灌孔混凝土中锚固，其弯折段长度，对一、二级抗震等级不应小于 250mm；对三、四级抗震等级不应小于 200mm。

②当采用焊接网片作为剪力墙水平钢筋时，应在钢筋网片的弯折端部加焊两根直径与抗剪钢筋相同的横向钢筋，弯入灌孔混凝土的长度不应小于 150mm。

7）配筋砌块砌体剪力墙连梁的构造要求：当采用混凝土连梁时，应符合混凝土强度的有关规定以及《混凝土结构设计规范》中有关地震区连梁的构造要求；当采用配筋砌块砌体连梁时，除应符合配筋砌块砌体连梁的一般规定外，尚应符合下列要求：

①连梁上下水平钢筋锚入墙体内的长度，一、二级抗震等级不应小于 $1.1l_{\rm a}$，三、四级抗震等级不应小于 $l_{\rm a}$，且不应小于 600mm。

②连梁的箍筋应沿梁长布置，并应符合表 7-24 的要求。

③在顶层连梁伸入墙体的钢筋长度范围内，应设置间距不大于 200mm 的构造箍筋，箍筋直径应与连梁的箍筋直径相同。

连梁箍筋的构造要求 表 7-24

抗震等级	箍筋加密区			箍筋非加密区	
	长度	间距（mm）	直径	间距（mm）	直径
一级	$2h$	100	ϕ10	200	ϕ10
二级	$1.5h$	200	ϕ8	200	ϕ8
三级	$1.5h$	200	ϕ8	200	ϕ8
四级	$1.5h$	200	ϕ8	200	ϕ8

注：h 为连梁截面高度。加密区长度不小于 600mm。

④跨高比小于 2.5 的连梁，在自梁底以上 200mm 和梁顶以上 200mm 范围内，每隔 200mm 增设水平分布钢筋，当一级抗震时，不小于 $2\phi12$，二～四级抗震时为 $2\phi10$，水平分布钢筋伸入墙内的长度不小于 $30d$ 和 300mm。

⑤连梁不宜开洞，当需要开洞时，应在跨中梁高 1/3 处预埋外径不大于 200mm 的钢套管，洞口上下的有效高度不应小于 1/3 梁高，且不应小于 200mm，洞口处应配补强钢筋并在洞周边浇筑灌孔混凝土，被洞口削弱的截面应进行受剪承载力验算。

8) 配筋砌块砌体剪力墙房屋的楼、屋盖宜采用现浇钢筋混凝土结构；抗震等级为四级时，也可采用装配整体式钢筋混凝土楼盖。配筋砌块砌体剪力墙房屋的楼、屋盖处，均应按下列规定设置钢筋混凝土圈梁：

①圈梁混凝土强度等级不宜小于砌块强度等级的 2 倍，或该层灌孔混凝土的强度等级，且不应低于 C20；

②圈梁的宽度宜为墙厚，高度不宜小于 200mm；纵向钢筋直径不应小于墙中水平分布钢筋的直径，且不宜小于 $4\phi12$；箍筋直径不应小于 $\phi6$，间距不大于 200mm。

9) 配筋砌块砌体剪力墙房屋的基础与剪力墙结合处的受力钢筋，当房屋高度超过 50m 或一级抗震等级时宜采用机械连接或焊接，其他情况可采用搭接。当采用搭接时，一、二级抗震等级时搭接长度不宜小于 $50d$，三、四级抗震等级时不宜小于 $40d$（d 为受力钢筋直径）。

7.6 计 算 例 题
Examples

【例题 7-1】 某四层教学楼的平、剖面图如图 7-6 所示，屋盖、楼盖采用预制钢筋混凝土空心楼板，墙体采用烧结粉煤灰砖和水泥混合砂浆砌筑，砖的强度等级为 MU10，砂浆的强度等级为 M5，施工质量控制等级为 B 级。底层外纵墙墙厚为 370mm，底层其他墙及二～四层所有墙厚为 240mm。抗震设防烈度为 7 度，设计地震分组为第一组，Ⅱ类场地。屋面均布恒载标准值为 $4.896kN/m^2$，雪荷载标准值为 $0.3kN/m^2$，楼面均布恒载标准值为 $3.06kN/m^2$，活载标准值为 $2.0kN/m^2$，楼面梁、屋面梁自重已折算到均布恒载中，240mm 厚墙体自重为 $5.24kN/m^2$（按墙面计），370mm 厚墙体自重为 $7.71kN/m^2$（按墙面计），铝合金玻璃窗自重为 $0.4kN/m^2$。试进行抗震承载力验算。

【解】
1. 水平地震作用计算
(1) 各层重力荷载代表值
屋面均布荷载为　　$4.896+0.3\times0.5=5.046kN/m^2$

7.6 计算例题

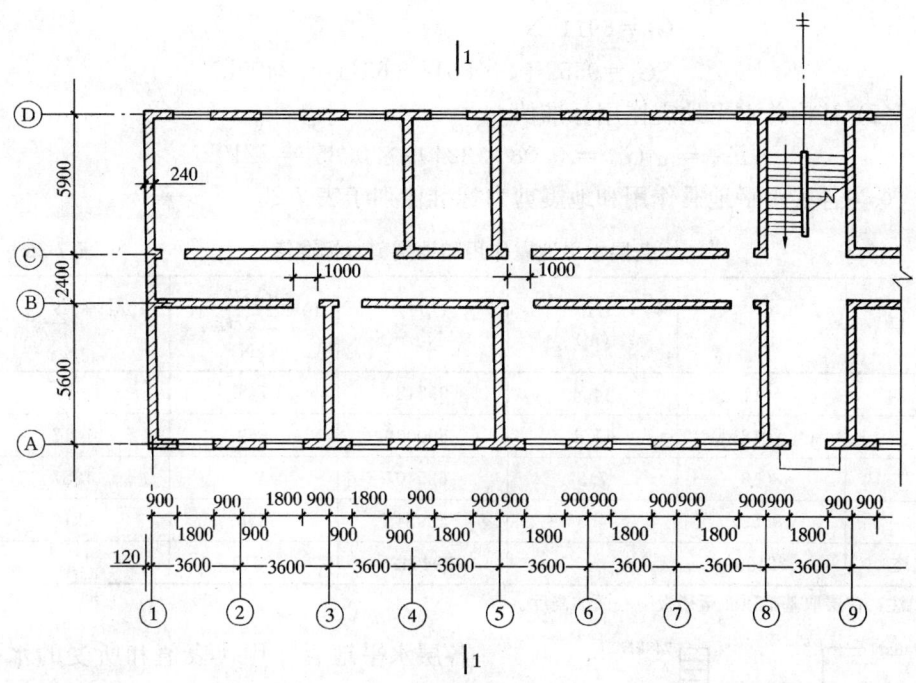

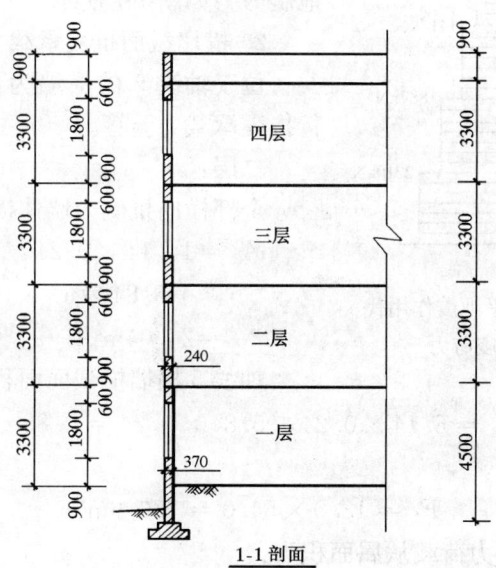

图 7-6 例题 7-1 平、剖面图

楼面均布荷载为 $3.06+2.0\times0.5=4.06\text{kN/m}^2$

各层重力荷载代表值（计算过程从略）：

$$G_1=9552\text{kN}$$

$$G_2=G_3=8018\text{kN}$$

$G_4 = 6911\text{kN}$

$\Sigma G_i = 9552 + 2 \times 8018 + 6911 = 32499\text{kN}$

(2) 结构总水平地震作用标准值

$F_{Ek} = \alpha_1 G_{eq} = 0.08 \times 32499 \times 0.85 = 2210\text{kN}$

(3) 各层水平地震作用和地震剪力标准值列于表 7-25

各层水平地震作用和地震剪力标准值　　　　表 7-25

层	G_i (kN)	H_i (m)	G_iH_i (kN·m)	$F_i = \dfrac{G_iH_i}{\Sigma G_iH_i}F_{Ek}$ (kN)	$V_{ik} = \sum\limits_{j=i}^{4} F_i$ (kN)
四	6911	14.4	99518	748	748
三	8018	11.1	89000	669	1417
二	8018	7.8	62540	470	1887
一	9552	4.5	42984	323	2210
Σ	32499		294042	2210	

注：首层取基础顶面至楼板中心面的高度。

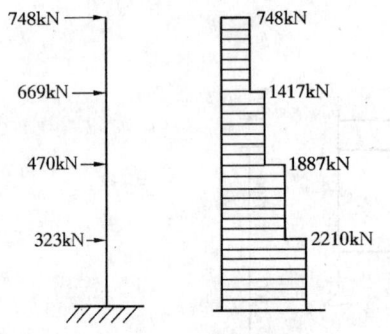

图 7-7　例题 7-1 水平地震作用代表值和水平地震剪力

各层水平地震作用代表值和所受的水平地震剪力如图 7-7 所示。

2. 横墙截面抗震承载力验算

位于轴线 5 的横墙为最不利墙段，应进行抗震承载力验算。

二层：

全部横向抗侧力墙体横截面面积为：

$A_2 = 14.14 \times 0.24 \times 2 + (6.14 \times 6 + 5.84 \times 6) \times 0.24$

$= 24.04\text{m}^2$

轴线 5 横墙横截面面积为：

$A_{25} = 6.14 \times 0.24 + 5.84 \times 0.24 = 2.88\text{m}^2$

楼层总面积为：

$F_2 = 13.9 \times 54.0 = 750.6\text{m}^2$

轴线 5 横墙的重力荷载从属面积为：

$F_{25} = 6.92 \times 9.0 + 7.22 \times 7.2 = 114.26\text{m}^2$

由式 (7-10a)，轴线 5 横墙所承担的水平地震剪力为：

$V_{25} = \dfrac{1}{2}\left[\dfrac{A_{25}}{A_2} + \dfrac{F_{25}}{F_2}\right]\gamma_{Eh}V_{2k} = \dfrac{1}{2}\left(\dfrac{2.88}{24.04} + \dfrac{114.26}{750.6}\right) \times 1.3 \times 1887 = 334\text{kN}$

轴线 5 横墙每米长度上所承担的竖向荷载（在该层的半高处）为：

$N = 5.046 \times 3.6 + 4.06 \times 3.6 \times 2 + 5.24 \times 3.3 \times 2.5 = 91\text{kN}$

轴线 5 横墙横截面的平均压应力为：

$$\sigma_0 = \frac{91000}{240 \times 1000} = 0.379 \text{N/mm}^2$$

采用 M5 级砂浆，$f_{v0} = 0.11$ N/mm^2，$\sigma_0/f_{v0} = 0.379/0.11 = 3.445$，查表 7-8 得 $\zeta_N = 1.329$

$$\frac{1}{\gamma_{RE}} \zeta_N f_{v0} A_{25} = \frac{1}{1.0} \times 1.329 \times 0.11 \times 2.88 \times 10^6 = 421027 \text{N}$$
$$= 421.03 \text{kN} > V_{25} = 334 \text{kN}$$

满足要求。

一层：

$A_1 = 14.14 \times 0.24 \times 2 + (6.14 \times 6 + 5.84 \times 6) \times 0.24 = 24.04 \text{m}^2$

$A_{15} = 6.14 \times 0.24 + 5.84 \times 0.24 = 2.88 \text{m}^2$

$F_1 = 13.9 \times 54.0 = 750.6 \text{m}^2$

$F_{15} = 6.92 \times 9.0 + 7.22 \times 7.2 = 114.26 \text{m}^2$

$V_{15} = \frac{1}{2}\left[\frac{A_{15}}{A_1} + \frac{F_{15}}{F_1}\right]\gamma_{Eh} V_{1k} = \frac{1}{2}\left(\frac{2.88}{24.04} + \frac{114.26}{750.6}\right) \times 1.3 \times 2210 = 391 \text{kN}$

$N = 5.046 \times 3.6 + 4.06 \times 3.6 \times 3 + 5.24 \times 3.3 \times 3.5 = 123 \text{kN}$

$\sigma_0 = \frac{123000}{240 \times 1000} = 0.5 \text{N/mm}^2$

采用 M5 级砂浆，$f_{v0} = 0.11$ N/mm^2，$\sigma_0/f_{v0} = 0.5/0.11 = 4.545$，查表 7-8 得 $\zeta_N = 1.45$

$$\frac{1}{\gamma_{RE}} \zeta_N f_{v0} A_{15} = \frac{1}{1.0} \times 1.45 \times 0.11 \times 2.88 \times 10^6 = 459.36 \text{kN} > V_{15} = 391 \text{kN}$$

满足要求。

3. 纵墙截面抗震承载力验算

外纵墙的窗间墙为不利墙段，取轴线的墙段进行抗震承载力验算。纵墙各墙肢比较均匀，各轴线纵墙的刚度比可近似用其墙截面面积比代替。

二层：

纵墙墙体截面总面积　$A_2 = (54.24 - 15 \times 1.8) \times 0.24 \times 2 + (54.24 - 9 \times 1.0 - 3.36) \times 0.24 \times 2 = 33.18 \text{m}^2$

轴线 A 墙体截面面积　$A_{2A} = (54.24 - 15 \times 1.8) \times 0.24 = 6.54 \text{m}^2$

$$V_{2A} = \frac{A_{2A}}{A_2} \gamma_{Eh} V_{2k} = \frac{6.54}{33.18} \times 1.3 \times 1887 = 484 \text{kN}$$

一层：

纵墙墙体截面总面积　$A_1 = (54.24 - 15 \times 1.8) \times 0.37 \times 2 + (54.24 - 9 \times 1.0 - 3.36) \times 0.24 \times 2 = 40.26 \text{m}^2$

轴线 A 墙体截面面积　$A_{1A} = (54.24 - 15 \times 1.8) \times 0.37 = 10.08 \text{m}^2$

$$V_{1A} = \frac{A_{1A}}{A_1}\gamma_{Eh}V_{1k} = \frac{10.08}{40.26} \times 1.3 \times 2210 = 719\text{kN}$$

不利墙段地震剪力分配按式（7-11）计算，即：$V_{iAr} = \frac{K_{iAr}}{\Sigma K_{iAr}}V_{iA}$

尽端墙段（墙段1）：$\rho = h/b = 1800/1020 = 1.765$

中间墙段（墙段2）：$\rho = h/b = 1800/1800 = 1$

由于 $1 \leqslant \rho \leqslant 4$，应同时考虑弯曲和剪切变形，各墙段抗侧力刚度按式（7-6）计算，即取 $K = \frac{Et}{3\rho + \rho^3}$。

计算结果列于表 7-26。

一、二层纵墙墙段地震剪力设计值　　　　表 7-26

墙段类别	h(m)	b(m)	个数	3ρ	ρ^3	$\frac{1}{3\rho+\rho^3}$	V_{iAr} (kN) 一层	V_{iAr} (kN) 二层
1	1.8	1.02	2	5.295	5.498	0.093	18.14	11.64
2	1.8	1.8	14	3	1	0.25	48.77	32.83

验算二层：采用 M5 级砂浆，$f_{v0} = 0.11\text{N/mm}^2$

$$A_{2A1} = 1.02 \times 0.24 = 0.2448\text{m}^2 \text{（墙段1）}$$
$$A_{2A2} = 1.8 \times 0.24 = 0.432\text{m}^2 \text{（墙段2）}$$

墙段1仅承受墙体自重，$\gamma_{RE} = 0.75$

$$N = 5.24 \times 3.3 \times 2.5 \times 1.02 = 44.09\text{kN}$$

$$\sigma_0 = \frac{44.09 \times 10^3}{240 \times 1020} = 0.18\text{N/mm}^2$$

$\sigma_0/f_{v0} = 0.18/0.11 = 1.636$，查表 7-8 得 $\zeta_N = 1.089$

$$\frac{1}{\gamma_{RE}}\zeta_N f_{v0} A_{2A1} = \frac{1}{0.75} \times 1.089 \times 0.11 \times 0.2448 \times 10^6$$
$$= 39099\text{N} = 39.1\text{kN} > 11.64\text{kN}$$

满足要求。

轴线 3、5、8、9 处的墙段 2 仅承受墙体自重为：

$$N = 5.24 \times 3.3 \times 2.5 \times 1.8 = 77.81\text{kN}$$

$$\sigma_0 = \frac{77.81 \times 10^3}{240 \times 1800} = 0.18\text{N/mm}^2$$

$\sigma_0/f_{v0} = 0.18/0.11 = 1.636$，查表 7-8 得 $\zeta_N = 1.089$

$$\frac{1}{\gamma_{RE}}\zeta_N f_{v0} A_{2A2} = \frac{1}{0.75} \times 1.089 \times 0.11 \times 0.432 \times 10^6$$
$$= 68999\text{N} = 69.0\text{kN} > 32.83\text{kN}$$

满足要求。

其他轴线处的墙段 2 除承受墙体自重外还承受大梁传来的屋面、楼面荷载为：
$$N = 5.24 \times 3.3 \times 2.5 \times 1.80 + 3.6 \times 5.6 \times 5.046 \times 0.5$$
$$+ 3.6 \times 5.6 \times 4.06 \times 0.5 \times 2 + 2.5 \times 3 \times 5.6 \times 0.5$$
$$= 231.52 \text{kN}$$
$$\sigma_0 = \frac{231.52 \times 10^3}{240 \times 1800} = 0.536 \text{N/mm}^2$$
$$\sigma_0/f_{v0} = 0.536/0.11 = 4.873,\text{查表 7-8 得 } \zeta_N = 1.486$$
$$\frac{1}{\gamma_{RE}} \zeta_N f_{v0} A_{2A2} = \frac{1}{1.0} \times 1.486 \times 0.11 \times 0.432 \times 10^6$$
$$= 70615 \text{N} = 70.62 \text{kN} > 32.83 \text{kN}$$

满足要求。

验算一层：采用 M5 级砂浆，$f_{v0} = 0.11 \text{ N/mm}^2$
$$A_1 = 1.02 \times 0.37 = 0.377 \text{m}^2 \text{（墙段 1）}$$
$$A_2 = 1.8 \times 0.37 = 0.666 \text{m}^2 \text{（墙段 2）}$$

墙段 1 仅承受墙体自重为：
$$N = 5.24 \times 3.3 \times 3 \times 1.02 + 7.71 \times 4.5 \times 0.5 \times 1.02$$
$$+ 0.9 \times 5.24 \times 1.02 = 75.42 \text{kN}$$
$$\sigma_0 = \frac{75.42 \times 10^3}{370 \times 1020} = 0.2 \text{N/mm}^2$$
$$\sigma_0/f_{v0} = 0.2/0.11 = 1.818,\text{查表 7-8 得 } \zeta_N = 1.115$$
$$\frac{1}{\gamma_{RE}} \zeta_N f_{v0} A_{1A1} = \frac{1}{0.75} \times 1.115 \times 0.11 \times 0.377 \times 10^6$$
$$= 61652 \text{N} = 61.65 \text{kN} > 18.14 \text{kN}$$

满足要求。

轴线 3、5、8、9 处的墙段 2 仅承受墙体自重为：
$$N = 5.24 \times 3.3 \times 3 \times 1.8 + 7.71 \times 4.5 \times 0.5 \times 1.8$$
$$+ 0.9 \times 5.24 \times 1.8 = 133.09 \text{kN}$$
$$\sigma_0 = \frac{133.09 \times 10^3}{370 \times 1800} = 0.2 \text{N/mm}^2$$
$$\sigma_0/f_{v0} = 0.2/0.11 = 1.818,\text{查表 7-8 得 } \zeta_N = 1.115$$
$$\frac{1}{\gamma_{RE}} \zeta_N f_{v0} A_{1A2} = \frac{1}{0.75} \times 1.115 \times 0.11 \times 0.666 \times 10^6$$
$$= 108913 \text{N} = 108.91 \text{kN} > 48.77 \text{kN}$$

满足要求。

其他轴线处的墙段 2 除承受墙体自重外还承受大梁传来的屋面、楼面荷载为：
$$N = 133.09 + 3.6 \times 5.6 \times 5.046 \times 0.5$$

$$+3.6\times5.6\times4.06\times0.5\times3+2.5\times5.6\times0.5\times4$$
$$=334.73\text{kN}$$
$$\sigma_0=\frac{334.73\times10^3}{370\times1800}=0.503\text{N/mm}^2$$

$\sigma_0/f_{v0}=0.503/0.11=4.573$，查表 7-8 得 $\zeta_N=1.453$

$$\frac{1}{\gamma_{RE}}\zeta_N f_{v0} A_{1A2}=\frac{1}{1.0}\times1.453\times0.11\times0.666\times10^6$$
$$=106447\text{N}=106.45\text{kN}>48.77\text{kN}$$

满足要求。

思 考 题 与 习 题
Questions and Exercises

7-1 砌体结构结构房屋的抗震设计有哪些方面应通过计算或验算解决？哪些方面应采取构造措施？

7-2 为什么要对房屋的总高度、层数和高宽比进行限制？它们对砌体房屋的抗震性能有什么影响？

7-3 为什么要限制多层砌体房屋抗震墙的间距？

7-4 为什么要注意房屋中墙体的局部尺寸和局部构造问题？

7-5 房屋的平、立面布置应注意哪些问题？在什么样的情况下宜设置防震缝？当需同时设置沉降缝、伸缩缝和防震缝时，三者能否合一？

7-6 简述抗震设防地区砌体结构房屋墙体抗震承载力计算的步骤。

7-7 多层砌体结构房屋采用底部剪力法时地震作用的计算简图如何选取？地震作用如何确定？

7-8 水平地震剪力的分配主要与哪些因素有关？层间水平地震剪力求得后怎样分配到各片墙上，又怎样分配到各墙肢上？

7-9 在进行墙体抗震承载力验算时，怎样选择和判断最不利墙段？

7-10 多层砌体结构房屋的抗震构造措施包括哪些方面？简述圈梁和构造柱对砌体结构的抗震作用及相应的规定。

7-11 配筋砌块砌体剪力墙结构有什么突出的优点？根据抗震设防烈度的不同，这种结构形式的房屋在建造的高度上有何规定？

7-12 在配筋砌块砌体剪力墙斜截面抗震承载力验算中，为什么要对剪力设计值进行调整？

7-13 若将［例题 7-1］中轴线 A 与 B、B 与 C、C 与 D 的间距分别改为 6000mm、2100mm、6000mm，屋面恒载标准值改为 4.00kN/m^2，楼面恒载标准值改为 3.00kN/m^2。抗震设防烈度为 8 度，设计地震分组为第一组，Ⅱ类场地。试进行抗震承载力验算。

第8章 公路桥涵工程砌体结构设计原理

Design Principles of Masonry Structures in Bridge and Culvert Engineering

学习提要 本章主要介绍《公路桥规》的可靠度设计方法及对拱桥、墩台、涵洞、挡土墙等结构物的设计规定。应熟悉砌体拱桥、墩台、涵洞以及砌体挡土墙的受力特点,掌握这些结构物的基本计算方法和构造要求。

公路桥涵领域的砌体结构物,就结构形式而言,包括拱桥、墩台、涵洞、挡土墙等。它们与建筑工程的砌体结构在构造和受力等方面有着许多不同特点。为指导这些砌体结构的设计,我国交通部发布了有关行业标准(以下统一简称《公路桥规》)。

按照《公路桥规》中的术语,对砖、石等块材与砂浆或小石子混凝土砌筑而成的砌体所建成的结构物称为砖石结构,对用砂浆砌筑混凝土预制块、整体浇筑的素混凝土或片石混凝土等构成的结构物称为混凝土结构,二者通常统称为圬工结构。

在《公路桥规》中,适用于圬工拱桥、墩台和涵洞设计的《公路圬工桥涵设计规范》(JTG D61—2005)(以下简称《圬工规范》)以及与之相关的《公路桥涵设计通用规范》(JTG D60—2004)(以下简称《通用规范》)等规范,采用了与国家标准《砌体结构设计规范》(GB 50003—2001)相同的结构可靠度设计方法和主要原则,并且参照了其中的相应内容,同时也有一些与之不同的规定以及对于无相应内容部分的设计规定;而挡土墙设计更多地直接依据《公路路基设计规范》(JTG D30—2004)(以下简称《路基规范》)等,目前在基本设计方法和许多具体规定方面,与《通用规范》和《圬工规范》有所差别。

本章将按照《公路桥规》,简要介绍这一类砌体结构的设计原理。其中,8.1～8.5节主要是有关拱桥、墩台和涵洞(以下经常统称桥涵)设计的内容,8.6节是有关挡土墙设计的内容。

8.1 《公路桥规》的可靠度设计方法
Reliability Design of Masonry Structures in Bridge and Culvert Engineering

8.1.1 结构可靠度设计方法和设计表达式
Design Method and Equations

我国近年来修订的《公路桥规》是按照《公路工程结构可靠度设计统一标准》(GB/T 50283)中的原则制定的，采用以概率理论为基础的极限状态设计方法，其基本原理如同2.3节所述。

公路桥涵结构设计基准期为100年。

在设计中，应根据不同种类的作用及其对桥涵的影响、桥涵所处的环境条件，考虑以下3种设计状况，并进行相应的极限状态设计。

1) 持久状况：桥涵建成后承受自重、汽车荷载等持续时间很长的状况，即桥涵的使用阶段。该状况下应进行承载能力极限状态和正常使用极限状态设计。

2) 短暂状况：桥涵施工过程中承受临时性作用的状况，即桥涵的施工阶段。该状况下仅作承载能力极限状态设计，必要时才作正常使用极限状态设计。

3) 偶然状况：桥涵使用过程中可能偶然出现的状况，如可能遇到的罕遇地震等。该状况下仅作承载能力极限状态设计。

根据圬工桥涵结构的特点，应按承载能力极限状态设计，而其正常使用极限状态的要求，在一般情况下可由构造措施来保证。

按持久状况承载能力极限状态设计时，结构应根据结构破坏可能产生的后果的严重程度，划分为3个设计安全等级（表8-1）。其设计表达式为：

$$\gamma_0 S_{ud} \leqslant R(f_d, a_d) \tag{8-1}$$

式中 γ_0——结构重要性系数，按表8-1取用；

S_{ud}——作用效应基本组合设计值，按式（8-2）计算；

$R(\ )$——构件承载力设计值函数；

f_d——材料强度设计值；

a_d——几何参数设计值，可取用几何参数标准值 a_k，即设计文件规定值。

公路桥涵结构的设计安全等级和结构重要性系数　　表 8-1

设计安全等级	桥涵类型	结构重要性系数 γ_0
一级	特大桥、重要大桥	1.1
二级	大桥、中桥、重要小桥	1.0
三级	小桥、涵洞	0.9

8.1.2 砌体材料及其设计指标取值
Masonry Materials and Design Values of their Strengths

1. 材料

《圬工规范》规定，圬工结构采用的材料主要有：石材、混凝土和砂浆。

石材：包括片石（毛石）、块石（毛料石）、粗料石、半细料石、细料石；其强度等级分为 MU120、MU100、MU80、MU60、MU50、MU40、MU30。

混凝土：包括混凝土预制块、整体浇筑的混凝土和用于砌筑的小石子混凝土；其强度等级分为 C40、C35、C30、C25、C20、C15。

砂浆：采用水泥砂浆；其强度等级分为 M20、M15、M10、M7.5、M5。

公路桥涵结构所使用的材料最低强度等级应符合表 8-2 的规定；还应注意对材料在耐风化和抗侵蚀性、耐久性和抗冻性等方面的要求。此外，在公路桥涵结构中较少采用砖（特别是等级公路上的桥涵结构不应采用），所以现行《圬工规范》中将砖砌体取消。

圬工的材料最低强度等级　　　　　　　　　　表 8-2

结构物种类	材料最低强度等级	砌筑砂浆材料最低强度等级
拱 圈	MU50 石材 C25 混凝土（现浇） C30 混凝土（预制块）	M10（大、中桥） M7.5（小桥涵）
大、中桥墩台及基础，轻型桥台	MU40 石材 C25 混凝土（现浇） C30 混凝土（预制块）	M7.5
小桥涵墩台、基础	MU30 石材 C20 混凝土（现浇） C25 混凝土（预制块）	M5

2. 砌体种类及其设计指标取值

公路桥涵砌体是由各种块材和砂浆或小石子混凝土结合而成的。按照砌筑材料，分为砂浆砌体和小石子混凝土砌体；而依所用块材的不同，又有不同种类。因此，主要包括：混凝土预制块砂浆砌体、块石砂浆砌体、片石砂浆砌体、小石子混凝土砌块石砌体、小石子混凝土砌片石砌体，以及粗料石、半细料石或细料石与砂浆或小石子混凝土结合而成的砌体。在这些砌体中，块石砌体、粗料石砌体、半细料石砌体、细料石砌体和混凝土预制块砌体又统称为规则砌块砌体。

表 8-3~表 8-9 为《圬工规范》中规定的各类常用砌体的强度设计值。

对于各种砂浆砌体，其强度设计值及性能指标的确定，采用了《砌体结构设计规范》（GB 50003—2001）的取值原则、计算公式及主要试验数据。

对于各种小石子混凝土砌体,由于以小石子混凝土作为水泥砂浆的代用品,其性能与砂浆砌体有所不同。试验结果表明,块材相同时,小石子混凝土砌体的各种强度,均高于由同强度等级的砂浆所砌筑的砌体的相应强度。其中,多数指标在计算公式的表达形式上借鉴了砂浆砌体的相应公式,但参数取值不同。

混凝土预制块砂浆砌体轴心抗压强度设计值 f_{cd}(MPa)　　　　表 8-3

砌块强度等级	砂浆强度等级					砂浆强度
	M20	M15	M10	M7.5	M5	0
C40	8.25	7.04	5.84	5.24	4.64	2.06
C35	7.71	6.59	5.47	4.90	4.34	1.93
C30	7.14	6.10	5.06	4.54	4.02	1.79
C25	6.52	5.57	4.62	4.14	3.67	1.63
C20	5.83	4.98	4.13	3.70	3.28	1.46
C15	5.05	4.31	3.58	3.21	2.84	1.26

块石砂浆砌体轴心抗压强度设计值 f_{cd}(MPa)　　　　表 8-4

砌块强度等级	砂浆强度等级					砂浆强度
	M20	M15	M10	M7.5	M5	0
MU120	8.42	7.19	5.96	5.35	4.73	2.10
MU100	7.68	6.56	5.44	4.88	4.32	1.92
MU80	6.87	5.87	4.87	4.37	3.86	1.72
MU60	5.95	5.08	4.22	3.78	3.35	1.49
MU50	5.43	4.64	3.85	3.45	3.05	1.36
MU40	4.86	4.15	3.44	3.09	2.73	1.21
MU30	4.21	3.59	2.98	2.67	2.37	1.05

注:对各类石砌体,应按表中数值分别乘以下列系数:细料石砌体为1.5;半细料石砌体为1.3;粗料石砌体为1.2;干砌块石砌体可采用砂浆强度为零时的抗压强度设计值。

片石砂浆砌体轴心抗压强度设计值 f_{cd}(MPa)　　　　表 8-5

砌块强度等级	砂浆强度等级					砂浆强度
	M20	M15	M10	M7.5	M5	0
MU120	1.97	1.68	1.39	1.25	1.11	0.33
MU100	1.80	1.54	1.27	1.14	1.01	0.30
MU80	1.61	1.37	1.14	1.02	0.90	0.27
MU60	1.39	1.19	0.99	0.88	0.78	0.23

续表

砌块强度等级	砂浆强度等级					砂浆强度
	M20	M15	M10	M7.5	M5	0
MU50	1.27	1.09	0.90	0.81	0.71	0.21
MU40	1.14	0.97	0.81	0.72	0.64	0.19
MU30	0.98	0.84	0.70	0.63	0.55	0.16

注：干砌片石砌体可采用砂浆强度为零时的轴心抗压强度设计值。

砂浆砌体轴心抗拉、弯曲抗拉强度和直接抗剪强度设计值（MPa）　　表 8-6

强度类别	破坏特征	砌体种类	砂浆强度等级				
			M20	M15	M10	M7.5	M5
轴心抗拉 f_{ad}	齿缝	规则砌块砌体	0.104	0.090	0.073	0.063	0.052
		片石砌体	0.096	0.083	0.068	0.059	0.048
弯曲抗压 f_{tmd}	齿缝	规则砌块砌体	0.122	0.105	0.086	0.074	0.061
		片石砌体	0.145	0.125	0.102	0.089	0.072
	通缝	规则砌块砌体	0.084	0.073	0.059	0.051	0.042
直接抗剪 f_{vd}	—	规则砌块砌体	0.104	0.090	0.073	0.063	0.052
		片石砌体	0.241	0.208	0.170	0.147	0.120

注：1. 砌体龄期为 28d。
　2. 规则砌块砌体包括：块石砌体、粗料石砌体、半细料石砌体、细料石砌体、混凝土预制块砌体。
　3. 规则砌块砌体在齿缝方向受剪时，系通过砌块和灰缝剪破。

小石子混凝土砌块石砌体轴心抗压强度设计值 f_{cd}（MPa）　　表 8-7

石材强度等级	小石子混凝土强度等级					
	C40	C35	C30	C25	C20	C15
MU120	13.86	12.69	11.49	10.25	8.95	7.59
MU100	12.65	11.59	10.49	9.35	8.17	6.93
MU80	11.32	10.36	9.38	8.37	7.31	6.19
MU60	9.80	9.98	8.12	7.24	6.33	5.36
MU50	8.95	8.19	7.42	6.61	5.78	4.90
MU40	—	—	6.63	5.92	5.17	4.38
MU30	—	—	—	—	4.48	3.79

注：砌块为粗料石时，轴心抗压强度为表值乘 1.2；砌块为细料石、半细料石时，轴心抗压强度为表值乘 1.4。

小石子混凝土砌片石砌体轴心抗压强度设计值 f_{cd}（MPa） 表 8-8

石材强度等级	小石子混凝土强度等级			
	C30	C25	C20	C15
MU120	6.94	6.51	5.99	5.36
MU100	5.30	5.00	4.63	4.17
MU80	3.94	3.74	3.49	3.17
MU60	3.23	3.09	2.91	2.67
MU50	2.88	2.77	2.62	2.43
MU40	2.50	2.42	2.31	2.16
MU30	—	—	1.95	1.85

小石子混凝土砌块石、片石砌体轴心抗拉、弯曲抗拉强度和直接抗剪强度设计值（MPa） 表 8-9

强度类别	破坏特征	砌体种类	小石子混凝土强度等级					
			C40	C35	C30	C25	C20	C15
轴心抗拉 f_{td}	齿缝	块石砌体	0.285	0.267	0.247	0.226	0.202	0.175
		片石砌体	0.425	0.398	0.368	0.336	0.301	0.260
弯曲抗拉 f_{tmd}	齿缝	块石砌体	0.335	0.313	0.290	0.265	0.237	0.205
		片石砌体	0.493	0.461	0.427	0.387	0.349	0.300
	通缝	块石砌体	0.232	0.217	0.201	0.183	0.164	0.142
直接抗剪 f_{vd}	—	块石砌体	0.285	0.267	0.247	0.226	0.202	0.175
		片石砌体	0.425	0.398	0.368	0.336	0.301	0.260

注：对其他规则砌块砌体强度值为表内块石砌体强度值乘以下列系数：粗料石砌体 0.7；细料石、半细料石砌体 0.35。

8.1.3 作用和作用效应组合
Actions and Combinations of Action Effects

《通用规范》将公路桥涵设计中的作用分为永久作用、可变作用和偶然作用3类。其中，永久作用亦称永久荷载或恒荷载；可变作用亦称可变荷载；偶然作用亦称偶然荷载。

按承载能力极限状态设计时，采用两种作用效应组合，即基本组合和偶然组合。

基本组合是永久作用效应设计值与可变作用效应设计值的组合，按下式计算：

$$\gamma_0 S_{ud} = \gamma_0 \left(\sum_{i=1}^{m} \gamma_{Gi} S_{Gik} + \gamma_{Q1} S_{Q1k} + \psi_c \sum_{j=2}^{n} \gamma_{Qj} S_{Qjk} \right) \quad (8\text{-}2)$$

式中 S_{Gik}——第 i 个永久作用效应的标准值；

γ_{Gi}——第 i 个永久作用效应的分项系数；

S_{Q1k}——汽车荷载效应（含汽车冲击力、离心力，下同）的标准值；当某个可变作用效应其值超过汽车作用效应时，则该作用取代汽车荷载；

γ_{Q1}——汽车荷载效应（或上述取代汽车荷载效应的可变作用效应）分项系数，其取值为 1.4；

S_{Qjk}——在作用效应组合中除汽车荷载效应（或上述取代汽车荷载效应的可变作用效应）外的其它第 j 个可变作用效应的标准值；

γ_{Qj}——在作用效应组合中除汽车荷载效应（或上述取代汽车荷载效应的可变作用效应）外的其他第 j 个可变作用效应的分项系数。对于风荷载以外的可变作用，取值为 1.4；对于风荷载，取值为 1.1；

ψ_c——在作用效应组合中除汽车荷载效应（或上述取代汽车荷载效应的可变作用效应）外的其他可变作用效应的组合系数。

偶然组合的计算，见有关设计规范。

8.2 砌体结构构件承载力计算
Strength of Masonry Members

8.2.1 构件受压承载力计算
Compressive Strength of Members

《圬工规范》中对砌体受压构件承载力分析的基本方法与 3.1 节所述相同，但在一些计算公式和参数取值上有差异。

1. 承载力计算基本公式

砌体（包括砌体与混凝土组合截面砌体）受压构件，在规定的受压偏心距范围内的承载力应按下式计算：

$$\gamma_0 N_d \leqslant N_u = \varphi A f_{cd} \quad (8\text{-}3)$$

式中 γ_0——结构重要性系数；

N_d——轴向力设计值；

A——构件截面面积；

f_{cd}——砌体轴心抗压强度设计值；对于组合截面应采用标准层轴心抗压强度设计值；

φ——承载力影响系数。

2. 承载力影响系数 φ

《圬工规范》中的 φ 也称为砌体偏心受压构件承载力影响系数，按式（8-4）计算。它用偏心受压影响系数反映轴向力偏心距的影响，用纵向弯曲系数反映不同偏心距下构件长细比的影响（其中还包括了砂浆对砌体整体性的影响）。式（8-4）适用于砌体短柱、长柱、轴心受压、单向偏心受压及双向偏心受压等各种情况。

$$\varphi = \frac{1}{\frac{1}{\varphi_x} + \frac{1}{\varphi_y} - 1} \tag{8-4}$$

$$\varphi_x = \alpha_x \varphi_{\beta x} \tag{8-4a}$$

$$\varphi_y = \alpha_y \varphi_{\beta y} \tag{8-4b}$$

φ_x 和 φ_y 分别为 x 方向和 y 方向偏心受压构件承载力影响系数。它们均为两个系数乘积的形式。其中，α_x 和 α_y 分别为这两个方向的轴向力偏心距影响系数，$\varphi_{\beta x}$ 和 $\varphi_{\beta y}$ 分别为这两个方向的纵向弯曲系数，其表达式为：

$$\alpha_x = \frac{1 - \left(\frac{e_x}{x_0}\right)^m}{1 + \left(\frac{e_x}{i_y}\right)^2} \qquad \varphi_{\beta x} = \frac{1}{1 + \eta \beta_x (\beta_x - 3)\left[1 + 1.33\left(\frac{e_x}{i_y}\right)^2\right]} \tag{8-5a}$$

$$\alpha_y = \frac{1 - \left(\frac{e_y}{y_0}\right)^m}{1 + \left(\frac{e_y}{i_x}\right)^2} \qquad \varphi_{\beta y} = \frac{1}{1 + \eta \beta_y (\beta_y - 3)\left[1 + 1.33\left(\frac{e_y}{i_x}\right)^2\right]} \tag{8-5b}$$

式中 x_0、y_0——分别为 x 方向、y 方向截面重心至偏心方向截面边缘的距离；

e_x、e_y——轴向力在 x 方向、y 方向的偏心距，$e_x = M_{yd}/N_d$、$e_y = M_{xd}/N_d$，其值不得超过表 8-10 的规定限值，其中，M_{yd}、M_{xd} 分别为绕 x 轴、y 轴的弯矩设计值，N_d 为轴向力设计值；

m——截面形状系数，对圆形截面取 2.5；对 T 形或 U 形截面取 3.5；对箱形或矩形截面（包括两端设有曲线形或圆弧形的矩形墩身截面）取 8；

i_x、i_y——弯曲平面内的截面的回转半径，$i_x = (I_x/A)^{1/2}$、$i_y = (I_y/A)^{1/2}$；I_x、I_y 分别为截面绕 x 轴、y 轴的惯性矩，A 为截面面积；

η——与砂浆强度有关的系数，当砂浆强度等级大于或等于 M5 或为组合构件时，$\eta=0.002$，当砂浆强度等级为 0 时，$\eta=0.013$；

β_x、β_y——构件在 x 方向、y 方向的长细比，按式（8-6）计算。

3. 构件长细比

构件的长细比（高厚比）是反映构件细长程度的参数。在计算砌体受压构件的承载力影响系数时，长细比要考虑砌体材料的影响，按下列公式计算（当计算

8.2 砌体结构构件承载力计算

结果小于 3 时取 3）：

$$\beta_x = \gamma_\beta \frac{l_{0x}}{3.5 i_y} \qquad \beta_y = \gamma_\beta \frac{l_{0y}}{3.5 i_x} \tag{8-6}$$

式中 l_{0x}、l_{0y}——构件在 x 方向、y 方向的计算长度，与构件的两端约束情况有关，对于直杆，当两端固结时取 $0.5l$，一端固定一端为不动铰时取 $0.7l$，两端为不动铰时取 $1.0l$，一端固定一端自由时取 $2.0l$；其中 l 为构件支点间长度；

γ_β——不同砌体材料的长细比修正系数。对于混凝土预制块砌体或组合构件，取值 1.0；对于细料石、半细料石砌体，取值 1.1；对于粗料石、块石、片石砌体，取值 1.3；

i_x、i_y——弯曲平面内的截面的回转半径，对于变截面构件，可取等代截面的回转半径。

4. 截面偏心距控制

在偏心受压构件设计中，除按式（8-3）进行受压承载力计算外，还要进行偏心距的控制验算。《圬工规范》规定砌体构件的偏心距 e（图 8-1）应符合表 8-10 的限值。

受压构件偏心距限值　　表 8-10

作用效应组合	偏心距限值 e
基本组合	$\leqslant 0.6s$
偶然组合	$\leqslant 0.7s$

注：表中 s 值为截面或换算截面重心轴至偏心方向截面边缘的距离。

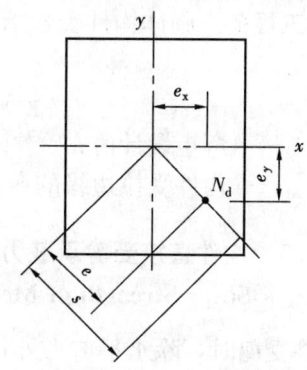

图 8-1　受压构件偏心距

当偏心距 e 超过表 8-10 的限值时，需控制构件裂缝，应按下式计算构件单向偏心受压承载力：

$$\gamma_0 N_d \leqslant \varphi \frac{A f_{tmd}}{\frac{Ae}{W} - 1} \tag{8-7}$$

式中 W——截面受拉边缘的弹性抵抗矩；

f_{tmd}——构件受拉边缘的弯曲抗拉强度设计值；

e——轴向力偏心距。

在设计中，对于组合截面（即由两种或两种以上强度或弹性模量不同的材料所组成的截面），式（8-3）中的截面面积，按强度比换算而得，即 $A = A_0 + \eta_1 A_1 + \eta_2 A_2 + \cdots$，$A_0$ 为标准层截面面积，A_1、A_2、$\cdots$ 为其他层截面面积，$\eta_1 = f_{c1d}/f_{c0d}$，$\eta_2 = f_{c2d}/f_{c0d}$，$\cdots$，f_{c0d} 为标准层轴心抗压强度设计值，f_{c1d}、f_{c2d}、$\cdots$ 为其

他层轴心抗压强度设计值；式（8-5）～式（8-7）中组合截面面积、截面惯性矩（以及相应的受拉边缘弹性抵抗矩）和回转半径，应按弹性模量比换算的换算截面进行计算，即 $A = A_0 + \psi_1 A_1 + \psi_2 A_2 + \cdots$，$I_x = I_{0x} + \psi_1 I_{1x} + \psi_2 I_{2x} + \cdots$，$I_y = I_{0y} + \psi_1 I_{1y} + \psi_2 I_{2y} + \cdots$，$I_{0x}$ 和 I_{0y} 为绕 x 轴和绕 y 轴的标准层截面惯性矩，I_{1x}、I_{2x}、$\cdots$ 和 I_{1y}、I_{2y}、$\cdots$ 为绕 x 轴和绕 y 轴的其他层截面惯性矩，$\psi_1 = E_1/E_0$、$\psi_2 = E_2/E_0$、$\cdots$，E_1 为标准层弹性模量，E_1、E_2、$\cdots$ 为其他层弹性模量。

在受压构件设计时，除按上述方法进行全截面承载力验算外，往往还有局部承压的问题。而桥涵结构的砌体如果局部承压，要求在砌体上浇筑有一定厚度的混凝土来直接承受局部压力，并保证向下扩散后的压应力不大于砌体抗压强度设计值。因此仅需对此混凝土截面进行局部承压验算，其方法见混凝土构件设计的相关规定。

8.2.2 构件受弯承载力计算
Flexural Strength of Members

《圬工规范》砌体构件受弯承载力计算方法与 3.4.2 节相同，采用如下公式计算：

$$\gamma_0 M_d \leqslant M_u = W f_{tmd} \tag{8-8}$$

式中　M_d——弯矩设计值；

　　　f_{tmd}——构件受拉边缘的弯曲抗拉强度设计值。

8.2.3 构件直接受剪承载力计算
Shear Strength of Members

构件受剪时，除水平剪力外，一般还作用有垂直压力，所产生的摩擦力对抗剪产生有利影响。《圬工规范》规定砌体构件直接受剪时，其承载力计算按下式进行：

$$\gamma_0 V_d \leqslant V_u = A f_{vd} + \frac{1}{1.4} \mu_f N_k \tag{8-9}$$

式中　V_d——剪力设计值；

　　　A——受剪截面面积；

　　　f_{vd}——砌体抗剪强度设计值；

　　　μ_f——摩擦系数，采用 $\mu_f = 0.7$；

　　　N_k——与受剪截面垂直的压力标准值。

8.3 拱　桥
Arch Bridges

拱桥是我国公路上使用广泛的一种桥梁结构形式，其主要受力体系是拱结构。拱桥主要承重结构的拱体可以由圬工材料修建，称为圬工拱桥。

8.3.1 拱桥的组成及类型
Types of Arch Bridges

拱桥在整体上由桥跨结构（上部结构）和下部结构组成。桥跨结构由拱圈及其上面的拱上建筑构成。拱圈是拱桥的主要承重结构。由于拱圈是曲线形，所以在桥面系（包括行车道、人行道及两侧的栏杆、矮墙等）与拱圈之间一般需要有传力构件或填充物填平，才能使车辆在平顺的桥面上行驶。桥面系和这些传力构件或填充物统称为拱上建筑。拱桥的下部结构由桥墩、桥台及基础等组成，用以支承桥跨结构，将其荷载传至地基，并与两岸路堤相连。

圬工拱桥可以按照不同的方式进行分类。

1) 按照主拱圈拱轴线所采用的曲线形式分类，有圆弧拱桥、悬链线拱桥和抛物线拱桥等。

2) 按照拱上建筑的形式分类，有实腹式拱桥和空腹式拱桥。

实腹式拱桥拱上建筑由侧墙、拱腔填料、护拱及防水层、泄水管、变形缝和桥面系组成，如图 8-2 所示，用填充物将主拱圈上方填平，构造简单，但自重大。一般用于小跨径拱桥。

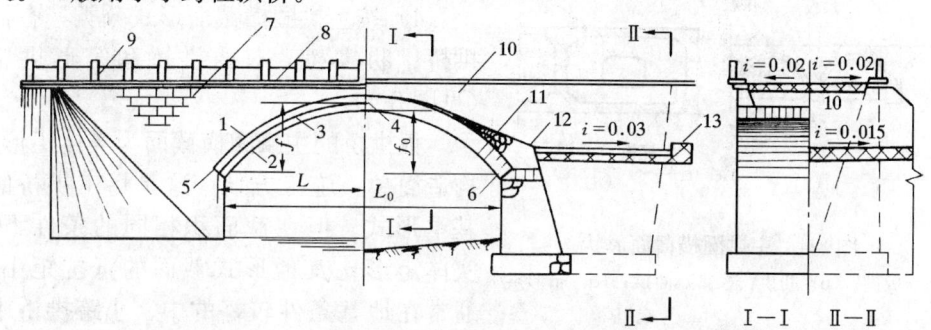

图 8-2 实腹式拱桥上部构造

1—拱背；2—拱腹；3—拱轴线；4—拱顶；5—拱脚；6—起拱线；7—侧墙；8—人行道；
9—栏杆；10—拱腔填料；11—护拱；12—防水层；13—盲沟

空腹式拱桥拱上建筑在构造组成上包括有上述实腹式拱上建筑的构造内容，同时设置了腹孔和腹孔墩等构造，在主拱圈上方形成空腹（如图 8-3 所示），以减少填料，降低自重。其拱上建筑有拱式结构、梁板式结构等不同形式。大、中跨径拱桥宜采用空腹式拱桥。

3) 按拱铰的数目分类，有无铰拱桥、双铰拱桥和三铰拱桥。

无铰拱是三次超静定结构，在荷载作用下，拱的内力分布较好，整体刚度大，且构造简单，施工方便。但是，温度变化、材料收缩、墩台位移将使拱圈内产生附加内力。宜于在地基良好的条件下采用。

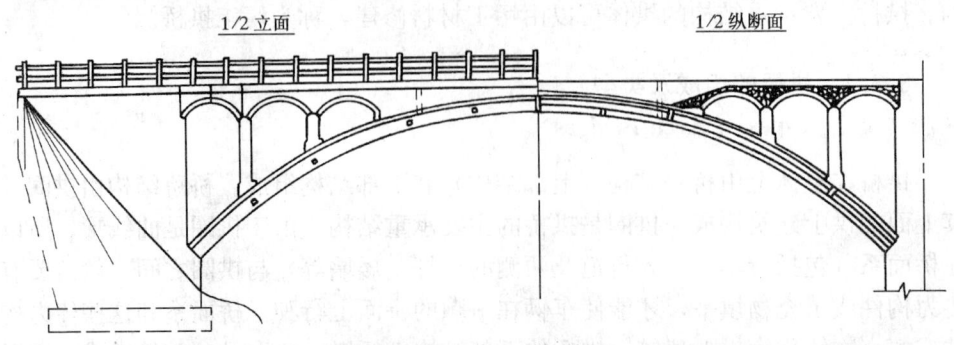

图 8-3 空腹式拱桥示意

三铰拱是静定结构，温度变化、墩台沉陷均不会在拱圈截面内产生附加内力；但整体刚度差，抗震不利。一般用作空腹式拱上建筑的腹拱，不宜用于主拱圈。

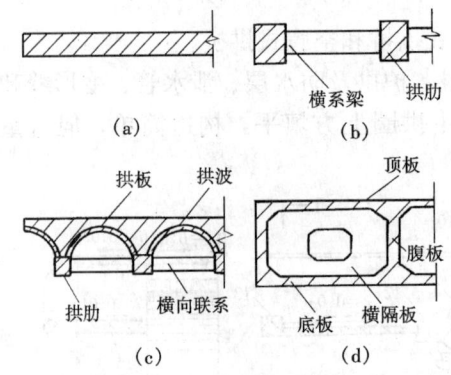

图 8-4 主拱圈横截面形状
(a) 板拱；(b) 肋拱；(c) 双曲拱；(d) 箱形拱

双铰拱是一次超静定结构。其结构性能在无铰拱和三铰拱之间。当地基条件较差、不宜修建无铰拱时，可采用双铰拱。

4）按主拱圈横截面形式分类，有板拱桥、肋拱桥、双曲拱桥和箱形拱桥（见图 8-4）。

板拱桥的主拱圈横截面为实体矩形，构造简单，施工方便，这是圬工拱桥的基本形式。但在截面积相同的条件下，实体矩形比其他形式截面的抵抗矩小，通常在地基条件较好的中、小跨拱桥中采用。

肋拱桥是将实体矩形板拱划分成两条或多条高度较大的独立拱肋，拱肋之间用横系梁连接，使之以较小的截面积获得较大的截面抵抗矩，以节省材料、减轻自重，一般多用于较大跨径的拱桥。

双曲拱桥主拱圈截面在纵向和横向均呈曲线形，截面的抵抗矩较相同材料用量的板拱大得很多。但施工程序多，组合截面的整体性较差，易开裂，宜在中小跨径桥梁中采用。

箱形拱桥主拱圈横截面采用闭口箱形，其截面抵抗矩较相同材料用量的板拱大很多，抗扭刚度大，横向的整体性和稳定性均较好，但箱形截面施工制作较复杂。

应该指出的是，上述各种截面形式的拱桥拱圈可采用不同的材料（特别是双曲拱桥和箱形拱桥，拱圈材料多为混凝土或钢筋混凝土)。

8.3.2 主拱圈的选择
Scheme Selection of Main Arches

拱桥设计时，在经过桥址方案比较、确定了桥位后，首先要进行总体设计。它包括确定拱桥的形式、跨径、孔数、主要标高、矢跨比等，应按因地制宜、就地取材的原则，根据地形、水文、通航要求、施工设备等条件选择；进而合理地选用拱轴线型和布置拱上建筑，拟定拱圈的主要尺寸和墩台的主要尺寸。这些都是关系到全局的问题，影响重大。

设计时，可按下列方法选择主拱圈：

1. 主拱圈矢跨比

拱桥主拱圈矢跨比是设计拱桥的主要参数之一。它的大小不仅影响拱圈和墩台的受力，而且影响到拱桥构造形式和施工方法的选择。在设计时，矢跨比的大小应经过综合比较后选定，避免过大或过小。

拱桥的矢跨比宜采用 1/8～1/4。箱形拱桥的矢跨比宜采用 1/8～1/5。

2. 主拱圈拱轴线的选用

拱轴线的形状直接影响着拱圈的内力分布，并且关系到结构的经济合理性和施工方便。拱桥设计应优选拱轴线，使拱在作用组合的受力情况下，轴向力的偏心距较小。这需要从各个情况考虑、试算，包括拱圈截面拱上建筑布置调整，得到最佳拱轴方案。拱桥常用的拱轴线型有以下几种：

（1）悬链线

悬链线是拱上作用有连续分布的竖向荷载、且荷载集度按拱轴形状增大时的合理拱轴线。实腹式拱桥的恒载（结构重力）从拱顶向拱脚均匀增加，因此，采用悬链线作为拱轴线是合理的。空腹式拱桥，由于拱上建筑的形式发生变化，恒载从拱顶向拱脚不再是均匀增加，其相应的压力线不再是悬链线，而是一条在腹孔墩处有转折的分段曲线。但一般仍用悬链线作拱轴线，并合理布置拱上建筑，使所采用的拱轴线与恒载压力线有五点重合（在拱顶、拱脚和拱跨 1/4 点处），其他点则有偏离。理论分析证明此偏离对控制截面内力是有利的。悬链线是目前大、中跨径拱桥采用最普遍的拱轴线。在以拱顶为原点的直角坐标系中，悬链线拱轴公式为：

$$y = \frac{f}{m-1}[\operatorname{ch}(K\xi) - 1] \tag{8-10}$$

式中　y——拱轴任一点处纵坐标；
　　　f——拱的计算矢高；
　　　m——拱轴曲线系数；
　　　K——有关系数，$K = \ln(m + \sqrt{m^2 - 1})$；

ξ——$\xi = \dfrac{2x}{L}$，x 为拱轴任一点处横坐标，L 为拱的计算跨径。

(2) 圆弧线

圆弧线是拱在均布径向荷载作用下的合理拱轴线。所以在一般情况下，圆弧形拱轴线与恒载压力线有较大偏离。但其线型简单，施工方便，易于掌握，常用于跨径 20m 以下的小跨径拱桥。在以拱顶为原点的直角坐标系中，圆弧线拱轴公式为：

$$y = R(1 - \cos\phi) \tag{8-11}$$

式中 R——圆弧线拱轴计算半径；

ϕ——拱轴任一点处水平倾角。

(3) 抛物线

二次抛物线是拱在竖向均布荷载作用下的合理拱轴线。对拱上恒载接近于均布的拱桥，可采用二次抛物线作为拱轴线。在以拱顶为原点的直角坐标系中，二次抛物线拱轴公式为：

$$y = \dfrac{4f}{L^2} x^2 \tag{8-12}$$

3. 主拱圈截面尺寸的拟定

(1) 主拱圈宽度

拱圈的宽度主要决定于桥面的宽度，即行车道宽度和人行道宽度之和，一般可根据具体情况确定。

(2) 主拱圈厚度

在拟定中、小跨径石拱桥主拱圈厚度初步尺寸时，可参照下列经验公式估算：

$$d = mkL_0^{\frac{1}{3}} \tag{8-13}$$

式中 d——主拱圈厚度（cm）；

L_0——主拱圈净跨径（cm）；

m——系数，一般为 4.5~6，随矢跨比的减小而增大；

k——荷载系数，对公路—Ⅱ级汽车荷载（即原汽车—20 级）取为 1.2，对原汽车—15 级和 10 级分别取为 1.1 和 1.0。

大跨径石拱桥拱圈厚度可参照已建成桥梁，或按下式估算：

$$d = m_1 k(L_0 + 20) \tag{8-14}$$

式中 L_0——主拱圈净跨径（m）；

m_1——系数，一般为 0.016~0.02，跨径大、矢跨比小时取大值。

8.3.3 拱桥计算

Resistance Calculation of Arch Bridges

拱桥计算是在确定了拱桥的跨径、矢跨比、主拱圈及拱上建筑的主要尺寸，并选定拱轴线型之后进行的,主要包括三部分内容:拱圈几何性质计算、拱圈内力计算、拱的承载力验算。

1. 拱圈的几何性质计算

计算拱圈的几何性质,主要是根据已选定的拱轴线方程的形式,结合结构总体设计方案(如:净跨径、矢跨比、拱上建筑布置等)和拟定的主要尺寸,通过计算、确定、校核有关系数(如:悬链线拱的拱轴系数等),确定实际的拱轴曲线,并得到各几何量之间的数值关系。计算时一般借助《公路设计手册——拱桥》中的计算用表,以简化计算工作。

2. 拱圈内力计算

拱圈内力计算建立在弹性理论基本假定的基础上,采用的是结构力学的方法,所以结构力学中关于拱的计算方法和结论都可以使用。其中对超静定拱,一般以力法作为结构分析的基本方法。拱圈内力有:拱的水平推力、垂直反力和拱圈各截面的弯矩、剪力和轴力。

拱圈上的作用有永久作用(恒荷载)和可变作用等,应分别计算各自产生的内力。对超静定拱,温度变化等因素会产生附加内力,也要单独计算其影响。因此,拱圈内力计算主要包括:

(1) 恒荷载作用下的拱圈内力计算

恒荷载是桥跨结构(拱圈和拱上建筑)的重力荷载。在恒载作用下拱圈各截面内力处于纯压状态或以轴向压力为主。同时,由于拱圈材料有弹性,在轴压力作用下,沿拱轴线方向产生弹性压缩变形,使拱轴线缩短,而对于超静定拱(如无铰拱、双铰拱),又会在拱中引起内力。鉴于这种情况,为分析和计算上的方便,可采用如下方法:

1) 先不考虑弹性压缩,即将拱视为不可压缩的刚体,计算恒载作用下的拱内力。

2) 计算由恒载作用导致拱体弹性压缩在拱内所引起的附加内力。

3) 将上述两部分内力叠加,即可得到恒载作用下的拱圈总内力。

(2) 活荷载作用下的拱圈内力计算

可变作用中的活荷载,亦称基本可变荷载,是车辆荷载和人群荷载。它们是桥上的移动荷载,因而,计算其内力时应以结构力学中影响线的原理为基础。

与计算恒载内力一样,活载内力计算也分两部分进行,先计算不考虑弹性压缩(不计轴向力对变位的影响)的活载内力,然后再计入弹性压缩对活载内力的影响。

圬工拱桥刚度大,活载在拱桥的计算应力中所占比重较小,因此对于纵横向整体性好的拱桥,在计算中可不考虑活载的横向分布问题,认为活载均匀分布于拱圈全宽。

(3) 温度变化产生的拱圈附加内力计算

温度变化引起拱圈的伸长与缩短。当大气温度高于拱圈合龙温度时,其情况与弹性压缩相同。当大气温度低于拱圈合龙温度时，其情况与弹性压缩相反。这对超静定无铰拱均产生拱圈截面附加内力。砌体拱桥由于灰缝的塑性变形，温度作用效应可乘以折减系数 0.7。

(4) 风力或离心力引起的拱脚截面内力计算

拱圈视作两端固定的水平直梁，其跨径等于拱的计算跨径，全梁平均承受风力或离心力，计算梁端弯矩 M_1；拱圈视作下端固定的竖向悬臂梁，其跨径等于拱的计算矢高，悬臂梁平均承受 1/2 拱跨的风力，在梁的自由端承受 1/2 拱跨的离心力，计算固定端弯矩 M_2；拱的计算弯矩 M 为 M_1 和 M_2 在垂直于曲线平面内拱脚截面上的投影之和，即：

$$M = M_1 \cos \varphi_0 + M_2 \sin \varphi_0 \tag{8-15}$$

式中　φ_0——拱脚处拱轴线的切线与跨径的夹角。

关于拱桥的内力计算，还应注意：

第一，在拱桥的内力计算中，拱圈与拱上建筑的联合作用，应根据实际情况确定。《圬工规范》规定，拱上建筑为梁（板）式结构的拱桥的计算，不应考虑拱上建筑与主拱圈的联合作用；拱上建筑为拱式结构的拱桥，可考虑这种联合作用，将主拱圈与拱上建筑作为整体结构计算；也可按裸拱计算，不考虑纵向长细比对构件承载力的影响。

第二，无铰拱和双铰拱目前多按主拱圈裸拱受力计算，拱桥设计手册的所有方法、图表均以裸拱受力考虑。《圬工规范》规定，当采用公路—Ⅰ级、公路—Ⅱ级车道荷载计算拱的正弯矩时，自拱顶至拱跨 1/4 各截面应乘以折减系数 0.7，拱脚截面乘以折减系数 0.9，拱跨 1/4 至拱脚各截面，其折减系数按直线插入法确定。

3. 拱的承载力验算

求出了各种荷载作用下的内力后，即可进行最不利荷载组合，进而验算拱的承载力。《桥涵规范》规定，应对拱圈进行各阶段的截面强度验算和拱的整体"强度-稳定性"验算。

(1) 拱圈截面承载力验算

拱圈是偏心受压构件，应按式 (8-3) 验算截面承载力（《圬工规范》对此也称为截面强度）。

计算时需注意：拱的各截面内力悬殊，而圬工拱桥多为等截面拱，其受力不利截面为拱脚、拱顶、拱跨 1/4 或 1/8 处，可根据设计和计算条件自行确定应验算截面；验算时仅需考虑各截面的轴向力和偏心距对承载力的影响，而不考虑长细比的影响，即，在计算砌体偏心受压构件承载力影响系数 φ 时，β_x、β_y 均按取值为 3 考虑。

还要按表 8-10 的要求验算截面偏心距。当截面偏心距超过限值时，应按式 (8-7) 验算截面承载力。

(2) 拱的整体"强度—稳定性"验算

拱的整体"强度—稳定性"验算是将拱换算为直杆,来验算拱的整体承载力。这是一个近似的模拟直杆方法。要考虑偏心距和长细比的双重影响,按直杆的承载力计算式 (8-3) 进行验算。还要验算截面偏心距。

在使用式 (8-3) 验算时需要注意:

1) 由于这里采用的是近似的模拟直杆方法,计算时全拱只能取一个轴向力和一个偏心距。此时式 (8-3) 中的轴向力设计值可按下式计算:

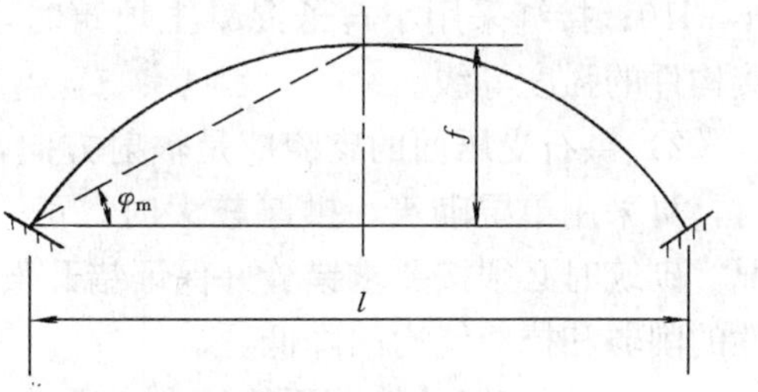

$$N_d = \frac{H_d}{\cos \varphi_m} \quad (8\text{-}16)$$

图 8-5 φ_m 值的计算

式中 H_d——拱的水平推力设计值;
φ_m——拱顶与拱脚的连线与跨径的夹角(见图 8-5),$\cos \varphi_m = 1/\sqrt{1+4(f/l)^2}$。

轴向力偏心距可取与 H_d 计算时同一荷载布置的拱跨处弯矩设计值 M_d 除以 N_d。这样的轴向力取值近似于计算荷载下的各截面平均轴向力,而偏心距可以认为是各截面平均轴向力的平均偏心距。

2) 计算砌体构件长细比 β_x、β_y 时,拱圈纵向(弯曲平面内)计算长度的取法:三铰拱为 $0.58L_a$、双铰拱为 $0.54L_a$、无铰拱为 $0.36L_a$,L_a 为拱轴线长度;拱圈横向(弯曲平面外)计算长度的取法见表 8-11。

3) 当板拱拱圈宽度等于或大于其跨径的 1/20 时,可不考虑横向长细比 β_x 对承载力影响系数 φ_x 的影响,即按 $\beta_x = 3$ 考虑;当砌体拱桥符合《圬工规范》规定的可以考虑拱上建筑与拱圈联合作用的条件时,可不考虑纵向长细比 β_y 对承载力影响系数 φ_y 的影响,即按 $\beta_y = 3$ 考虑(必须是在拱上建筑合龙后才能考虑联合作用;在施工阶段,在拱上建筑合龙前的所有拱上建筑的自重及施工荷载作用下,只能考虑裸拱受力)。

无铰板拱横向稳定计算长度 l_0 表 8-11

矢跨比 f/l	1/3	1/4	1/5	1/6	1/7	1/8	1/9	1/10
计算长度 l_0	$1.167r$	$0.962r$	$0.797r$	$0.577r$	$0.495r$	$0.452r$	$0.425r$	$0.406r$

注:r 为圆曲线半径,当为其他曲线时,可近似取 $r = \frac{l}{2}\left(\frac{1}{4\beta} + \beta\right)$,其中 β 为矢跨比。

8.3.4 主拱圈的构造要求
Detailing Requirements

板拱桥是圬工拱桥的基本形式,常见的有等截面悬链线拱和等截面圆弧拱,其主拱圈通常做成实体的矩形截面。根据受力特点，板拱主拱圈除符合 8.3.2 节的要求外，还有以下构造要求：

1) 用来砌筑拱圈所使用的材料最低强度等级应符合表 8-2 的规定。组合截面各部分的混凝土强度等级宜一致。接缝采用砂浆填筑时，砂浆强度等级不宜低于 M10；接缝采用小石子混凝土填筑时，小石子混凝土强度等级不应低于被连接构件的强度等级。

2) 拱石受压面的砌缝应是辐射方向，即与拱轴线相垂直；当拱圈厚度不大时，可采用单层砌筑，拱厚较大时，可采用多层砌筑；对于需要错开砌缝的情况，砌筑时必须按要求错缝并保证错开长度（一般为 100mm），以避免砌体整体性的削弱和抗剪能力的降低。

3) 拱石砌缝的缝宽不能过大。通常，砂浆砌筑时，对料石拱、块石拱和片石拱缝宽分别不大于 20mm、30mm、40mm；小石子混凝土砌筑时，块石拱缝宽不大于 50mm、片石拱缝宽为 40～70mm。

4) 拱圈与墩台及与空腹式拱上建筑的腹拱墩相连接处，应采用特别的五角石，以改善受力状况。

5) 圬工桥台背面及拱桥拱圈与填料间应设置防水层，并设盲沟排水。

8.4 墩　台
Abutments and Piers

桥墩和桥台常合称为墩台，是桥梁的下部结构，如图 8-6 所示。桥墩是设置在多跨桥梁中间、支承着桥跨的下部支承结构，成为多跨桥梁的中支座。桥台设置在桥梁的两端，既是在桥梁端部支承桥跨的下部支承结构（端支座），又是桥梁与两岸接线路堤衔接的构筑物。

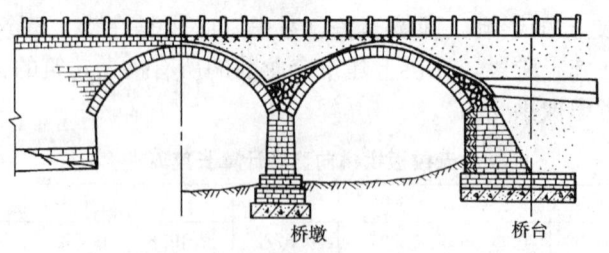

图 8-6　拱桥桥墩、桥台

由于桥墩和桥台处于不同的位置，它们的作用又有不同之处。桥墩位于多跨桥梁中间，除了承受上部结构传来的荷载外，还承受流水压力、水面以上风力以及可能出现的冰荷载、船只、排筏等漂流物的撞击力等。桥台在桥梁端部，除承受桥跨荷载，还要挡土护岸以及承受台背填土及填土上车辆荷载所产生的附加土侧压力。因此，桥梁墩台自身应具有足够的强度、刚度和稳定性，同时对地基的承载能力、沉降量、地基与基础之间的摩阻力等也都有一定要求，以确保能可靠地完成其预定功能。

桥墩和桥台所使用的材料除应符合表 8-2 规定的最低强度等级要求外，在有强烈流冰、泥石流或漂流物的河流中的墩台其表面宜选用强度等级不小于 MU60 的石材或 C60 混凝土预制块镶面，镶面砌体的砂浆强度等级不应低于 M20。

8.4.1 桥墩
Piers

墩身用石材、片石混凝土等材料砌筑的桥墩的结构形式多采用重力式实体桥墩，如图 8-7 所示。这类桥墩墩身厚实，主要依靠自身重力（包括桥跨结构重力）平衡外力，保证桥墩稳定。它具有刚度大、防撞能力强等优点，因此适用于荷载较大的桥梁，或流冰、漂浮物多的河流中，且要求地基有较高承载力。其缺点主要是阻水面积大、圬工数量大。

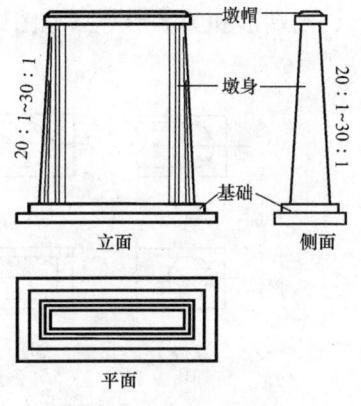

图 8-7 实体重力式桥墩

1. 桥墩组成和构造

桥墩，对应于上部桥跨结构的类型，分为梁、板式桥桥墩和拱桥桥墩。这两种桥墩由于位置和受力不同，各有不同特点，但其组成和基本构造大致相同。

（1）梁、板式桥桥墩

桥梁桥墩由墩帽、墩身和基础三个基本部分组成。

1）墩帽

墩帽在桥墩的顶部，通过支座支承桥跨结构，并将相邻两跨上的荷载传至墩身。由于在桥跨支座处墩帽承受很大的局部应力作用，又需通过墩帽的扩散使墩身均匀受力，因此要求墩帽有较高的强度和足够的厚度。墩帽一般用强度等级不低于 C20 的混凝土浇筑，其厚度，对大跨径桥梁，要求不小于 0.5m；对中小跨径桥梁，不小于 0.4m。墩帽内应设置构造钢筋。设置支座的墩帽上应设置支座垫石，其内应设置水平钢筋网；支座垫石边缘应比支座底板边缘向外伸出 0.1~0.2m。墩帽出檐宽度宜为 0.05~0.10m。

墩帽的平面尺寸应满足桥梁支座布置的需要，其中顺桥向的墩帽宽度 b 和横桥向的墩帽最小宽度 B 可分别按下列公式确定：

$$b \geqslant f + a + 2c_1 + 2c_2 \tag{8-17}$$

$$B = d_1 + d_2 + 2c_1 + 2c_2 \tag{8-18}$$

式中　f——相邻两跨支座间的中心距；

a——支座垫板的顺桥向宽度;
d_1——两侧主梁间距;
d_2——支座横向宽度;
c_1——出檐宽度,一般为 0.05~0.10m;
c_2——支座边缘到墩身边缘的最小距离(m)。当 $20 \leqslant l < 50$ 时,$c_2 = 0.20$(顺桥向及横桥向圆弧形端头)、0.30(横桥向矩形端头);当 $5 \leqslant l < 20$ 时,$c_2 = 0.15$(顺桥向及横桥向圆弧形端头)、0.20(横桥向矩形端头),l 为跨径(m)。

2)墩身

墩身是桥墩的主体部分。重力式实体桥墩墩身常用的截面形式有圆形、矩形、圆端形和尖端形等(见图 8-8)。

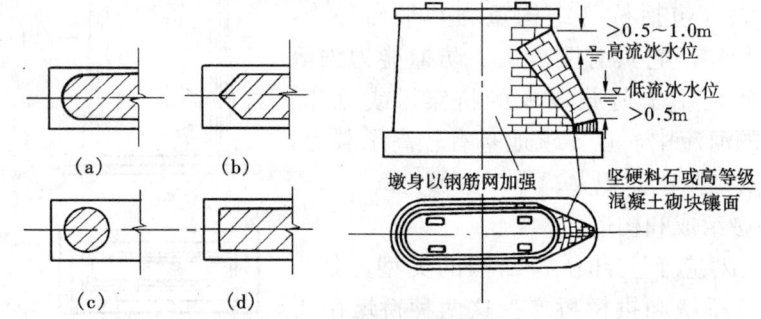

图 8-8 重力式桥墩墩身平面和破冰棱

墩身的主要尺寸包括墩高、墩顶面、底面的平面尺寸及墩身侧坡。实体桥墩墩身侧坡一般采用 20:1~30:1,小跨径桥梁的桥墩也可采用直坡。墩身顶宽,小跨径桥梁不宜小于 0.8m(采用轻型桥台的桥梁的桥墩不宜小于 0.6m),中跨径桥梁不宜小于 1.0m,大跨径桥的墩身顶宽视上部结构类型而定。墩身底宽需计算确定,根据经验,约为墩身高度的 1/6~1/5。

具有强烈流冰的河流中的桥墩应在迎冰面设置破冰棱,其倾斜度一般为 3:1~10:1。破冰棱的迎冰面应做成尖端形或圆端形。破冰棱体可由强度较高的石料砌成,也可用强度等级高的混凝土并应在迎冰表面埋设钢板或角钢。

3)基础

基础是桥墩底部与地基直接接触的部分。其类型与尺寸往往取决于地基条件,尤其是地基承载力。最常见的是刚性扩大基础。基础的平面尺寸较墩身底面尺寸略大,四周各放大 0.2m 左右。基础可以做成单层,也可以做成 2~3 层台阶式的。台阶的宽度由基础用材的刚性角控制。对于片石、块石、料石砌体,用强度等级为 M5 的砂浆砌筑时,刚性角不应大于 30°,用 M5 以上的砂浆砌筑时,刚性角不应大于 35°;对于混凝土,刚性角不应大于 40°。

(2)拱桥桥墩

拱桥桥墩要承受拱圈传来的很大水平推力，这是与梁桥桥墩在受力上的最大不同。按照抵御恒载产生的水平推力的能力，拱桥桥墩可以分为普通墩和单向推力墩。普通墩的设计是按相邻两跨拱桥均工作正常的情况考虑，即，除承受竖向力外，只考虑承受相邻两跨拱脚传来的恒载水平推力相互抵消后的不平衡部分，因而水平力小，墩身相对薄一些。单向推力墩又称制动墩，它的主要作用是，在某一侧桥拱因故破坏时，确保另一侧不致倾塌。因此，按承受单侧拱脚传来的恒载水平推力设计，其水平力较大，墩身较厚。

拱桥桥墩在构造上与梁桥桥墩的不同点主要在桥墩顶部的拱座构造。拱座相当于梁桥桥墩的墩帽，直接支承两侧桥跨的拱圈，承受较大的拱圈压力，一般设计成与拱轴线正交的斜面。等跨拱桥的实体桥墩顶宽（单向推力墩除外），混凝土墩可按拱跨的 $1/25 \sim 1/15$，石砌墩可按拱跨的 $1/20 \sim 1/10$ 估算。墩身两侧边坡可为 $20:1 \sim 30:1$。

2. 桥墩计算

桥墩计算的主要内容包括：拟定桥墩的各部分尺寸；进行结构分析，计算可能出现的荷载及最不利组合；选取验算截面及验算内容，进行相应的计算和验算。桥墩荷载组合及桥墩验算的要点如下：

(1) 桥墩荷载组合

桥墩设计时，需验算墩身截面强度及合力偏心距、基底应力及偏心距、桥墩的稳定性等，而且需按顺桥向（与行车的主向平行）及横桥向进行计算。因而，要根据设计要求，进行各种相应的荷载组合。

对于梁桥桥墩，一般要考虑如下的可能荷载组合：

1) 桥墩各截面在顺桥向可能产生最大竖向力的组合。此时，除了永久荷载外，应在相邻两跨满布基本可变荷载的一种或几种（图 8-9a）。

2) 桥墩各截面在顺桥向可能产生最大偏心距和最大弯矩的组合。此时，除永久荷载外，应在相邻两跨中的一侧（当为不等跨桥梁时应在其中跨径较大的一侧）布置基本可变荷载的一种或几种，以及沿顺桥向可能产生的其他可变荷载，如纵向风力、汽车制动力和支座摩阻力（图 8-9b）。

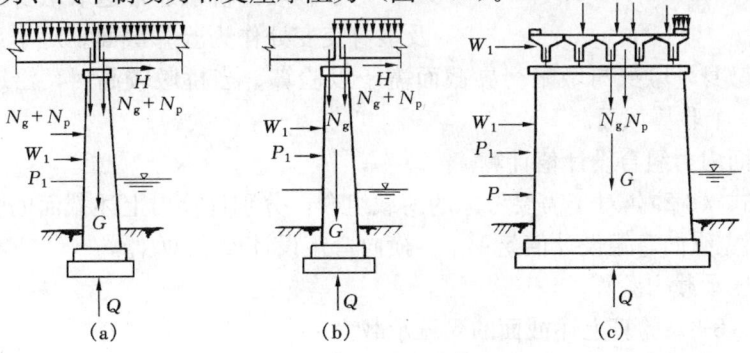

图 8-9　梁桥桥墩的荷载组合

3) 桥墩各截面在横桥向可能产生最大偏心和最大弯矩的组合。此时，除永久荷载外，要将基本可变荷载的一种或几种沿桥面横向偏于一侧布置，还应考虑沿横桥向其他可变荷载，如横向风力、流水压力、冰压力等，或者偶然荷载中的船只或漂浮物的撞击力等（图 8-9c）。

4) 桥墩在施工阶段各种可能的荷载效应组合。

5) 需进行抗震验算的桥墩还需考虑地震作用。

拱桥桥墩的荷载布置与组合有其自身特点。在顺桥向，对于普通桥墩，除永久荷载外，应在相邻两跨中的一侧（当为不等跨桥梁时应在其中跨径较大的一侧）布置基本可变荷载的一种或几种，以及其他可变荷载中的汽车制动力、纵向风力、温度影响力等，并由此对桥墩产生不平衡水平推力、竖向力和弯矩；对于单向推力墩，只考虑相邻两跨中跨径较大一侧的永久荷载作用力。横桥向的受力验算对设计一般不起控制作用，只在桥的长宽比特别大，或者受到地震力、冰压力和船只撞击力作用时才考虑。

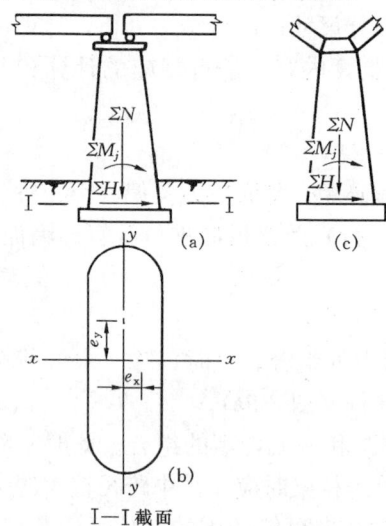

图 8-10 墩身截面承载力验算

(2) 桥墩验算

梁桥和拱桥的重力式桥墩验算在内容与方法上基本相同，主要包括：墩身承载力验算、桥墩稳定性验算、基底土的承载力和偏心距验算、沉降验算、墩帽顶面支座下的局部承压验算等。这里介绍墩身承载力和桥墩的稳定性验算的内容与方法。

1) 墩身承载力验算。

重力式桥墩一般是偏心受压构件，要求在不利荷载组合下墩身任一截面均应有足够的承载力，且偏心距不超过容许值。要点如下：

①选取验算的控制截面。

对于较矮的桥墩通常选取墩身的底截面及墩身突变处作为验算截面。对于采用悬臂式墩帽的墩身，墩身与墩帽交界截面需予以验算。当桥墩较高时，沿墩高每隔 2~3m 选一个验算截面。

②截面内力组合设计值计算。

按照式（8-2），对于需要考虑的荷载组合，分别计算出上述截面的竖向力设计值 $\gamma_0 N_d$、纵向弯矩设计值 $\gamma_0 M_{d,l}$、横向弯矩设计值 $\gamma_0 M_{d,t}$。

③受压承载力验算。

按式（8-3）验算上述截面的受压承载力。

④截面偏心距验算。

分别计算出各验算截面在各种组合下截面偏心距 e 和 s（参见图 8-1），并按表 8-10 验算。其中

$$e_x = M_{d,l}/N_d$$
$$e_y = M_{d,t}/N_d$$
$$e = \sqrt{e_x^2 + e_y^2}$$

⑤抗剪承载力验算。

当拱桥相邻两孔的推力不相等时，要验算拱座底截面的抗剪承载力。如果采用无支架吊装的双曲拱桥时，以及在裸拱情况下卸落拱架时，也要进行抗剪承载力验算。

2) 桥墩整体稳定性验算。

桥墩整体稳定性验算包括抗倾覆稳定性验算和抗滑动稳定性验算。

桥墩抵抗倾覆的稳定程度用抵抗倾覆的稳定系数 K_0 来表示，其计算公式为（图 8-11）：

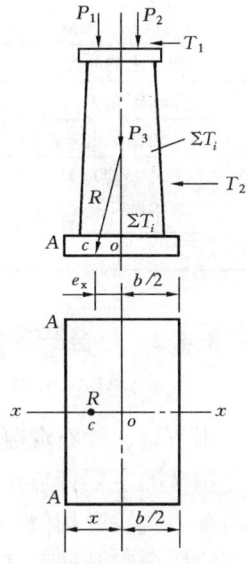

图 8-11 桥墩稳定性验算

$$K_0 = \frac{M_r}{M_{ov}} = \frac{x \Sigma P_i}{\Sigma P_i e_i + \Sigma(T_i h_i)} = \frac{x}{e_0} \quad (8-19)$$

式中　M_r——稳定力矩；

　　　M_{ov}——倾覆力矩；

　　　ΣP_i——作用于基底竖向力的总和；

　　　$P_i e_i$——作用在桥墩上各竖向力与它们到基底重心轴距离的乘积；

　　　$T_i h_i$——作用在桥墩上各水平力与它们到基底距离的乘积；

　　　x——基底截面重心 o 至偏心方向截面边缘的距离；

　　　e_0——所有外力的合力 R（包括水的浮力）的竖向分力对基底重心的偏心距。

抵抗滑动的稳定系数 K_c 计算公式为：

$$K_c = \frac{\mu \Sigma P_i}{\Sigma T_i} \quad (8-20)$$

式中　ΣP_i——各竖向力的总和（包括水的浮力）；

　　　ΣT_i——各水平力的总和；

　　　μ——基础底面（圬工）与地基土间的摩擦系数，当缺乏可靠试验资料时，可按表 8-12 选用。

上述求得的抗倾覆与滑动稳定系数 K_0、K_c 不宜小于规范规定的最小值（按不同的荷载组合，其值为 1.2～1.5）。需注意的是在验算倾覆稳定性和滑动稳定性时，都要分别按常水位和设计洪水位两种情况考虑水的浮力。

基底摩擦系数 表 8-12

地基土的分类	摩擦系数	地基土的分类	摩擦系数
软塑黏土	0.25	碎石类土	0.50
硬塑黏土	0.30	软质岩石	0.40～0.60
砂质粉土、黏质粉土、半干硬的黏土	0.30～0.40	硬质岩石	0.60～0.70
砂类土	0.40		

8.4.2 桥台
Abutments

用石材、片石混凝土等材料砌筑建造的桥台多采用重力式桥台的结构形式。这类桥台的主要特点是依靠自身重力平衡台后的土压力，保证桥台稳定，其优缺点与重力式桥墩相似。重力式桥台的类型（如图 8-12 所示）有 U 形、八字式和一字式桥台以及埋置式桥台等。

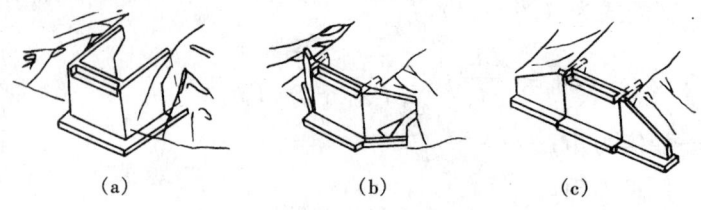

图 8-12 不同类型的重力式桥台
(a) U 形桥台；(b) 八字式桥台；(c) 一字式桥台

1. 桥台的组成和构造

组成重力式桥台的基本部分，分为顶部的台帽和背墙、台身及基础。梁桥和拱桥桥台除顶部外，其余部分基本相同。最常用的 U 形桥台构造见图 8-13。

梁桥台帽的构造和尺寸要求与相应的桥墩墩帽有许多共同之处，但台帽顶面只设单排支座。在台帽放置支座部分的构造尺寸及做法可按相应的墩帽构造进行设计。背墙砌筑在台帽的另一侧，以挡住路堤填土，并在两侧与侧墙连接。背墙的顶宽，对于片石砌体不小于 0.50m，对于块石、料石砌体及混凝土砌体不小于 0.40m。背墙在台帽一侧一般做成垂直的，在靠路堤一侧的坡度与台身一致。拱桥桥台在向河心的一侧设置拱座，其构造和尺寸可参照相应桥墩的拱座拟定。

U 形桥台台身由前墙和两个侧墙组成，在平面上构成 U 字形。桥台台身支承桥跨结构，并承受台后土压力；侧墙与前墙连成整体承受土压力，与路堤衔接。拱桥桥台由于要承受较大的水平推力，因此其尺寸比梁桥桥台要大。拱桥桥台上还要设拱座。

基础尺寸可参照桥墩拟定。

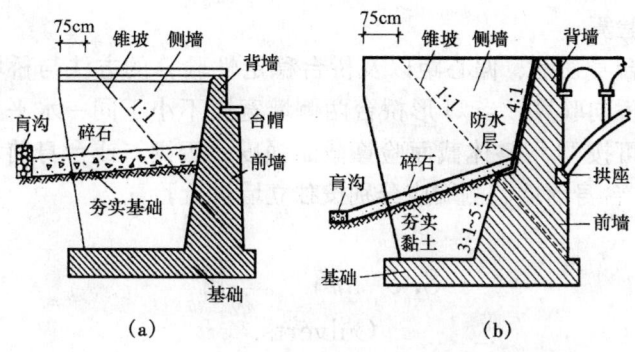

图 8-13 U 形桥台的组成
(a) 梁桥桥台；(b) 拱桥桥台

2. 桥台计算

(1) 桥台荷载及其组合

计算重力式桥台所需考虑的荷载与重力式桥墩基本相同，只不过对于桥台还要考虑车辆荷载引起的土侧压力，而不需考虑纵、横向风力、流水压力、冰压力、船压、船只或漂浮物的撞击，这些与桥墩计算不同。

考虑梁桥桥台荷载最不利组合时，可按以下三种情况布置车辆荷载（只考虑顺桥向）：

1) 仅在桥台后破坏棱体上有车辆荷载（图 8-14a）；

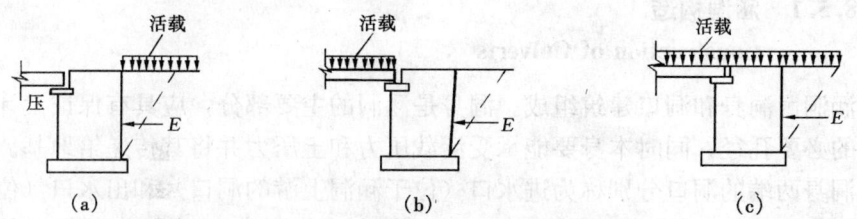

图 8-14 梁桥桥台荷载组合图

2) 仅在桥跨结构上有车辆荷载（图 8-14b）；

3) 在桥跨结构上和台后破坏棱体上都有车辆荷载（图 8-14c）。

拱桥桥台可分别按仅在桥台后破坏棱体上有车辆荷载和仅在桥跨结构上有车辆荷载这两种情况考虑。

台后土侧压力，一般按主动土压力计算，其大小与土的压实程度有关。在计算桥台前端的最大应力、向桥孔一侧的偏心和向桥孔方向的倾覆与滑动时，台后填土按尚未压实考虑；当计算桥台后端的最大应力、向路堤一侧的偏心和向路堤方向的倾覆与滑动时，则台后填土按已经压实考虑。土压力的计算范围，当验算台身强度和地基承载力时，计算基础顶至桥台顶面范围内的土压力；当验算桥台稳定性时，计算基础底至桥台顶面范围的土压力。

(2) 桥台验算

进行桥台台身强度、偏心距以及桥台稳定性验算的方法与桥墩验算基本相同，但只作顺桥向验算。当 U 形桥台两侧墙宽度不小于同一水平截面前墙全长的 0.4 倍时，可按 U 形整体截面验算截面强度。否则（或台身前墙设有沉降缝或伸缩缝时），台身前墙、侧墙应分别按独立墙进行验算。

8.5 涵 洞
Culverts

涵洞是为宣泄地面水流（包括小河沟）而设置的横穿路基的小型排水构筑物。我国《公路桥规》是以跨径及结构形式对特大、大、中、小桥和涵洞进行分类的，其中将单孔标准跨径小于 5m 或多孔跨径总长小于 8m 者（注：涵洞及拱式桥以净跨径为标准跨径），以及管涵、箱涵（无孔数、管径或跨径限制），均称为涵洞。

涵洞类型的选择应根据使用要求及地形、地质、水文和水力条件，综合考虑多方面因素，符合因地制宜、就地取材、便于施工和养护的原则。圬工材料建造的涵洞一般造价较低，有条件的地方宜优先采用，并可有不同的构造形式。常用的有石拱涵和石盖板涵，现浇或预制混凝土拱涵、圆管涵和小跨径盖板涵等。

8.5.1 涵洞构造
Construction of Culverts

涵洞由洞身和洞口建筑组成。洞身是涵洞的主要部分，应具有保证设计流量通过的必要孔径，同时本身要能承受活载压力和土压力并将其传递给地基。位于涵洞洞身两端的洞口分别称为进水口（位于涵洞上游的洞口）和出水口（位于涵洞下游的洞口）。洞口建筑连接着洞身及路基边坡，应与洞身较好地衔接并形成良好的泄水条件。

石拱涵、盖板涵的构造分别如图 8-15 和图 8-16 所示。

除设置在岩石地基上的涵洞外，根据涵洞的洞底纵坡及地基土情况，应每隔 4~6m 设置沉降缝一道。还应注意洞身分段和接头处理的构造要求。

8.5.2 涵洞结构计算
Resistance Calculation of Culverts

涵洞除有不同的构造形式外，又可按照洞顶的填土情况，分为明涵（洞顶不填土）和暗涵（洞顶填土厚度大于 0.50m）。明涵的计算方法与桥梁基本相同。以下简要介绍暗涵计算的有关问题。

1. 土压力和车辆荷载

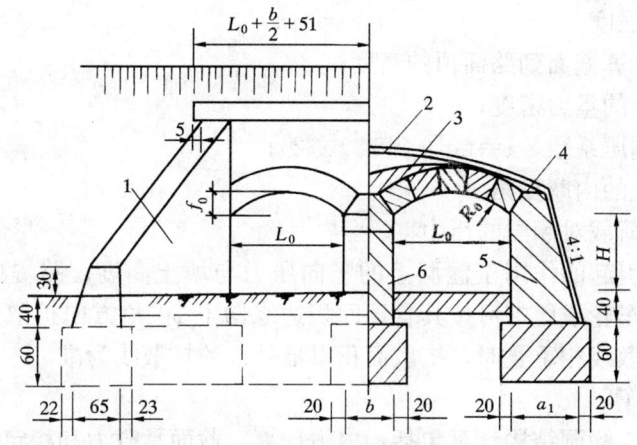

图 8-15 石拱涵构造
1—八字翼墙；2—防水层；3—拱圈；4—护拱；5—涵台；6—涵墩

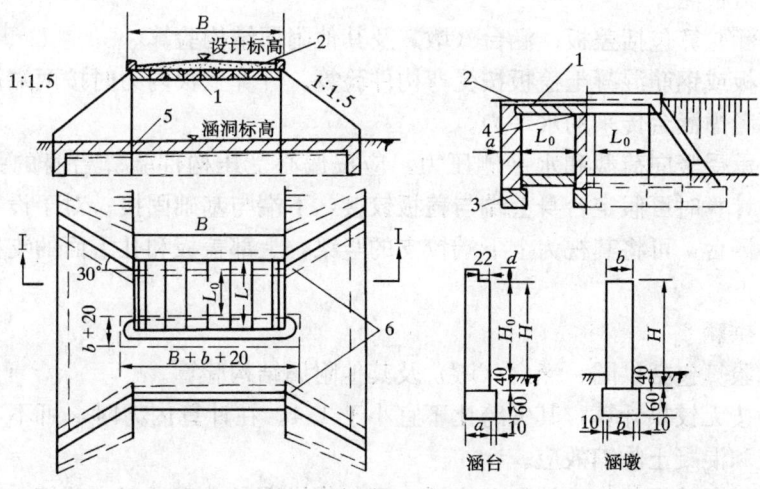

图 8-16 盖板涵构造
1—盖板；2—路面；3—基础；4—砂浆填平；5—铺砌；6—八字翼墙

涵洞作为有填土的构筑物，承受随路堤填土高度变化而改变的土自重以及经路堤传递下来的车辆荷重。当路堤填土高度在 0.5m 以上时，填土减弱了车辆荷载对涵洞的动力影响，故不计冲击力。同时，涵洞与周围土体的共同作用，可以提高其承载力。

(1) 填土对涵洞的土压力

填土对涵洞的压力，分为竖向土压力和水平土压力。《通用规范》规定，它们各自的标准值按下列公式计算：

竖向压力强度 $$q_v = \gamma h \tag{8-21}$$

水平压力强度 $\qquad q_H = \lambda\gamma h \qquad$ (8-22)

式中 h——计算截面到路面顶的高度;

γ——土的重力密度;

λ——侧压系数,$\lambda=\tan^2(45°-\varphi/2)$;

φ——土的内摩擦角。

(2) 车辆荷载对涵洞的压力

车辆荷载引起的作用于涵洞上的竖向压力与填土高度、路堤内压力分布有关。计算时,车轮或履带可按其着地面积边缘向下 30°角方向扩散分布。当几个车轮的压力扩散线相重叠时,扩散面积以最外边的扩散线为准。

2. 涵洞验算

一般来说,涵洞结构计算包括:内力计算、截面承载力和稳定性验算、地基基础验算。不同形式的涵洞有不同的验算内容。这里只涉及拱涵和盖板涵验算的有关问题。

(1) 盖板涵

盖板涵验算包括盖板、涵台(墩)及其他附属结构验算。

石盖板或钢筋混凝土盖板按受弯构件验算。计算盖板内力时按两端简支板计算,可不考虑涵台传来的水平力。

涵台承受竖向荷载和水平侧压力,应按偏心受压构件验算台身的强度和稳定。内力计算时可假定台身上端与盖板铰接,下端与基础固接;对于设有支撑梁的盖板涵涵台,可将其视为上下端铰支的竖梁,上部盖板和孔下面的支撑梁作为上下支撑点。

(2) 拱涵

拱涵验算包括拱圈、涵台(墩)及其他附属结构验算。

拱圈按无铰拱计算,其矢跨比不宜小于 1/4。在计算内力时,可不考虑温度作用效应和混凝土收缩效应。

拱涵拱圈的承载力验算参考拱桥,可仅作拱圈的截面承载力验算,而不作拱的整体"强度-稳定性"验算。

拱涵涵台作为偏心受压构件验算,方法与盖板涵涵台台身验算相同。

8.6 挡 土 墙
Retaining Walls

挡土墙是用来支承路基填土或山坡土体,防止填土或土体变形失稳的一种构筑物。挡土墙各部分的名称如图 8-17 所示。墙背与竖直面的夹角 α,称为墙背倾角;工程中也常用单位墙高与其水平长度之比来表示墙背或墙面的倾斜程度(坡度),即图 8-17 中所表示的 $1:n$ 或 $1:m$。

挡土墙按设置于路基的位置分为不同类型。当墙顶置于路肩时，称为路肩挡土墙（图8-18a）；若挡土墙支撑路堤边坡，墙顶以上有一定的填土高度，称为路堤挡土墙（图8-18b）；如果挡土墙用于稳定路堑边坡，则称为路堑挡土墙（图8-18c）。此外，还有设置在山坡上的山坡挡土墙，用于整治滑坡的抗滑挡土墙等。

由砖、石、混凝土砌块等材料建造的挡土墙，主要采用重力式挡土墙。这类挡土墙主要依靠墙身自重保持墙体在土压力作用下的平衡稳定。它构造形式简单，应用范围广泛，但断面尺寸较大，墙身较重，并要求地基有较高承载力。

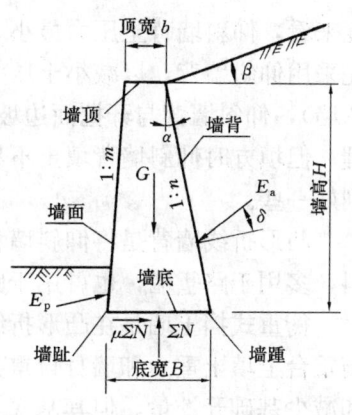

图 8-17 挡土墙各部分名称

在设计中，先选定墙型、拟定墙身尺寸，并进行构造设计，再分别验算墙和地基的强度及稳定性。

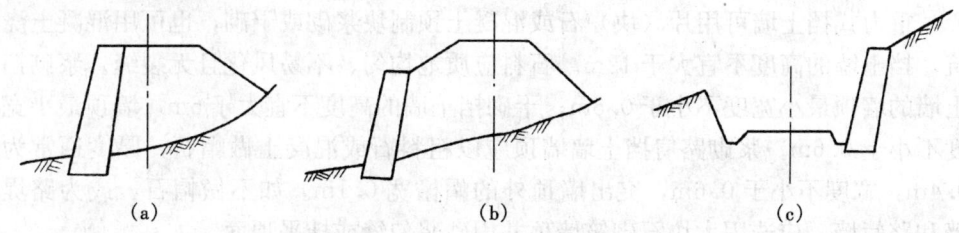

图 8-18 设置在不同位置的挡土墙
(a) 路肩挡土墙；(b) 路堤挡土墙；(c) 路堑挡土墙

8.6.1 重力式挡土墙的墙型
Types of Gravity Retaining Walls

重力式挡土墙按墙背形式可做成俯斜式、仰斜式、垂直式、凸形折线式和衡重式等不同墙型，如图8-19所示。合理选择墙型，在设计中具有重要意义，应根据技术条件、经济和施工各方面因素综合考虑确定。

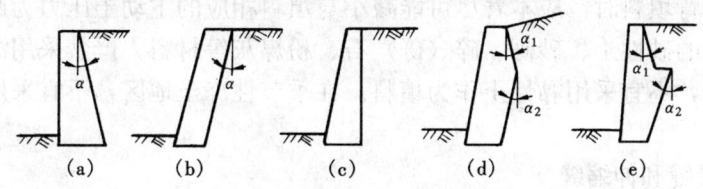

图 8-19 重力式挡土墙墙背形式
(a) 俯斜式；(b) 仰斜式；(c) 垂直式；(d) 凸形折线式；(e) 衡重式

俯斜式、仰斜式和垂直式墙背为简单的直线形墙背。从承受土压力大小的角度来看,仰斜墙背土压力最小,垂直墙背次之,俯斜墙背土压力最大,因而应优先采用仰斜墙背,以减小土压力。从挖填方要求的角度看,边坡是挖方时(如路堑墙),仰斜墙背与开挖面边坡可以紧密贴合,开挖量和回填量较小,因而较合理;但填方时仰斜墙背填土不易压实,不便施工,此时采用俯斜墙背或垂直墙背则好一些。

凸形折线墙背是将仰斜墙背上部改为俯斜,以减小其上部断面尺寸,节省材料,多用于路堑墙,也可用于路肩墙。

衡重式挡土墙是在凸形折线墙背的上下墙背间设有一平台(衡重台),利用衡重台上填土重力和墙身自重共同作用维持其稳定,可减小断面尺寸,降低墙高和减少基础开挖量,但其基底应力较大,故对地基承载力要求相对较高。

8.6.2 墙体构造要求
Detailing Requirements

1. 墙身

重力式挡土墙可用片(块)石或混凝土预制块浆砌或干砌,也可用混凝土浇筑,挡土墙的高度不宜大于12m。石料应质地均匀、不易风化且无裂缝。浆砌挡土墙的墙顶最小宽度不小于0.5m;干砌挡土墙的高度不宜大于6m,墙顶最小宽度不小于0.6m。浆砌路肩挡土墙墙顶应以粗料石或混凝土做帽石,厚度通常为0.4m,宽度不小于0.6m,突出墙顶外的帽檐宽0.1m。如不做帽石,或为路堤墙和路堑墙,应选用大块石砌筑墙顶并用砂浆勾缝或抹平顶面。

2. 墙背与墙面

不同墙背形式的重力式挡土墙有不同的墙背坡度要求,墙面一般为直线形,其坡度与墙背相协调。俯斜墙墙背坡度一般为 1∶0.25~1∶0.4,墙面坡度为 1∶0.05~1∶0.35;仰斜墙墙背坡度一般为 1∶0.25~1∶0.3,墙面坡度与墙背一致或缓于墙背坡度(不陡于 1∶0.25);垂直墙墙背直立,墙面坡度一般为 1∶0.2~1∶0.35;凸折式或衡重式挡土墙下墙仰斜墙背坡度一般为 1∶0.25~1∶0.3,上墙俯斜墙背坡度可采用 1∶0.25~1∶0.45,上下墙的墙高比可采用 2∶3。

3. 墙背填料

选择墙背填料时,应本着尽可能减小与填料相应的主动土压力为原则。宜采用渗水性强的砂性土、砂砾、碎(砾)石、粉煤灰等材料,严禁采用淤泥、腐殖土、膨胀土,不宜采用黏性土作为填料。在季节性冻土地区,不宜采用冻胀性材料作填料。

4. 沉降缝和伸缩缝

浆砌挡土墙应根据地基条件及墙身变化,设置沉降缝和伸缩缝。一般将沉降缝和伸缩缝合并设置,沿路线方向每隔 10~15m 设置一道。干砌挡土墙可不设沉降缝和伸缩缝。

5. 排水措施

挡土墙应采取墙身排水和地面排水措施，以排出墙后积水和防止地表水渗入墙后土体或地基。排水措施主要包括：设置地面排水沟；夯实回填土顶面和底面松土，必要时加设铺砌；设置墙身泄水孔等。

8.6.3 挡土墙验算
Check of Strength and Stability of Retaining Walls

挡土墙作为用来承受土体侧压力的构筑物，应具有足够的强度和稳定性。挡土墙可能的破坏形式有：滑移、倾覆、不均匀沉陷和墙身断裂等。设计中应保证挡土墙在自重和外荷载作用下不发生滑动和倾覆，并保证墙身截面有足够的强度、基底应力小于地基承载能力和偏心距不超过容许值。因此，要在受力分析的基础上，对这几方面进行验算。

由于挡土墙设计主要依据的《路基规范》采用以极限状态设计的分项系数法为主的设计方法，而目前公路工程涉及岩土工程的设计仍采用容许应力法，因而规范中保留了部分实质上为容许应力法的内容。挡土墙按《路基规范》进行承载能力极限状态设计时所使用的一些概念，以及设计表达式的形式、荷载的分类与荷载效应组合、基本变量及分项系数的取值和表示符号等方面，与《通用规范》和《圬工规范》都有所不同。这里主要涉及挡土墙整体稳定性验算和墙身验算的相关内容。有关挡土墙地基基础的验算等内容可参考《路基规范》及其他文献。

1. 土压力及其计算方法

挡土墙的主要荷载就是土压力，即由于墙后土体自重及其作用在土体表面上的荷载对墙背产生的侧向压力。土压力的性质和大小与诸多因素有关，主要有：墙身位移，墙体的材料、高度及构造形式，墙后填土的物理力学性质、表面形状及土顶荷载，墙和地基的刚度等。挡土墙设计的关键问题之一是正确地计算土压力。

在土力学中，根据挡土结构的位移情况和墙后土体的应力状态，将土压力分为静止土压力、主动土压力和被动土压力三种。挡土墙墙身受到墙后土体向外挤动的作用以及地基变形，一般总是要产生向前的微小位移或转动，使作用于墙背的土压力接近于主动土压力。因此，在设计中，挡土墙墙背上的土压力一般是按主动土压力计算的。在计算方法上，可采用库仑（C. A. Coulomb）理论。

当土层特性无变化且无汽车荷载时，作用在挡土墙背的土压力标准值 E 可按下列公式计算：

$$E = \frac{1}{2} B \mu_a \gamma H^2 \tag{8-23}$$

$$\mu_a = \frac{\cos^2(\varphi - \alpha)}{\cos^2\alpha \cos^2(\alpha + \delta)\left[1 + \sqrt{\dfrac{\sin(\varphi + \delta)\sin(\varphi - \beta)}{\cos(\alpha + \delta)\cos(\alpha - \beta)}}\right]^2} \tag{8-24}$$

式中　γ——墙后填土的重力密度；
　　　H——计算土层高度；
　　　B——挡土墙的计算长度；
　　　μ_a——主动土压力因数；
　　　α——墙背倾角，俯斜式墙背为正值，仰斜式墙背为负值；
　　　β——填土表面与水平面的夹角；
　　　δ——墙背与填土间的内摩擦角，可取 $\delta = \varphi/2$（φ 为墙后填料内摩擦角，当缺乏可靠试验数据时，可参照《路基规范》中的相应表格选用）。

当有车辆荷载作用在挡土墙墙后填土上时，可将车辆荷载近似地按均布荷载考虑，换算成重度与墙后填料相同的车辆荷载等代土层厚度 h_0，以此计算出所引起的附加土侧压力 ΔE：

$$\Delta E = B \mu_a \gamma H h_0 \tag{8-25}$$

$$h_0 = \frac{q}{\gamma} \tag{8-26}$$

式中　q——车辆荷载附加荷载强度，取值见《路基规范》。

车辆荷载等代土层厚度的换算方法亦可参照《通用规范》的有关规定。

根据库仑理论建立的各种边界条件的主动土压力计算公式，可查阅有关设计手册。

常用荷载组合　　　　　　　　　　　　　　　表 8-13

组　合	荷　载　名　称
Ⅰ	挡土墙结构重力、墙顶上的有效永久荷载、填土重力、填土侧压力及其他永久荷载组合
Ⅱ	组合Ⅰ与基本可变荷载相组合
Ⅲ	组合Ⅱ与其他可变荷载、偶然荷载相组合

2. 作用在挡土墙上的荷载组合以及荷载效应组合设计值计算

挡土墙设计时的荷载分类见《路基规范》，并应根据可能同时出现的荷载，选择荷载组合。《路基规范》规定的常用荷载组合如表 8-13 所示。

当按承载能力极限状态设计时，在上述荷载组合下，荷载效应组合设计值 S 可按下式计算：

$$S = \psi_{ZL}(\gamma_G \sum_{i=1}^{m} S_{Gik} + \sum_{j=1}^{n} \gamma_{Qj} S_{Qjk}) \tag{8-27}$$

式中　S_{Gik}——第 i 个垂直恒载的标准值效应；
　　　S_{Qjk}——土侧压力、水浮力、静水压力、其他可变作用的标准值效应；
　　γ_G、γ_{Qj}——荷载分项系数，查《路基规范》，根据荷载及其所考虑的组合类别以及荷载增大对挡土墙结构起有利作用还是不利作用来确定取值；
　　　ψ_{ZL}——荷载效应组合系数，对于荷载效应组合Ⅰ、Ⅱ、Ⅲ和施工荷载，分别取值为 1.0、1.0、0.8 和 0.7。

3. 挡土墙整体稳定性验算

挡土墙的整体稳定性（如图 8-20 所示）包括抗滑动稳定性和抗倾覆稳定性。它往往是设计中的控制因素之一。《路基规范》采用稳定方程验算挡土墙的稳定性，并用稳定系数校准计算结果。

(1) 抗滑动稳定性

抗滑动稳定性是指在土压力和其他外荷载作用下基底摩阻力抵抗挡土墙滑移的能力。为满足抗滑动稳定性，《路基规范》规定，挡土墙的滑动稳定方程和抗滑动稳定系数按下列公式计算：

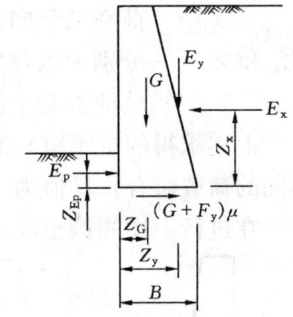

图 8-20 挡土墙稳定性验算

滑动稳定方程

$$[1.1G + \gamma_{Q1}(E_y + E_x\tan\alpha_0) - \gamma_{Q2}E_p\tan\alpha_0]\mu + (1.1G + \gamma_{Q1}E_y)\tan\alpha_0 \\ - \gamma_{Q1}E_x + \gamma_{Q2}E_p > 0 \tag{8-28}$$

抗滑动稳定系数

$$K_c = \frac{[N + (E_x - 0.3E_p)\tan\alpha_0]\mu + 0.3E_p}{E_x - N\tan\alpha_0} \tag{8-29}$$

式中　G——作用于挡土墙基底以上的重力，包括墙身、基础及其上面的土重等；

E_x、E_y——分别为墙背主动土压力（包括车辆引起的土压力）E_a 的水平分量和竖向分量；

E_p——墙前被动土压力的水平分量；

μ——基底摩擦系数（当缺乏可靠试验资料时，可按表 8-12 选用）；

α_0——基底与水平面夹角；

γ_{Q1}、γ_{Q2}——分别为主动土压力分项系数和墙前被动土压力分项系数，查《路基规范》确定取值；

N——作用于基底上合力的竖向分量。

(2) 抗倾覆稳定性

抗倾覆稳定性是指挡土墙抵抗墙身绕墙趾向外转动倾覆的能力。《路基规范》规定，挡土墙的倾覆稳定方程和抗倾覆稳定系数按下列公式计算：

倾覆稳定方程

$$0.8GZ_G + \gamma_{Q1}(E_yZ_x - E_xZ_y) + \gamma_{Q2}E_pZ_p > 0 \tag{8-30}$$

抗倾覆稳定系数

$$K_0 = \frac{GZ_G + E_yZ_x + 0.3E_pZ_p}{E_xZ_y} \tag{8-31}$$

式中　Z_G——墙身重力、基础重力、基础上填土的重力以及作用于墙顶的其他荷载的竖向力合力重心到墙趾的距离；

Z_x 和 Z_y——分别为墙背主动土压力的水平分量和竖向分量到墙趾的距离；

Z_p——墙前被动土压力的水平分量到墙趾的距离。

上述求得的抗倾覆与滑动稳定系数 K_0、K_c 不宜小于规范规定的最小值（按不同的荷载组合，其值为 1.2～1.5）。

在进行上述的挡土墙稳定性验算时，在挡土墙基础一般埋深的情况下，对于挡土墙前的被动土压力一般可不计，以偏于安全。此时，式 (8-28) ～式 (8-31) 中的被动土压力取值为零。

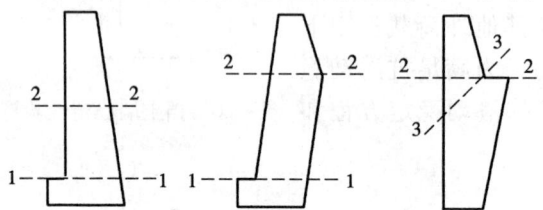

图 8-21 挡土墙墙身验算截面的选择

4. 墙身截面验算

为保证挡土墙墙身具有足够的承载力，要对墙身进行验算，需选择一些控制性截面，一般可选基础顶面、1/2 墙高处和截面急剧变化处等（见图 8-21）。

(1) 正截面强度验算

根据《路基规范》的规定，重力式挡土墙墙身正截面强度要满足下列公式的要求：

$$\gamma_0 N_d \leqslant \frac{a_k A R_a}{\gamma_f} \tag{8-32}$$

式中 N_d——验算截面上的轴向力组合设计值，按式 (8-27) 计算；

γ_0——结构重要性系数，挡土墙墙高 $H \leqslant 5m$ 时取值为 1.0（高速公路、一级公路）和 0.95（二级及以下公路），$H > 5m$ 时取值为 1.05（高速公路、一级公路）和 1.0（二级及以下公路）；

γ_f——圬工构件或材料的抗力分项系数，受压时，根据圬工种类分别取值为 1.85（石料）、2.31（片石砌体和片石混凝土砌体）或 1.92（块石、粗料石、混凝土预制块、砖砌体）；

R_a——材料抗压极限强度，按《公路砖石及混凝土桥涵设计规范》(JTJ 022—85) 的规定采用；

A——挡土墙构件的计算截面面积；

a_k——偏心影响系数。

偏心影响系数 a_k 反映了截面轴向力的偏心距 e_0 对受压承载力的影响，按下列相应的公式计算：

$$a_k = \frac{1 - 256(e_0/B)^8}{1 + 12(e_0/B)^2} \tag{8-33}$$

$$e_0 = |M_0/N_0| \tag{8-34}$$

式中　B——挡土墙计算截面宽度；

　　　M_0——在某一荷载组合下，全部荷载对计算截面形心的总力矩；

　　　N_0——与 M_0 同一荷载组合下，计算截面上的轴向力合力。

计算 M_0 和 N_0 时，所有荷载分项系数均取 1。要求 e_0 不大于表 8-14 规定的轴向力合力容许偏心距。

轴向力的合力容许偏心距　　　　　　　　　　表 8-14

荷载组合	容许偏心距	荷载组合	容许偏心距
组合Ⅰ、Ⅱ	$0.25B$	施工荷载	$0.33B$
组合Ⅲ	$0.30B$		

（2）稳定验算

挡土墙作为受压构件，其两端的支承条件一般为下端固定、上端自由，墙身稳定验算要满足下式的要求：

$$\gamma_0 N_d \leqslant \frac{\psi_k a_k A R_a}{\gamma_f} \tag{8-35}$$

式中　ψ_k——纵向弯曲系数。

在计算中，纵向弯曲系数 ψ_k 的取值，对于轴心受压，可以直接查《路基规范》中的相应表格；偏心受压时，在弯曲平面内的纵向弯曲系数 ψ_k 按下列相应的公式计算：

$$\psi_k = \frac{1}{1 + a_s \beta_s (\beta_s - 3)[1 + 16(e_0/B)^2]} \tag{8-36}$$

$$\beta_s = 2H/B \tag{8-37}$$

式中　H——墙高；

　　　a_s——与材料有关的系数，当浆砌砌体的砂浆强度等级为 M1、M2.5 和 ≥M5 时，分别取值为 0.004、0.0025 和 0.002。

《路基规范》还规定，在必要时应作墙身的剪应力验算。

8.7　计　算　例　题
Examples

【**例题 8-1**】　某桥立柱，采用 C30 混凝土预制块和 M7.5 水泥砂浆砌筑（f_{cd} = 4.54MPa）。截面尺寸为 $h = 680$mm，$b = 500$mm，柱高 6m，两端铰支。安全等级为二级。作用效应基本组合下得到轴向力设计值 $N_d = 450$kN，弯矩设计值 $M_{d(x)} = 22.5$kN·m，$M_{d(y)} = 75$kN·m。试复核该立柱的受压承载力。

【**解**】　轴向力偏心距 $e_x = \dfrac{M_{d(x)}}{N_d} = \dfrac{22.5}{450} = 0.05\text{m} = 50\text{mm}$

$$e_y = \frac{M_{d(y)}}{N_d} = \frac{75}{450} = 0.167\text{m} = 167\text{mm}$$

$$e = \sqrt{e_x^2 + e_y^2} = \sqrt{50^2 + 167^2} = 174.32\text{mm}$$

$$\theta = \tan^{-1}\frac{e_x}{e_y} = \tan^{-1}\frac{50}{167} = 16.67°$$

截面重心至偏心方向边缘距离 $s = \dfrac{680/2}{\cos\theta} = 354.9\text{mm}$

查表 8-10 可知，容许偏心距 $[e] = 0.6s = 0.6 \times 354.9 = 212.94 > e = 174.32\text{mm}$，满足偏心距限值要求。

矩形截面回转半径 $i_x = h/\sqrt{12} = 680/\sqrt{12} = 196\text{mm}$

$$i_y = b/\sqrt{12} = 500/\sqrt{12} = 144\text{mm}$$

该柱两端铰支，$l_{0x} = l_{0y} = 1.0\,l = 6000\text{mm}$，长细比修正系数 $\gamma_\beta = 1.0$。由式 (8-6) 得到构件在 x、y 方向的长细比分别为：

$$\beta_x = \gamma_\beta \frac{l_{0x}}{3.5 i_y} = \frac{1.0 \times 6000}{3.5 \times 144} = 11.9$$

$$\beta_y = \gamma_\beta \frac{l_{0y}}{3.5 i_x} = \frac{1.0 \times 6000}{3.5 \times 196} = 8.75$$

砂浆的强度等级大于 M5，取 $\eta = 0.002$。对矩形截面，截面形状系数 $m = 8.0$。则由式 (8-4a)、式 (8-4b) 和式 (8-5a)、式 (8-5b) 得到构件在 x、y 方向的受压构件承载力影响系数分别为：

$$\varphi_x = \alpha_x \varphi_{\beta x}$$
$$= \frac{1 - (e_x/x_0)^m}{1 + (e_x/i_y)^2} \times \frac{1}{1 + \eta\lambda_x(\lambda_x - 3)[1 + 1.33(e_x/i_y)^2]}$$
$$= \frac{1 - (50/250)^8}{1 + (50/144)^2} \times \frac{1}{1 + 0.002 \times 11.9 \times (11.9 - 3) \times [1 + 1.33 \times (50/144)^2]}$$
$$= 0.716$$

$$\varphi_y = \alpha_y \varphi_{\beta y}$$
$$= \frac{1 - (e_y/y_0)^m}{1 + (e_x/i_y)^2} \times \frac{1}{1 + \eta\lambda_y(\lambda_y - 3)[1 + 1.33(e_y/i_x)^2]}$$
$$= \frac{1 - (167/340)^8}{1 + (167/196)^2} \times \frac{1}{1 + 0.002 \times 8.75 \times (8.75 - 3) \times [1 + 1.33 \times (167/196)^2]}$$
$$= 0.482$$

再由式 (8-4) 得到构件受压承载力影响系数

$$\varphi = \frac{1}{\dfrac{1}{\varphi_x} + \dfrac{1}{\varphi_y} - 1} = \frac{1}{\dfrac{1}{0.716} + \dfrac{1}{0.482} - 1} = 0.405$$

由于 C30 混凝土预制块和 M7.5 水泥砂浆砌筑的砌体抗压强度设计值 $f_{cd} = 4.54\text{MPa}$，结构安全等级为二级，结构重要性系数 $\gamma_0 = 1.0$。因此由式 (8-3) 得到构件受压承载力为：
$$N_u = \varphi A f_{cd}/\gamma_0 = 0.405 \times 680 \times 500 \times 4.54/1.0 = 625.16 \times 10^3 \text{N}$$
$$= 625.16 \text{kN} > N_d = 450.00 \text{kN}$$
满足截面承载力要求。

【例题 8-2】 主孔净跨径为 30m 的等截面悬链线空腹式无铰石拱桥，安全等级为一级，主拱圈厚度 $h=800\text{mm}$，宽度 $b=8.5\text{m}$，矢跨比为 1/5，拱轴长度 $s=33.876\text{m}$。主拱圈采用 M10 砂浆、MU60 块石砌筑（$f_{cd}=4.22\text{MPa}$）。作用效应基本组合下得到在拱顶截面单位宽度作用的弯矩设计值 $M_{d(y)}=142.7\text{kN}\cdot\text{m}$，轴向力设计值 $N_d=1083\text{kN/m}$，相应拱的水平推力设计值的拱跨 1/4 处的弯矩设计值 $M_{d(y)}=86.7\text{kN}\cdot\text{m}$，拱的轴向力设计值 $N_d=935.5\text{kN/m}$。试复核拱顶截面处的承载力以及该拱的整体承载力。

【解】

1. 拱顶截面承载力计算

轴向力偏心距 $e_x = 0$

$$e_y = \frac{M_{d(y)}}{N_d} = \frac{142.7}{1083} = 0.132\text{m} = 132\text{mm}$$

查表 8-10 可知，容许偏心距 $[e] = 0.6s = 0.6 \times 900/2 = 270 > e_y = 132\text{mm}$，满足偏心距限值要求。

由块石和水泥砂浆强度等级，可知 $f_{cd}=4.22\text{MPa}$，结构安全等级为一级，则结构重要性系数 $\gamma_0=1.1$。

矩形截面回转半径 $i_x = h/\sqrt{12} = 800/\sqrt{12} = 231\text{mm}$

$$i_y = b/\sqrt{12} = 8500/\sqrt{12} = 2454\text{mm}$$

不计长细比对受压构件承载力的影响，即 $\lambda_x = \lambda_y = 3$。

对矩形截面，截面形状系数 $m=8.0$。则 x 方向受压构件承载力影响系数

$$\varphi_x = \frac{1-(e_x/x_0)^m}{1+(e_x/i_y)^2} \times \frac{1}{1+\eta\lambda_x(\lambda_x-3)[1+1.33(e_x/i_y)^2]} = 1$$

y 方向受压构件承载力影响系数

$$\varphi_y = \frac{1-(e_y/y_0)^m}{1+(e_y/i_x)^2} \times \frac{1}{1+\eta\lambda_y(\lambda_y-3)[1+1.33(e_y/i_x)^2]}$$
$$= \frac{1-(132/400)^8}{1+(132/231)^2} = 0.754$$

则受压构件承载力影响系数

$$\varphi = \frac{1}{\frac{1}{\varphi_x}+\frac{1}{\varphi_y}-1} = \frac{1}{\frac{1}{1}+\frac{1}{0.754}-1} = 0.754$$

每米宽拱圈拱脚截面的承载力为：
$$N_u = \varphi A f_{cd}/\gamma_0$$

$$= 0.754 \times 800 \times 1000 \times 4.22/1.1$$
$$= 2314.09 \times 10^3 \text{N} = 2314.09 \text{kN} > N_d = 1083 \text{kN}$$

满足截面承载力要求。

2. 拱的整体承载力验算

拱圈轴向力偏心距 $e_x = 0$

$$e_y = \frac{M_{d(y)}}{N_d} = \frac{86.7}{935.5} = 0.0927 \text{m} = 92.7 \text{mm}$$

查表 8-10 可知，容许偏心距 $[e] = 0.6s = 0.6 \times 800/2 = 240 > e_y = 92.7 \text{mm}$，满足偏心距限值要求。

无铰拱拱圈纵向计算长度 $l_0 = 0.36 L_a = 0.36 \times 33.876 = 12.1954 \text{m}$

因为拱圈宽度 $B = 8.5 \text{m} > L/20 = 1.5 \text{m}$，故不考虑横向长细比 λ_x 对构件承载力的影响，取 $\lambda_x = 3$。

查得长细比修正系数 $\gamma_\beta = 1.3$，则构件在 y 方向上的长细比

$$\lambda_y = \frac{\gamma_\beta l_0}{3.5 i_x} = \frac{1.3 \times 12195.4}{3.5 \times 231} = 19.61$$

砂浆的强度等级大于 M5，取 $\eta = 0.002$。x 方向受压构件承载力影响系数 $\varphi_x = 1$，y 方向受压构件承载力影响系数

$$\varphi_y = \frac{1 - (e_y/y_0)^m}{1 + (e_y/i_x)^2} \times \frac{1}{1 + \eta \lambda_y (\lambda_y - 3)[1 + 1.33 (e_y/i_x)^2]}$$

$$= \frac{1 - (92.7/400)^8}{1 + (92.7/231)^2}$$

$$\times \frac{1}{1 + 0.002 \times 19.61 \times (19.61 - 3) \times [1 + 1.33 \times (92.7/231)^2]}$$

$$= 0.481$$

构件承载力影响系数

$$\varphi = \frac{1}{\frac{1}{\varphi_x} + \frac{1}{\varphi_y} - 1} = \frac{1}{1 + \frac{1}{0.481} - 1} = 0.481$$

则

$$N_u = \varphi A f_{cd}/\gamma_0 = 0.481 \times 800 \times 1000 \times 4.22/1.1$$
$$= 1476.2 \times 10^3 \text{N} = 1476.2 \text{kN} > N_d = 935.5 \text{kN}$$

满足拱的整体承载力要求。

【例题 8-3】 一石砌悬链线板拱，安全等级为二级，拱脚处水平推力组合设计值 $V_d = 17235 \text{kN}$，桥台台口受剪截面积 $A = 103 \text{m}^2$，在其受剪面上作用的竖向压力标准值 $N_k = 12882 \text{kN}$。桥台采用 M10 水泥砂浆砌片石（$f_{vd} = 0.170 \text{MPa}$）。试复核桥台台口的抗剪承载力。

【解】 根据已知条件，安全等级为二级，则结构重要性系数 $\gamma_0 = 1.0$，M10

水泥砂浆砌片石直接抗剪强度设计值 $f_{vd}=0.170$MPa，摩擦系数 $\mu_f=0.7$。

由式（8-9）可得桥台台口的抗剪承载力为：

$$V_u = \frac{Af_{vd}}{\gamma_0} + \frac{1}{1.4\gamma_0}\mu_f N_k$$

$$= \frac{103\times10^6\times0.170}{1.0} + \frac{0.7\times12882\times10^3}{1.4\times1.0}$$

$$= 23951\times10^3 \text{N} = 23951\text{kN} > V_d = 17235\text{kN}$$

台口的抗剪承载力满足要求。

思考题与习题
Questions and Exercises

8-1 《公路桥规》的可靠度设计确定了结构设计的哪三种状况？

8-2 什么是圬工结构？公路桥涵结构对圬工材料的选择有哪些要求？

8-3 《公路桥规》的受压构件承载力计算包括哪些内容？是如何考虑构件长细比和偏心距对构件承载力的影响的？

8-4 圬工拱桥的主要类型有哪几种？如何确定主拱圈的矢跨比、拱轴线，并合理进行总体设计？

8-5 为什么拱圈承载力验算除进行截面承载力验算之外，还需进行拱的整体"强度-稳定性"验算？

8-6 梁、板式桥桥墩与拱桥桥墩相比在受力和构造方面有哪些不同特点？

8-7 桥台设计时怎样考虑最不利的荷载组合？

8-8 涵洞主要有哪几种类型？什么是明涵和暗涵？它们在设计计算上有何不同？

8-9 重力式挡土墙按墙背形式分为几种类型？各自有何受力特点？怎样选择？

8-10 挡土墙设计时如何正确地进行土压力计算？

8-11 按照现行《公路桥规》，挡土墙墙身截面承载力验算与拱桥、墩台、涵洞相比，计算方法有何不同？

8-12 如何保证挡土墙的抗滑动稳定性和抗倾覆稳定性？

8-13 某截面悬链线无铰石拱桥采用早期脱架施工，已知标准跨径（计算跨径）$L=40$m，拱轴长度 $S=44.93$m，拱圈厚度 $h=900$mm，拱圈全宽 $B=9$m；拱圈采用 M10 水泥砂浆、MU50 块石砌筑（$f_{cd}=3.85$MPa），拱脚截面每米宽拱圈承受自重弯矩设计值 $M_{d(y)}=158$kN·m，轴向力设计值 $N_d=836$kN/m。试复核拱脚截面承载力。

8-14 空腹式无铰拱桥的拱上横墙为矩形截面，厚度 $h=500$mm，宽度 $b=7.5$mm。拱上横墙采用 M10 水泥砂浆、MU40 块石砌筑（$f_{cd}=3.44$MPa）。横墙沿宽度方向的单位长度上作用的基本组合弯矩设计值 $M_{d(y)}=14.68$kN·m，轴向力设计值 $N_d=225.73$kN，横墙的计算长度 $l_0=4.34$m。结构安全等级为一级，试复核该横墙的承载力。

8-15 已知某石拱桥的拱圈在拱脚处的 1m 宽的抗剪面积为 $b\times h=1000$mm$\times1150$mm，承受剪力设计值 $V_d=1014$kN，其受剪面上相应的垂直压力标准值 $N_k=1035$kN；拱圈采用 M15 水泥砂浆、MU60 块石砌筑（$f_{vd}=0.09$MPa）。试验算此截面的抗剪承载力。

参 考 文 献

[1] 施楚贤主编. 砌体结构理论与设计（第二版）. 北京：中国建筑工业出版社，2003.
[2] 施楚贤，徐建，刘桂秋. 砌体结构设计与计算. 北京：中国建筑工业出版社，2003.
[3] 建筑结构可靠度设计统一标准 GB 50068—2001. 北京：中国建筑工业出版社，2001.
[4] 砌体结构设计规范 GB 50003—2001. 北京：中国建筑工业出版社，2002.
[5] 砌体工程施工质量验收规范 GB 50203—2002. 北京：中国建筑工业出版社，2002.
[6] 建筑抗震设计规范 GB 50011—2001. 北京：中国建筑工业出版社，2001.
[7] 砌体基本力学性能试验方法标准 GBJ 129—90. 北京：中国建筑工业出版社，1991.
[8] 施楚贤，施宇红. 砌体结构疑难释义（第三版）. 北京：中国建筑工业出版社，2004.
[9] A. W. Hendry, Structural Brickwork, John wiley and Sons, Inc., New York, 1981.
[10] T. Paulay and M. J. N. Priestley, Seismic Design of Reinforced Concrete and Masonry Buildings. John Wiley and Sons, Inc., New York. 1992.
[11] Narendra Taly. Design of Reinforced Masonry Structures. McGraw-Hill, Inc., New york, 2001.
[12] 高小旺等. 建筑抗震设计规范理解与应用. 北京：中国建筑工业出版社，2002.
[13] 公路圬工桥涵设计规范（JTG D61—2005）. 北京：人民交通出版社，2005.
[14] 公路桥涵设计通用规范（JTG D60—2004）. 北京：人民交通出版社，2004.
[15] 公路路基设计规范（JTG D30—2004）. 北京：人民交通出版社，2004.
[16] 姚玲森主编. 桥梁工程（公路与城市道路工程专业用）. 北京：人民交通出版社，2002.
[17] 白淑毅主编. 桥涵设计. 北京：人民交通出版社，2002.
[18] 陈忠达. 公路挡土墙设计. 北京：人民交通出版社，1999.
[19] 马尔立. 公路桥梁墩台设计与施工. 北京：人民交通出版社，1998.
[20] 王世槐. 圬工拱桥. 北京：人民交通出版社，1983.